国家自然科学基金青年基金（41802192）
山西省煤层气联合研究基金（2012012001）
国家科技重大专项（2011ZX05034）

沁水盆地南部太原组
含煤层气系统及其排采优化

张政　秦勇／著

中国矿业大学出版社
·徐州·

内 容 简 介

本书采用流体压力系统分析与数值模拟相结合的研究方法,探讨了沁水盆地南部山西组和太原组含煤层气系统的基本特征,初步阐释了该类系统的地质成因。建立了太原组煤层气单层排采潜在有利区模糊层次评价体系,查明了不同潜力分区的平面分布格局。将15号煤层单排井归纳为五种产能类型,进行了单排井网的优化设计。建立了基于煤层气井产出水特征微量元素的标准模板和基于地质因素分析的模糊物元模型,提出了合层排采可行性评价方案。基于上述认识,进一步建立了两组煤层气合层排采的地质与数学模型,提出了合层排采优化设计方法和递进排采方案。

本书可以为沁水盆地南部太原组煤层气的勘探开发提供借鉴,为我国煤层气合层排采层间干扰识别、有利区优选、排采优化设计等方面提供参考。

本书适合高等院校煤层气工程、资源勘查工程、物探工程等专业师生参考。

图书在版编目(CIP)数据

沁水盆地南部太原组含煤层气系统及其排采优化/
张政,秦勇著.—徐州:中国矿业大学出版社,2022.8
ISBN 978 - 7 - 5646 - 5490 - 0

Ⅰ.①沁… Ⅱ.①张… ②秦… Ⅲ.①盆地—煤层—
地下气化煤气—研究—太原 Ⅳ.①P618.11

中国版本图书馆 CIP 数据核字(2022)第 155295 号

书　　名	沁水盆地南部太原组含煤层气系统及其排采优化
著　　者	张　政　秦　勇
责任编辑	路　露
出版发行	中国矿业大学出版社有限责任公司
	(江苏省徐州市解放南路　邮编221008)
营销热线	(0516)83885370　83884103
出版服务	(0516)83995789　83884920
网　　址	http://www.cumtp.com　E-mail:cumtpvip@cumtp.com
印　　刷	苏州市古得堡数码印刷有限公司
开　　本	787 mm×1092 mm　1/16　印张 12.75　字数 326 千字
版次印次	2022 年 8 月第 1 版　2022 年 8 月第 1 次印刷
定　　价	48.00 元

(图书出现印装质量问题,本社负责调换)

前　言

我国煤层气资源丰富,埋深 2 000 m 以浅煤层气地质资源量达 3.005×10^{13} m³,是保障我国天然气安全的重要战略资源。沁水盆地作为我国北方石炭-二叠系煤炭资源的重要分布区之一,煤层气地质资源量达 4×10^{12} m³,占全国的 13.31%。然而,长期以来,沁水盆地南部煤层气规模性开发局限于山西组,太原组煤层气产能难以有效释放。太原组富水性较强,15 号煤层单独排采十分困难;若与 3 号煤层合采,则地层能量显著较高的太原组往往"屏蔽"或干扰山西组煤层气的顺利产出,产水量高且变化大,液面不稳定,产气量很低。因此,急需解决沁水盆地南部太原组煤层气有效排采中的"瓶颈"问题。

本书以沁水盆地南部太原组和山西组含煤地层为对象,探讨太原组流体压力系统的基本特征及其地质控制机理,描述单层排采条件下太原组煤层气产能的地质控制以及流体压力系统的动态变化规律,阐释合层排采条件下两组流体压力系统的相互作用特征,建立两组合层排采可行性评价分析方法。以此为基础,开展太原组与山西组煤层气合层排采优化的数值模拟,优化合层高效排采的设计理论与方法,期望为沁水盆地南部太原组煤层气的勘探开发提供有利借鉴。

本书撰写分工:第 1 章由张政、秦勇撰写;第 2 章、第 3 章、第 4 章由张政撰写;第 5 章、第 6 章由张政、秦勇撰写。全书由张政统一优化、定稿。

本书得到了国家自然科学基金青年基金项目"沁水盆地南部叠置含煤层气系统合层排采层间干扰作用机制和主控因素研究(41802192)"、山西省煤层气联合研究基金项目"沁水盆地南部太原组流体压力系统及煤层气排采优化技术基础(2012012001)"以及国家科技重大专项"煤层气储层工程与动态评价技术(2011ZX05034)"的共同资助。

在本书出版之际,对本书撰写以及试验研究中给予大力支持的所有单位和个人,一并致以衷心的感谢!

鉴于著者水平所限,书中难免存在不完善之处,敬请读者批评指正。

著　者

2022 年 5 月

目　　录

1 绪论 ………………………………………………………………… 1
  1.1 研究意义 …………………………………………………………… 1
  1.2 研究现状 …………………………………………………………… 2
  1.3 现存问题 …………………………………………………………… 14
  1.4 研究方案 …………………………………………………………… 14

2 沁水盆地南部煤层气地质背景 …………………………………… 17
  2.1 构造格架 …………………………………………………………… 17
  2.2 含煤地层及煤储层物性 …………………………………………… 21
  2.3 含煤地层沉积环境 ………………………………………………… 40
  2.4 水文地质条件 ……………………………………………………… 43
  2.5 岩浆活动及现代地温场 …………………………………………… 44

3 叠置流体压力系统识别与地质控制 ……………………………… 47
  3.1 煤储层含气性及其分布 …………………………………………… 47
  3.2 煤储层流体压力及其分布 ………………………………………… 51
  3.3 叠置流体压力系统显现特征 ……………………………………… 56
  3.4 叠置流体压力系统地质控制 ……………………………………… 61

4 太原组15号煤层单采动态与有利区预测 ………………………… 65
  4.1 基于排采历史的15号煤层单采产能分析 ………………………… 65
  4.2 15号煤层单采产能地质控制因素 ………………………………… 68
  4.3 15号煤层单采有利区预测 ………………………………………… 86
  4.4 15号煤层单采产能数值模拟 ……………………………………… 92

5 山西组与太原组煤层气合采可行性与工艺优化 ………………… 112
  5.1 煤层气井产出水源解析及合采可行性判识 ……………………… 112
  5.2 煤层气井合层排采效果影响因素 ………………………………… 125
  5.3 基于模糊物元的煤层气合采有利区评价 ………………………… 153
  5.4 合层排采工艺优化设计 …………………………………………… 169

6 结论 ………………………………………………………………… 175

参考文献 ……………………………………………………………… 180

1 绪 论

沁水盆地太原组煤层气资源量占该盆地煤层气总资源量的 60%。然而,该部分资源长期以来几乎无法动用。单独排采产能效果整体较差,与山西组合排往往致使煤层气井几乎没有气流产出。上述现象的地质原因何在?采用什么样的开采方案才能最大化地释放太原组丰富的煤层气资源?本书以沁水盆地南部石炭-二叠系含煤地层为对象,探索含煤层气系统垂向上的叠置关系,分析太原组煤层单组排采产能地质控制因素,探讨山西组和太原组两组合排的可行性,进而优化合层排采开发方案。期望本研究成果能为沁水盆地南部太原组煤层气的增效开发提供借鉴。

1.1 研究意义

沁水盆地作为我国北方石炭-二叠系煤炭资源的重要分布区之一,煤层气地质资源量达 $4×10^{12}$ m³,占全国的 13.31%(张道勇等,2018)。截止到 2020 年,全国累计施工煤层气井达 17 000 口。其中,山西晋城无烟煤矿业集团有限责任公司、中联煤层气有限责任公司、中国石油天然气集团有限公司等在山西省累计施工煤层气井 14 500 口,占全国钻井总数的 85%,其中 10 400 口煤层气井分布在沁水盆地(刘翠玲等,2020)。沁水盆地作为我国目前仅有的两个煤层气地面规模性开发基地之一,地面井煤层气年产量占全国地面井煤层气总产量的 90% 以上,且绝大部分产自盆地南部地区(袁亮等,2012;孙茂远,2015)。

沁水盆地煤层气主要赋存于下二叠统山西组和上石炭统太原组,主煤层为山西组 3 号和太原组 15 号煤层。其中,太原组煤层气地质资源量 23 814.39 亿 m³,占整个盆地煤层气地质资源总量的 60%(车长波等,2006;叶建平等,2009)。然而,沁水盆地目前能够得以规模性地面开发的煤层气井产层几乎全部是山西组 3 号煤层,太原组煤层气产能无法有效释放(叶建平等,2009;Lü et al.,2012;孙粉锦等,2014)。太原组富水性较强,15 号煤层单独排采十分困难;若与 3 号煤层合采,则地层能量显著较高的太原组往往"屏蔽"或干扰山西组煤层气的顺利产出,产水量高且变化大,液面不稳定,产气量很低(穆福元等,2009;张培河等,2011)。造成上述现象的地质原因何在?

含煤层气系统是保存有相当数量气体、处于一个流体压力系统的煤岩体基本地质单元(Su et al.,2004;秦勇,2008)。在同一个含煤层气系统中,压力梯度曲线一般为一条直线,对于不同的水动力学系统,其压力梯度会发生变化(李晓平等,2007)。地下水水头高度是表征储层压力的直接数据,一般水头越高储层压力就越大(傅雪海等,2007;吴财芳等,2008)。不同含水层的水位一般是不同的,这主要和它们各自接受补给的能力以及径流、排泄条件有关。当两个含水层在垂向上水力联系密切时,这两个含水层的水头在局部或整个渗流区域趋于一致(叶建平,2002)。

据沁水盆地南部煤层气试井资料统计,同一直井中太原组煤储层压力显著高于山西组,但山西组与太原组的煤储层流体压力-埋深关系在大多数区域并不连续,太原组煤储层压力梯度显著较高(吴财芳等,2008;刘洪林等,2009;倪小明等,2010a;景兴鹏,2012)。同一钻孔中,太原组与山西组含水层的水头高度差异显著(叶建平,2002;秦勇等,2012a)。山西组主煤层底板以泥质岩类为主,在区域上有效地阻断了山西组与下伏太原组之间的水力联系(倪小明等,2010b)。针对黔西水公河向斜煤层群垂向上埋深-压力系数不连续的地质现象,秦勇等(2008)提出了"叠置含煤层气系统"的学术观点,杨兆彪(2011)认为该区含煤地层垂向上发育3~4套相对独立的含气系统。由此推测,沁水盆地南部煤储层压力虽然服从随埋深增大的一般规律,但山西组与太原组可能分属两套相对独立的流体压力系统。

同一含气系统内,煤层气产出潜势主要取决于煤层的渗透率和储层压力;不同含气系统之间,跨系统多煤层合排的可能性则依赖于不同流体压力系统之间的匹配关系(Seidle,2011)。因此,解决沁水盆地南部太原组煤层气有效排采中上述"瓶颈"问题的关键,首先在于阐明太原组与山西组含流体系统的基本特征、相互关系及其地质控制机理,其次在于分析太原组单层排采条件下产能的关键控制因素,以及两组合层排采条件下两组流体压力系统的能量分配或相互干扰特征,进而基于煤层气排采优化原理探讨两组地层流体压力相互之间的可调配性。

为此,本书以沁水盆地南部太原组和山西组含煤地层为对象,探讨太原组流体压力系统的基本特征及其地质控制机理,描述单层排采条件下太原组煤层气产能的地质控制以及流体压力系统的动态变化规律,阐释合层排采条件下两组流体压力系统的相互作用特征,建立两组合层排采可行性评价分析方法。以此为基础,开展太原组与山西组煤层气合层排采优化的数值模拟,优化合层高效排采的设计理论与方法,期望为沁水盆地南部太原组煤层气的勘探开发提供有利借鉴。

1.2 研究现状

1.2.1 含油气系统与含煤层气系统

1.2.1.1 含油气系统

1972年,美国石油地质学家Dow在丹佛召开的AAPG年会上首次提出了"石油系统(oil system)"的概念,它是建立在油-源对比和油-油对比的基础上的。Perrodon(1980)首先提出"含油气系统(petroleum system)"的概念,认为控制油气藏分布的地质因素(源岩、储层和盖层组合等)通常局限于一定的地理范围,这个地理范围通过一组油气藏,即一个含油气系统的形成来反映。也就是说,含油气系统就是同类或具有相同功能的自然要素按一定结构的组合。

Demaison(1984)提出了"生烃盆地"的概念,将下伏有成熟源岩的区域称作"生烃凹陷"或"烃厨",含有一个或多个生烃凹陷的盆地定义为生烃盆地。Meissner等(1984)提出"油气生成器"的概念,认为含有油气生成、运移和聚集过程中所有要素的层序构成了地质烃类机器。Ulmishek(1986)提出"独立含油气系统"的概念,认为独立含油气系统为一套阻止包括油气在内的流体做侧向和垂向运移,由区域性隔挡与周围岩石分开的岩体。从地层上看,一个独立的含油气系统基本上是均一的,它包括源岩、储集岩、圈闭及区域性的盖层。Magoon(1987)认为,一个含油气系统包括自然界油气聚集保存所必需的所有地质要素和作用,其基本地质要素包括烃源岩、运移路径、盖层和圈闭,地质作用为形成这些基本地质要素的所有作用,并指出这些要素要在时空上匹配。

Magoon 等(1994)在总结前人工作的基础上,认为含油气系统是由成熟烃源岩、与此相关的所有油气,以及这些油气从富集到成藏所必需的所有基本要素和成藏作用共同组成的天然系统。"油气"包括:① 在常规油气储集层、天然气水合物、致密储集层、裂缝性页岩和煤储层中发现的热成因气或生物成因气;② 自然界中发现的凝析油、原油和沥青。"系统"指构成油气聚集单元的相互关联的所有基本要素和成藏作用,"基本要素"包含烃源岩、储集层、盖层和上覆岩层,"成藏作用"包含圈闭的形成和油气的生成、运移和聚集等作用。基本要素必须在时间和空间上相匹配,形成油气聚集的成藏作用才有可能存在。

1.2.1.2　含煤层气系统

关于含煤层气系统的概念,目前还没有公认的定义,国内也鲜有研究。

刘焕杰等(1998)首次提出了"含煤层气系统"的概念,指出含煤层气系统包括煤层气、煤储层、盖层、上覆岩层和煤层气"藏"形成时的一切地质作用及其合理的时空配置。吴世祥(1998)认为:含煤层气系统为一个具有一定埋深的含煤体系(盆地或含煤区),包括形成煤层气富集的各种静态因素和动态因素;"一定埋深"指瓦斯风化带以下至埋深 2 000 m;"静态因素"包括煤层的空间分布、煤岩煤质及生气特征、煤储层含气量、煤层顶底板及盖层等;"动态因素"包括构造发育史、埋藏史、热史、水动力场和古应力场等。

Ayers(2002)认为,含煤层气系统在源岩、气体生成、运移通道以及赋存、圈闭机制等方面有别于常规含油气系统,但并未给出明确的煤层气系统的概念。倪小明等(2010b)将含煤层气系统定义为"一个包含一套有效烃源岩(即煤层和它生成的煤层气),以及煤层气富集所必需的所有地质要素和地质作用过程的天然系统",该定义借鉴了 Magoon 等(1994)对"含油气系统"的定义。

秦勇等(2008)基于对黔西织纳煤田水公河向斜煤层群条件下不同煤层含气性、含气梯度、压力系数以及含煤地层的层序构架特点、水文地质条件的研究,提出了"多层叠置独立含煤层气系统"的学术观点,"独立叠置含气系统"是指垂向上相互叠置,但不同含气系统之间缺乏气-水交换,导致压力系数及其控制之下的含气性相对独立,垂向上呈现波动式变化,是沉积-水文-构造条件耦合控制作用的产物。杨兆彪(2011)进一步论证了多层叠置独立含煤层气系统的成藏特点。沈玉林等(2012)提出多层叠置独立含煤层气系统煤层的含气量与海平面升降之间存在相关性,最大海侵面附近煤层含气量相对较低,可能因为含煤层气系统内存在独立含气单元的成藏边界。杨兆彪等(2013)以煤储层空气渗透率 $1 \times 10^{-3} \ \mu m^2$ 作为临界值,区分了具有统一压力含气系统和无统一压力含气系统,垂向上表现为具有不同性质的含气系统的垂向配置,使得储层能量的分布趋于复杂,并认为储层能量垂向分异的决定因素是煤岩系的渗透性。郭晨(2015a)基于垂向岩样系列物性试验分析,认为层序地层格架控制了煤层及围岩渗流能力的差异,最大海泛面处岩层高度致密,易于形成隔水隔气层并构成独立叠置含气系统的成藏边界。郭晨(2015a)区分了统一型、增长型和衰减型 3 类含气系统叠置模式,认为沉积、构造、水文和地应力耦合控制了不同含气系统的类型差异。郭晨等(2016)从含气性、水动力条件和储层压力 3 个方面来表征地层流体能量,依据不同含煤层段地层流体垂向上的能量差异,将水公河向斜龙潭组含煤地层划分为 3 个独立叠置含煤层气系统。杨兆彪等(2015)基于水力压裂试井资料,认为地应力状态垂向上的转换对独立叠置含气系统具有调整作用。

秦勇(2012b)提出含煤层气系统是一个能量动态平衡系统,其成藏过程是一个流体压力系统逐渐调整的地质选择过程,宏观上受控于应力场、地温场、地下水动力场等外能因素,微观上与储层弹性能量场这一内能因素密切相关。秦勇等(2016)指出叠置含气系统实质是地层流体压力系统相互独立,层序地层格架特点限定了叠置含气系统之间地层流体垂向上的连通性,构造和地下水补径排条件决定了叠置含气系统之间流体能量的差异。在煤系"三气"共采试验中,普遍存在叠置含气系统兼容性的地质现象,认为叠置含气系统是导致共采条件下地层流体干扰的地质根源,叠置含气系统共采兼容性实际是地层流体干扰发生的可能性及程度问题。

1.2.2 含煤地层流体系统

1.2.2.1 煤储层孔隙-裂隙系统

煤储层为一种非连续、各向异性、非均质介质体。Close(1993)认为,煤储层是由天然裂隙(割理)和基质孔隙组成的双重孔隙介质。其中,天然裂隙是煤层气渗流运移的通道,基质孔隙是煤层气吸附赋存及解吸扩散的主要空间和场所。王生维等(1995,1996)分别对煤岩体的双重孔隙结构特征及形成机理做了相关研究。

Gamson 等(1998)在研究澳大利亚鲍恩盆地煤储层时,认为在割理与基质孔隙之间还存在着一种显微裂隙,即煤储层是由割理、显微裂隙及基质孔隙组成的三元结构体系,显微裂隙正是沟通割理与基质孔隙之间的桥梁。傅雪海等(2001a)提出并论证了煤储层三相介质及三元孔裂隙系统的新观点:① 煤储层是由煤基质块体(固态)、气态、液态三相物质组成的三维地质体。其中,气相组分有四种相态,即游离气(气态)、吸附气(准液态)、吸收气(固溶态)和水溶气(溶解态);水组分有三种形态,即裂隙、大孔隙中的自由水,显微裂隙、微裂隙和芳香层缺陷内的束缚水,与煤中矿物质相结合的化学水;煤基质块体由有机质和无机矿物质组成。② 煤储层是由宏观裂隙、显微裂隙和孔隙组成的三元结构系统。其中,孔隙是煤层气的主要储集场所;宏观裂隙是煤层气运移的通道;而显微裂隙是沟通宏观裂隙与孔隙的桥梁。Shi 等(2005)建立了三重孔隙模型和双分散孔隙扩散模型,假定气体吸附只发生在微孔中,大孔只提供游离气的储集空间,同时是气体在裂隙和微孔之间运移的通道,此模型与傅雪海(2001a)的理论有相似之处。

关于煤中孔隙的孔径结构,国内外学者基于不同的研究目的和测试精度,提出了多种划分方案,其中具有代表性的如表 1-1 所列。我国煤炭行业应用最广的是 ХОДОТ(1961)提出的十进制分类系统,该分类是在考虑工业吸附剂基础上提出的,认为气体在大孔中主要以剧烈层流和紊流方式渗流,在微孔中以毛细管凝结、物理吸附及扩散等方式存在(贺天才等,2007)。吴俊(1993)以压汞曲线和气体的扩散运移特征为基础,将煤微孔隙划分为四种类型(Ⅰ、Ⅱ、Ⅲ、Ⅳ),并以孔半径 50 nm 为界,划分为气体容积型扩散孔隙(大于 50 nm)和气体分子型扩散孔隙(小于 50 nm);同时,根据煤微孔隙的连通性采用体积比例法将煤微孔隙划分为三大类 9 小类,分别为开放型、过渡型和封闭型孔隙。秦勇等(1995)对高煤级煤孔径结构的自然分类进行了相关研究。傅雪海(2001b)基于煤层气的运移特征进行了煤孔径结构的分形分类和自然分类,以孔半径 75 nm 为界划分为可吸附孔隙(小于 75 nm)和渗流孔隙(大于 75 nm)。邹明俊(2014)基于压汞、核磁共振和液氮试验提出了煤岩孔裂隙系统综合划分方法,分析认为扩散孔和渗流孔的分界点约为 64 nm,渗流孔和裂隙系统的分界点一般为 600~700 nm。

表 1-1　煤孔径结构代表性划分方案　　　　　　　　　单位:nm

ХОДОТ (1961)	Dubinbin (1966)	IUPAC (1966)	Gan (1972)	抚顺煤研所 (1985)	吴俊 (1991)	杨思敬 (1991)
微孔,<10	微孔,<2	微孔,<2	微孔,<1.2	微孔,<8	微孔,<5	微孔,<10
过渡孔,10~100	过渡孔, 2~20	过渡孔, 2~50	过渡孔, 1.2~30	过渡孔, 8~100	过渡孔,5~50	过渡孔,10~50
中孔,100~1 000					中孔,50~500	中孔,50~750
大孔,>1 000	大孔,>20	大孔,>1 000	粗孔,>1 000	大孔,>100	大孔,500~7 500	大孔,>1 000

煤层宏观裂隙的描述通常在井下或手标本上进行,描述内容包括裂隙走向、高度、长度、密度、切割性及形态特征等。煤岩显微裂隙和孔隙的观察研究则需要在实验室进行,常规表征方法有两类:其一,将煤岩样品制成煤砖、薄片或光片等,并在显微镜和扫描电镜下进行观察和定量统计;其二,压汞法和低温氮吸附法,用于测定煤的孔径结构和孔隙度。这些方法尽管应用广泛,但存在一定的局限性。各种光学电子显微镜仅能观察到样品剖面孔、裂隙的局部信息,无法认识其空间分布规律,同时定量描述难度大。低温氮吸附法的实测孔径范围一般为 0.35~350 nm,仅包括全部的过渡孔和部分的微孔和中孔。压汞法仅能测煤中 3.2 nm 以上的孔隙,无法测量微孔,且须考虑高压对煤的弹性压缩效性问题。更重要的是,所有传统的方法在样品制备的过程中,或者会对煤岩的原生孔、裂隙系统造成破坏,或者会造成一些人为的二次裂隙,造成较大的人为试验误差。

以快速和无损探测为特点的核磁共振(NMR)和 X 射线层析扫描成像(X-CT)技术,为煤孔裂隙的精密、定量描述提供了较新的技术途径。Wernett 等(1990)利用 Xe-129 核磁共振试验研究了伊利诺斯 6 号煤的平均孔隙直径。Tsiao 等(1991)利用 NMR 技术观测了煤的微孔隙结构。杨正明(2009)发现,核磁共振所测试的孔隙度和渗透率与实验室常规所测试的孔隙度和渗透率基本一致,两者具有很好的相关性。Yao 等(2009a)运用 X-CT 技术研究了煤孔裂隙的发育特征,发现矿物、孔隙及煤基质的 CT 数分别为 3 000、<600 和 1 000~1 600 Hu。姚艳斌等(2010)应用 NMR 和 X-CT 技术对煤的孔裂隙进行了精细定量表征,研究发现煤的核磁共振横向弛豫时间(T_2)为 0.5~2.5、20~50 和 >100 ms 时所对应的 3 个谱峰分别代表微小孔、中大孔和裂隙,谱峰越大代表孔裂隙越发育;可利用 CT 数对孔裂隙分布进行重构;依据 T_2 截止值计算了煤的有效孔隙度和渗透率;采用高精度的微焦点 CT 扫描实现了煤孔裂隙的三维建模。Yao 等(2012)对描述煤中孔隙发育特征的传统压汞法、恒速压汞法、低场 NMR(LFNMR)技术及微焦点 CT 扫描技术进行了对比研究,认为低场 NMR 技术是无损量化描述煤孔裂隙特征的最有效工具。Li 等(2012)基于低场 NMR 试验建立了不同煤阶煤岩渗透率的预测模型,简称 CR 模型。

1.2.2.2　煤储层流体压力

煤储层流体压力是指作用于煤孔-裂隙空间上的流体压力(包括水压和气压),又称孔隙流体压力(傅雪海等,2007)。煤层甲烷在一定的压力条件下吸附在煤储层微孔隙中,煤储层压力对煤层含气量、气体赋存状态起着重要作用;同时,煤储层压力决定着降压的难易程度,也是气、水从煤层流向井筒的直接动力来源(张培河,2002;钟玲文,2003)。储层压力是衡量储层能量大小的标尺(叶建平,2002)。

煤储层压力通常在储层生产早期由试井测得,即采用注入/压降法,在设定时间内,先向测试目标层内注入一定量的水,然后关井测压,随压力的降落测得井底压力与时间的函数,再依据压力曲线外推法获得储层压力值(崔凯华等,2009)。如果一口井尚未投产,可以用静压梯度法测量井中的垂直压力分布(孙茂远等,1998)。但傅雪海(2012)指出,我国煤储层压力构成复杂,气压占有较大比例,将这种以单相水流作为介质测试煤储层压力和渗透率的试井方法应用到我国以气饱和为主的煤储层存在较大的缺陷,即目前试井测得的煤储层压力并不确切。傅雪海(2012)还认为,处于封闭系统的煤储层,其水压等于气压;处于开放系统的煤储层,其储层压力等于水压与气压之和。因此,采取何种实验方法有效测定储层压力中的气压值,从而明确储层中气压与水压的关系,对于我国煤储层压力的准确测定极为关键。

煤层瓦斯压力,即煤层气体压力,是指煤层孔隙内气体分子自由热运动所产生的作用力,它在某一点上各向大小相等,方向与孔裂隙壁垂直(俞启香,1992)。瓦斯压力通常由煤田勘探钻孔或井下固体材料/胶囊黏液封孔测定。钟玲文(2003)认为,瓦斯压力与煤储层压力含义上具有区别,瓦斯压力是煤层中气体的压力。

美国煤储层压力状态正常,有的甚至还呈超压状态,如圣胡安盆地中北部(叶建平,2002)。而我国则不同,据张新民等(2002)、钟玲文(2003)对我国前期煤层气试井储层压力的统计分析,我国煤储层压力变化范围较大,在总体欠压的基础上,展现出复杂化的特点,低压储层到高压储层均有分布,其中储层压力梯度最低为 2.24 kPa/m,最高达 17.28 kPa/m。张群(2001)对我国 151 个煤层次的试井结果进行分析,指出我国储层压力系数为 0.29～1.60,平均为 0.88。其中,淮南、六盘水、铁法和河东地区压力系数平均为 1.08、1.03、1.02 和 1.01,以正常压力和超压储层为主;大城、淮北和鹤岗地区压力系数平均为 0.95、0.93 和 0.91,以略欠压和接近正常压力储层为主;沁水盆地压力系数为 0.29～0.96,平均为 0.66,以欠压和严重欠压储层为主。张新民(2002)还发现,即使同一矿区内储层压力梯度也有较大差别,如晋城矿区煤储层压力分布范围为 3.79～12.01 kPa/m,红阳矿区煤储层压力梯度分布范围为 9.22～17.31 kPa/m。苏现波等(2002)也发现同一井田同一采区甚至同一工作面,相同埋深下储层压力存在显著差异,同一地区不同煤层之间压力梯度差异更为显著,认为这种侧向和垂向上压力梯度的差异原因在于不同压力系统的存在。张培河(2002)认为,一个压力系统可以包括一个甚至多个煤层。

储层压力大小受诸多地质因素影响,包括构造演化、生气阶段、水文地质条件、埋深、含气量、构造位置和地应力等,其中主要受埋深、地应力和水文地质条件控制(傅雪海等,2007;贺天才等,2007)。储层压力一般随地应力的增大而增高(张培河,2002)。一般认为,处于挤压应力背景下的煤储层压力往往偏大,而处于拉张环境中的煤储层压力往往偏低。另外,在构造抬升地块或逆掩超覆以压扭作用为主的构造部位,构造应力往往是影响储层压力变化的主要因素,甚至产生储层压力异常(员正荣,2000)。煤储层直接充水层的水头越高,储层压力往往较大;相同水头高度下,高矿化度的水比低矿化度的水具有较高的压力,在封闭、滞留、地下水补给条件差的高矿化度水分布区易出现超压异常状态(张延庆等,2001)。

张培河(2002)认为,影响沁水盆地储层压力的主要地质背景是含水层富水性弱、地下水径流条件差和地应力低。李国富等(2002)基于潞安矿区储层压力普遍较低的情况,对储层压力的地质演化史进行了分析,认为煤储层温度降低所引起的流体体积收缩是造成储层压力低的主要原因,而储层温度降低则与异常古地热场恢复正常和构造抬升有关。苏现波(2004)将煤储层异常高压区分为两类,一类为水动力封闭性,另一类为自封闭性。李仲东等(2004)、吴永平等(2006,2007)认为,造成我国华北石炭-二叠系煤储层异常低压力的原因在于煤层气生成后经中生代以来构造抬升、水动力条件等的泄压作用,煤层气大量逸散。许浩等(2011)基于黔西地区煤储层压力发育特征的研究认为,储层渗透性和地应力发育特征影响着各套煤储层的差异沟通能力,决定了储层压力的高低,是区域储层压力差异发育的主要原因。贾彤等(2016)认为煤层较强的生烃能力、高地应力、低渗透性以及良好的储层封闭性是黔西松和井田储层异常高压的原因。

1.2.2.3 煤储层渗透率

煤储层渗透率是制约煤层气勘探选区与开发的重要因素。贺天才等(2007)对我国 94 口煤层气井的 171 层次的试井渗透率统计资料做了分析:我国煤储层渗透率变化于 $0.002 \times 10^{-3} \sim 450 \times 10^{-3}~\mu m^2$ 之间,变化范围较大。其中,以 $0.1 \times 10^{-3} \sim 1 \times 10^{-3}~\mu m^2$ 范围等级为主(叶建平,1999a)。美国黑勇士盆地和圣胡安盆地的试井渗透率多为 $3 \times 10^{-3} \sim 25 \times 10^{-3}~\mu m^2$,粉河盆地的更高,一般在 $10 \times 10^{-3}~\mu m^2$,最大超过 $1~000 \times 10^{-3}~\mu m^2$(张培河,2010)。与此相比,我国煤储层渗透率总体偏低,在相对低的环境背景下存在着渗透率较高的煤储层和地区(叶建平等,1999a)。同时,由于煤储层强烈的非均一性,即使同一矿区煤层渗透率也变化极大(贺天才等,2007)。

影响煤储层渗透率的因素十分复杂,主要有地应力、天然裂隙、煤体结构、孔隙度、地质构造、煤储层埋深、煤岩煤质、煤级及水文地质条件等(Gash et al.,1993);有时是多因素综合作用,有时则是一种因素起主导作用(叶建平等,1999a;傅雪海等,2003a)。关于渗透率的地质控制,前人做了大量理论与试验方面的研究工作(Mckee et al.,1986;谭学术等,1994;赵阳升等,1994;叶建平等,1999a;秦勇等,1999,2000;杨起等,2000;唐书恒,2001;傅雪海等,2001c;张泓等,2004;孙立东等,2006;陈金刚等,2007;薄冬梅等,2008;蔡东梅等,2009;Yao et al.,2010;孟召平等,2009,2010;汪岗等,2014;姜波等,2015;宋岩等,2016)。钻井及完井过程也会对煤储层渗透率造成影响,高波等(2015)研究了压裂液滤失对煤储层渗透率的影响,发现经压裂液处理后,煤岩表面游离态羟基和羧基官能团增多,亲水性增加,压裂液吸附滞留现象严重,煤岩孔径和裂隙宽度变小,导致煤岩储层渗透率降低。腰世哲等(2011)总结了固井过程中的储层伤害的主要因素,并提出了保护煤储层的固井技术措施。

一般认为,引起煤储层渗透率动态变化的因素主要包括有效应力效应、煤基质收缩效应及克林肯伯格效应(Harpalani et al.,1990;Mavor et al.,1990;傅雪海等,2004)。此外,汪吉林等(2012)认为克林肯伯格效应引起的渗透率变化正效应远小于煤基质收缩效应,且随着压力梯度的增大几乎可以忽略。在煤层气开发过程中,一方面,随着煤层气的解吸产出会造成煤基质收缩,孔裂隙空间增大,渗透率增大(Scott et al.,1995;George et al.,2001);另一方面,气水介质的产出使有效应力增大,煤储层产生强烈的应力敏感性(Somerton,1975;Mckee,1986),造成储层渗透率降低。这种正、负效应伴随着煤层气排采的全过程。陈亚西等(2015)认为对于低压低渗煤层气藏,克林肯伯格效应不容忽视,当储层压力降低至 2MPa

以下时,克林肯伯格效应起主导作用。

Gray(1987)、Seidle 等(1995)、Levine(1996)、Palmer 等(1996)、Gilman 等(2000)、Shi 等(2005)提出了一系列描述渗透率动态变化的模型。傅雪海等(2003b,2004)、秦勇等(2005a)运用物理模拟及数值模拟方法,从固流耦合的角度对不同煤级煤基块的弹性力学性质展开研究,建立了煤储层在有效应力-煤基质收缩膨胀条件下产生弹性体积变形的模式,并构建了煤储层渗透率与有效应力和煤基质收缩之间耦合的数学模型,提出了煤储层"弹性自调节效应"的学术观点,并模拟了高煤级煤的弹性自调节综合效应,研究发现高煤级煤的弹性自调节综合效应受到煤级和储层压力的耦合控制,在此基础上提出了高煤级煤"弹性自封闭效应"的新观点。

陈金刚等(2006)运用数值模拟的手段,研究了高煤级煤储层排采过程中的渗透率变化,发现煤储层渗透率随气井排采时间呈指数规律衰减,认为有效应力对储层渗透率的动态变化控制占主导地位。秦勇等(2009)建立了基于排采诱导煤储层渗透率变化的物理和数学模型,并将该模型嵌入煤层气排采数学模型,讨论了排采诱导渗透率所引起的产能变化。邓泽等(2009)、陈振宏等(2010)运用数值模拟手段,研究了煤储层渗透率的动态变化,发现高煤级煤储层渗透性在开发过程中呈不对称"U"型变化,初期以应力敏感性为主,随着开发的深入,煤基质收缩效应逐渐增大,至降压结束(0.7MPa),渗透率增至初始渗透率的 2.8 倍。孟艳军等(2015)采用物质平衡方法(King,1993;Lai et al.,2013),基于实际生产数据,综合考虑煤基质收缩效应和有效应力效应,计算了沁南地区高煤阶煤层气井排采不同阶段的渗透率,渗透率变化总体呈"U"型变化,其中不稳定产气阶段渗透率变化最大,至衰减阶段早期时渗透率能恢复到原始水平。

1.2.2.4　地下水动力条件

地下水动力条件直接反映储层压力状态,影响煤层气的保存和逸散,同时对煤层气的开采至关重要(叶建平,2002)。地下水动力强的煤层往往含气量相对较低(秦胜飞等,2005a)。水动力势是煤层气富集和开发的最活跃因素,是储层压力或地层能量的直接反映或主要贡献者,水动力又是煤储层渗透率的维持者(傅雪海,2012)。煤层气井的生产需要通过排水降压和压力传导来实现,含水层持续稳定的供水能力对于煤层气井的稳定持续开采具有重要意义。

叶建平(2001)将水文地质条件对煤层气赋存的控制作用概括为 3 种类型,分别为水力运移逸散作用、水力封闭作用以及水力封堵作用。其中,第 1 种类型有利于煤层气的运移、散失,后两种作用则有利于煤层气的富集和保存。傅雪海等(2001d)、王红岩等(2001)研究了沁水盆地南部煤层气藏水文地质特征,通过对构造条件、地下水径流强度、含水层等势面以及地下水化学场的分析,提出了沁水盆地中南部 3 种等势面类型:"洼地"滞留型、箕状缓流型和扇状缓流型。

秦胜飞(2005a)研究了地下水动力条件对煤层含气量的影响,提出了煤层气滞留水控气论,认为滞留水是煤层气保存的最佳水动力条件。傅雪海(2005)对寿阳-阳泉矿区控气的水文地质条件分析后得出相同结论,认为地下水滞留区矿化度高、煤层含气量高。陈振宏等(2007)、王勃等(2010a)运用物理模拟技术,探讨了活跃的地下水对煤层气藏的破坏作用,得出了滞留区有利于煤层气富集的认识。黄少华等(2014)利用 QuantyView 及 IES 模拟软件对沁水盆地南部太原组 15 号煤层段含水层进行了地下水流线模拟,发现地下水动力条件的不均一性致使煤层气井产气(水)量差异较强,地下水径流强度及断裂的封闭性共同决定了该区煤层气含量的高低,结果显示地下水滞流区含气量最高,为煤层气勘探的最有利区。

刘洪林等(2006,2008)研究了水动力条件对高、低煤级煤层气成藏的差异性,认为地层水矿化度高值区反映了封闭的水动力环境,有利于高煤级煤层气的富集和保存;低煤级煤层由于生气量小,成藏的关键在于二次生物成因气,活跃的低矿化度地层水有利于二次生物气的生成。同时认为,第四纪以来的气候演化导致了我国西北部与美国粉河盆地低煤级煤层气藏水文地质条件的差异,干旱的气候条件影响了我国西北部低煤级煤二次生物成因气的生成量。

秦胜飞等(2005b,2006)研究了地下水动力对甲烷碳同位素的影响,认为在煤系水动力强的地区煤层气甲烷碳同位素变轻的程度较大,而水动力较弱的地区或滞留区甲烷碳同位素变轻的程度相对较小,原因在于流动的地下水对游离气的溶解作用以及游离气与吸附气的交换作用使煤层甲烷碳同位素产生的分馏效应,$^{13}CH_4$不断被地下水带走,而留下更多的$^{12}CH_4$。Li 等(2015)分析了地下水中氢同位素组成与地下水流速度之间的关系,认为大气水渗入岩层后,随着不断流动,与围岩不断发生水岩反应,δD 值会增大,其变化程度与地下水流速密切相关,具体而言,如果地下水流速较快,则水岩反应时间较短,则 δD 值变化较小;反之,水流速度较小,水岩反应则十分充分,δD 值变化较大。Rice(2003)、王善博等(2013)认为地下水中 δD 值总体上与地下水矿化度呈现一定的正相关性。

朱志敏(2006a)在总结前人研究成果的基础上,根据水动力能和煤层气藏所处的构造环境将地下水对煤层气的作用机制概括为封闭型、封堵和运移型、次生生物成因型三种模式。叶建平等(2000)根据煤层水与围岩地下水运动关系,提出了 6 种水动力模式:① 单斜区水动力模式;② 大型盆地水动力模式;③ 小向斜水动力模式;④ 断块区水动力模式;⑤ 厚冲积层覆盖区水动力模式;⑥ 多级排泄动力模式。叶建平(2002)进一步提出了"煤层气田含水系统"的概念,该系统由直接给水含水层和间接给水含水层组成。他首次将"地下水系统"的思想引到煤层气田中,用"系统"的观念来分析研究地下水与煤层气的观念,提出了"煤储层气水两相流系统",认为煤层和与煤层有水力联系的含水层是具有统一含水系统的整体,是一个具有统一水力联系的含水岩系,而且具有统一的水流,在该系统中地下水呈现统一的时空有序结构。同时,依据系统的封闭条件和气水外泄特征,将"煤层气田气水两相流系统"划分为开放型、半封闭型和封闭型 3 种类型。

油气田开发通常将油气层置于一个流体压力相互传递和相互影响的压力系统,这个系统称为水动力系统。煤层气开发同样离不开储层所在的压力系统,而这个压力系统同样为水动力系统(张培河,2002)。煤储层与其供水(含水)层之间构成的水动力系统的含水及供水能力是煤层气开发的重要地质因素,了解不同含煤层气水动力系统之间的联系是解决合层排采的关键地质前提。

1.2.3　煤层气越流理论

多目标层层间越流理论在多层油藏中被广泛应用。Nisle 等(1962)研究了射开部分油藏层段对压力恢复曲线的影响,指出理论压力恢复曲线有两个直线段,早期直线段的斜率反比于打开层段的产能系数,晚期直线段的斜率反比于全油藏的产能系数。Brons 等(1961)认为,部分射开造成假损伤,可以用一损伤系数表示。Kazemi 等(1969)进一步研究了在有层间越流的情况下,打开层对压力恢复曲线的影响。Gao(1984)提出以半透壁模型代替复杂的实际地层的理论,大大简化了多层油藏越流问题,研究了两层油藏射开一层及多层油藏全部打开两种情形下的不稳定流动及层间越流的变化。在此基础上,Gao(1985)又研究了部分打开的多层油藏中的越流行为及其对不稳定试井的影响。孙贺东等(2002)将半透膜模型运用于具有越流的多层气藏的数值模拟研究。

关于多煤层煤层气越流理论,国内外很少研究。对单一煤层气系统而言,煤层气的产出依赖于煤储层的"解吸-扩散-渗流场"(Sang et al.,2009)。对于多煤层系统,越流也是煤层气运移的重要组成部分(孙培德,1998)。孙培德(1998)首次提出多煤层煤层气越流理论,认为煤层气越流是指可压缩气体在非均质的包含孔隙和裂隙的多孔介质中向外扩散和渗流混合的非稳定流运移过程。

在煤层群发育地区的采煤过程中,由于采动的影响,采动带附近的应力重新分布,结果使煤层群之间的岩层(弱透气层)的孔裂隙结构发生变化,在压力梯度作用下,邻近层煤层气会越过弱透气夹层向采动煤层的采场及采空区渗流并涌出,由此产生了多煤层的煤层气越流场,其示意图见图1-1。孙培德等(1999)以双煤层系统为研究对象,提出了双层系统煤层气越流理论,并根据煤岩介质变形与煤层气越流之间的相互作用,建立了双层煤层气系统越流与煤岩弹性变形的固-气耦合数学模型。梁运培(2000)运用达西定律、瓦斯含量方程、理想状态气体方程及气体流动的连续性方程,建立了邻近层卸压瓦斯越流的动力学模型。孙培德(2002)采用有限差分中的强隐式法(SIP)对所建模型进行了求解。随后,孙培德等(2004)应用三维模拟仿真技术实现了煤层气越流的三维可视化,直观展现了基于煤层气越流场与煤岩体变形场耦合效应的宏观变化特征。胡国忠(2010)基于保护层开采的煤层瓦斯越流理论,引入低渗透煤岩与渗透率的动态变化模型概念,建立了低渗透煤岩与瓦斯固-气动态耦合的瓦斯越流模型。

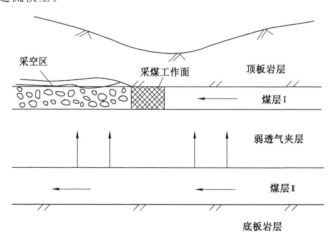

图1-1　双层系统煤层气越流场示意图(孙培德等,1999)

不难发现,以上模型均是针对矿井保护层开采卸压条件下的瓦斯越流理论,与煤层气地面开发模型有明显差别;只考虑了气体的单相流动,而煤层气生产是气-水两相流。所以,这些模型并不完全适用于越流形式下的地面煤层气井邻近层组合开采,但具有参考价值。Zhang 等(2009)在孙培德模型的基础上建立了双煤层系统气-水越流的概念模型(图1-2)和数学模型,同时考虑煤基质收缩引起的渗透率的动态效应,并采用有限差分的方法对模型进行求解,模拟对比了泥岩夹层渗透率分别为 0、$5×10^{-6}$、$1×10^{-5}$ μm^2 情况下的产能效果。结果发现,产能初期阶段的越流效应不太明显,但随着泥岩夹层渗透率的增大,层间越流效应增强,解吸气过多地滞留在泥岩夹层中,导致日产量和累积产气量下降。

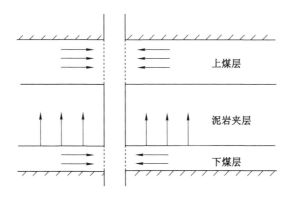

图 1-2　双层煤层气系统排采示意图(Zhang et al.,2009)

然而,Zhang 等(2009)的模型并没有考虑有效应力导致的渗透率变化,同时模拟产能结果并没有和实际的排采井做拟合对比,所以模型的正确与否不得而知;最重要的是,该模型并没有考虑邻近目标层排采过程中筒内流体的相互干扰作用,所以模型还有待完善。

1.2.4　煤层气井产能控制因素

煤层气井地面开发是一项系统工程,其产能特征受多种因素综合影响,近年来国内外众多学者对此做了大量研究(Kaiser et al.,1995;Tyler et al.,1996;Pashin et al.,1998;任源峰等,2003;张继东等,2004;倪小明等,2010c;王国强等,2007;张先敏等,2007;刘人和等,2008;石书灿等,2009;陈振宏,2009a;陈振宏等,2009b;叶建平等,2011;张培河等,2011;Lü et al.,2011;陶树等,2011;李忠城等,2011;许浩等,2012;李国富等,2012;孙粉锦等,2014),概括起来包括地质和工程两个方面的影响因素。

Kaiser(1995)、Scott 等(1999)通过对圣胡安盆地、桑德瓦什盆地、大格林河盆地煤层气开发潜能的控制因素研究,认为地质和水文地质条件是控制煤层气井产能特征的关键因素,高产井要求地质与水文地质条件具有最佳的匹配关系。Pashin 等(1998)发现,美国亚拉巴马煤层气田广泛发育薄片构造,通过分析构造特征与煤层气井气、水产量的关系,认为薄片构造对煤层气井产量具有重要影响。张继东等(2004)指出,增产措施-压裂改造造成了早期阶段的压裂效应,较大的裂缝长度和较高的渗透率有利于提高煤层气采收率,高地层压力有利于排水降压,但过高的渗透率会造成煤储层大量产水。万玉金等(2005)认为,影响煤层气单井产量的主要因素包括煤岩渗透率、孔隙度、吸附能力、含气量、临界解吸压力及相对渗透率等,通过洞穴完井、压裂改造或布设水平井等方式可以扩大排水降压的范围,扩大有利解吸区。

刘人和等(2008)研究煤储层渗透率、厚度、含气量、储层压力等因素对沁水盆地单井产能的影响,发现高产井分布于煤层厚度大于 5 m、含气量大于 19 m³/t、含气饱和度高于 70%、渗透率在 $1.0×10^{-3}$ μm^2 左右、临界解吸压力大于 1.8 MPa 且地层水动力较弱的区域。张培河(2011)认为,煤层气的产气潜力主要取决于各种主控因素的有效组合。左银卿等(2011)认为,地下水滞留区构造翼部是富集高产的有利区域,降压面积、合理井型是实现煤层气高产的必要条件。田永东(2009)基于储层数值模拟和生产试验认为,煤层厚度越大、含气量越大、渗透率越高,煤层气井产量越高;煤储层系统的原始水头和贮水性也影响着煤层气井产能。Sang 等(2009)认为,地质构造和构造应力场控制着煤层气产能的区域性变化,邻近井之间产能差异则与煤储层的非均质性、割理和断裂发育特征有关,即与煤储层结构相关。宋岩等(2016)认为煤层气富集高产区形成的核心是富集和高产两大关键因素,前者受控于含气量,后者受控于渗透率,两者联合控制了煤层气的产量;结合我国煤层气开采实践,提出了含气量和渗透率耦合控制煤层气产量的煤层气富集高产区形成的 3 种模式。田炜等(2015)认为煤层气资源动用的决定性因素是"三性",即解吸性、扩散性和渗透性,如果煤岩的解吸性和扩散性差,"富集+高渗"的模式也未必能获得高产。

陈振宏等(2009a)研究了煤粉产出对高煤级煤层气井产能的影响,其影响主要体现在三个方面:① 堵塞煤层气天然裂隙系统和支撑剂充填层孔隙,从而降低煤层渗透率;② 堵塞泵吸入口,造成凡尔关闭不严,降低水泵功效;③ 煤粉易在下部井筒堆积,极易发生埋泵现象。姜伟等(2014)采用模拟试验研究认为变排量排采可以增大煤粉的返排效率。石书灿等(2009)分析了煤层气竖直压裂井与多分支水平井的生产特征,提出了钻完井及生产排采过程中关键阶段应注意的事项。倪小明等(2010c)认为,在小范围内且不考虑开发工艺条件时,资源丰度和含气饱和度对煤层气垂直井的产能贡献最大。吕玉民等(2015)研究了影响煤层气井组产能差异的因素,分析发现平均产水量、初见气时间和初见气累计产水量与气井产能具有很好的负相关性,而初见气井底流压与气井产能具有正相关性,它对气井的产能影响最大。

李忠城等(2011)研究了煤层气井产出水化学特征及其与产能的关系,认为在相近的产水量条件下,水的矿化度、碳酸氢根离子浓度越高,煤层气井的产气量越高;当产出水矿化度低于 1 000 mg/L、碳酸氢根离子浓度低于 600 mg/L 时,基本不产气。Wang 等(2015)研究了水文地质条件对樊庄区块 3 号煤层富集高产的控制,认为脱硫系数介于 4~8 之间、钠氯系数介于 2~4、$\delta D/\delta^{18}O$ 值变化小于 0.5 为煤层气的富集高产区特征。倪小明等(2010c)对比分析了不同构造部位煤层气井产气、产水量以及初始产气时间的差异,认为水的流动是制约煤层气井产量的主要因素,构造特征则决定了煤储层中水的流动方向。陶树等(2011)分析研究了沁南樊庄地区影响煤层气井产能的地质和工程因素,认为煤层埋深及地下水动力条件、含气量以及气井所处的构造部位是影响煤层气井产能的主控地质因素,而开发前的煤储层的压裂改造规模、井底流压下降速度及排采速度是重要的工程因素,同时给出了明确的高效产能的参数指标。Tao 等(2015)提出了沁水盆地南部樊庄地区煤层气井产能的构造和水动力控制模式。徐锐等(2016)结合安泽地区煤层气井产能特征与水文地质特征分析发现,认为安泽地区径流区产气量最高,滞流区产气量最低。

张明山(2009)研究了煤层气排采中套压对产气量的影响,以 0.3 MPa、1.1 MPa 套压将煤层气井排采曲线划分为 3 个阶段。李金海等(2009)分析了煤层气井排采速率与产能的关系,认为煤层气井排采应以合理、缓慢的速度进行,否则会造成储层伤害,提出了以临界解吸压力为分界点控制不同阶段液面下降速率的方案。李国富等(2012)提出了煤层气井不同排采时期不同的工作制度,认为在以排水为主的前期阶段以控制动液面为核心,产气为主的中后期稳产阶段以控制套压为核心;同时提出在煤层气井生产过程中,在确保安全的前提下,应尽可能降低套压生产,以利于煤储层平均压力的降低,扩大煤层气的解吸范围,从而获得高产气量。张遂安等(2014)基于储层伤害特点及伤害机理,结合多年的排采经验,确立了以定压排采、控制合理工作压差和控制煤粉适度产出等排采工作制度。赵庆波等(2011)、孙粉锦等(2012)对现场大量煤层气直井产气规律进行总结,认为在煤层气排采过程中,压降速率接近解吸速率时,煤储层解吸畅通,煤层气的排采是合理的;基于该思想,倪小明等(2015a)建立了提产阶段合理降速的数学模型,得出了提产阶段气体的解吸速率 v_p。倪小明等(2015b)分析认为,当储层渗透率相对较低时,尽量延长单相水流阶段的排采时间是提高煤层气井产气量的一项关键措施。

1.2.5 煤层气合层排采

近些年,国内直井煤层气开发逐渐由单层压裂排采拓展至多煤层发育区的多压裂层合层排采,许多学者在多煤层合层排采产能控制因素、层间干扰、可行性分析、排采制度优化等方面做了相关研究。

倪小明等(2010a)认为排采过程中的压力传递速度决定了两煤层能否进行合层排采,而压力传递速度受到两煤层储层压力梯度、渗透率、围岩力学性质及供液能力的影响。李国彪等(2012)认为产气液面高度、储层压力梯度、供液能力和渗透率的差异是影响两层煤合层排采的主控因素。邵先杰等(2013)认为,层间非均质性和压差的影响造成了韩城地区多煤层合采层间干扰,当不同层间埋藏深度差别较大、压力系统不一致时,层间干扰较为强烈。彭龙仕等(2014)认为韩城地区多煤层合采煤层气井产能与初见气时间、初见气累计产水量、拟临储比、拟含气量、地解压差和煤层厚度具有很好的相关性,但与初见气井底流压、埋深、原始储层压力和层间距之间的相关性较差。孟艳军等(2013)认为引起合层排采层间矛盾的原因有煤层物性特征及煤层顶底板水文地质条件,其中 8 号煤层顶板灰岩水文地质条件是引发柳林地区层间矛盾的主要因素,提出了针对柳林地区煤层合层排采的适用地质条件。王振云等(2013)对沁水盆地寿阳地区 3 号与 9 号煤层合层排采可行性进行了分析。傅雪海等(2013)针对黔西织纳煤田多煤层合层排采,在划分叠置含煤层气系统的基础上,依据各系统内煤储层压力、临界解吸压力和产气压力设计了递进排采优化方案,合采产能得到了明显提升。郭晨等(2015b)在精细分析了黔西肥田红梅井田含煤地层不同含煤段的水文地质条件的差异后,基于对储层相关参数的灰色关联分析,评价了不同含煤段的煤层气开发潜力,对煤层气开发顺序进行了概念性设计。黄华洲等(2014)认为供液供气能力、储层压力及临界解吸压力差异小,合层排采层间干扰程度低,当下部煤层临界解吸压力液面深度与上部煤层顶板重合时,不适合合层排采。彭兴平等(2016)指出多煤层合排必须有效防止上部煤层裸露而下部煤层未解吸的现象,合采应以低套压为原则,提出了解吸初期及稳定生产期套压应满足的关系式,最后针对织金地区多煤层合排提出了"低速-低套-阶梯式排采"的工作制度。冯其红等(2014)开展了煤储层与相邻砂岩气藏的数值模拟研究,认为合采的首要条件是相邻砂岩储层不含水或微含水。秦勇等(2014)基于单层及合层排采煤层气井产出水微量元素分析,建立了合层排采可行性评价方法,对合层排采层间干扰作出了有效判识。张政等(2014)研究了埋深、日产水量、含气量、储层压力梯度、渗透率、临界解吸压力对沁南地区合层排采煤层气井产能的影响,提出了沁南地区煤层气合层排采的适用条件。汪万红等(2014)对陕西吴堡矿区主力煤层 S1 和 T1 合层排采可行性分析发现,两煤层满足合层排采的渗透率和储层压力梯度匹配条件,但煤层顶板岩性和水文地质条件差异较大,在现有技下不适合合层排采。吴双等(2015)对比临汾地区多煤层不同产层组合方式下的煤层气井产能特征发现,该地区双层合采产能效果优于单采和 3 层合采,将产层组合方式对产能影响归结为水文地质条件、压力系统及渗透性、含气性及胶结程度、总资源量 4 个方面的差异。秦勇等(2016)认为叠置含气系统是导致共采条件下地层流体干扰的地质根源,叠置含气系统共采兼容性实际是地层流体干扰发生的可能性及程度问题。

综上可以看出,多煤层合层排采的影响因素包括埋深、含气量、储层压力系统、渗透率、围岩性质、临界解吸压力和水文地质条件等。其中,含煤地层叠置含气系统发育,压力系统不统一导致的层间流体干扰问题是合层排采产能不理想的根本原因。

1.3 现存问题

前人在沁水盆地南部含煤地层流体系统研究方面取得较多的研究成果,但没有充分认识到山西组与太原组流体的相对独立性及其对煤层气排采的影响,且由于资料关系对山西组流体系统的研究相对详细,对太原组流体系统及其与山西组流体系统之间的关系却缺乏应有的认识。

存在的问题可主要归纳为如下 3 个方面:

(1)沁水盆地南部目前开发的主要目标层为山西组 3 号煤层,前人对 3 号煤层单层排采下的气-水产出特征及影响产能的地质控制因素做了大量的研究工作,划分出了 3 号煤层开发的有利靶区。然而,沁南地区太原组煤层气资源丰富,地质资源量大于山西组 3 号煤层,但该部分资源目前几乎没有得到开发,15 号煤层中煤层气的合理有效开发可以加速该地区煤层气的发展,因而须对 15 号煤层单层排采下的产能特征及其关键地质控制因素进行研究。

(2)太原组与山西组含煤层气系统之间的关系。两套含煤层气系统是否相对独立,其控制因素如何?两套含煤层气系统间的物性参数、压力系统在平面及垂向上的关系如何?该核心问题是评价 3 号煤层和 15 号煤层合层排采可行性的关键。

(3)3 号煤层和 15 号煤层合层排采兼容性。合采兼容性是两组煤层合层排采方案优化设计和排采工艺选择的基础,然而目前沁南地区关于 3 号与 15 号煤层合采兼容性评价的理论还不完善。合采兼容性实际是对两组地层流体干扰发生的可能性及程度问题的研究,为此,应对两组合排条件下太原组-山西组流体压力系统之间相互作用关系、流体运移特征、井筒内两组流体的干扰机制、气-水产出动态特征及其控制因素等一系列问题进行研究。

1.4 研究方案

1.4.1 研究思路与目标

以沁水盆地南部太原组流体系统为主要研究对象,充分借鉴前人相关成果,综合运用煤与煤层气地质学、水文地质学、岩石及渗流力学、石油及煤储层工程等的理论与方法,采用地质研究、探采实际资料分析以及煤层气井产出动态数值模拟相结合的方法,探讨山西组与太原组流体系统之间的相互关系,分析单层排采下太原组煤层的产能特征及其关键地质控制因素以及流体系统的动态变化规律;探讨合层排采下两组流体系统的相互作用,建立合层排采可行性综合判识方法;建立两组合层排采条件下的地质模型和渗流模型,开展两组合层排采下的数值模拟,进而优化排采方案,建立有序开发模式,为沁水盆地南部太原组煤层气高效开发提供依据。

1.4.2 研究内容

针对上述存在的问题及研究思路,本书从以下 5 个方面进行研究:

(1)山西组和太原组含煤层气系统的叠置性。基于对太原组和山西组煤储层的含气性、储层流体压力、孔渗性及吸附-解吸特性的研究,探讨两组含煤层气系统的成藏特征。分析两组含煤层气系统垂向上含气性、储层流体压力及水动力系统之间的关系;对太原组与山西组含煤层气系统的叠置性进行论证,分析其地质控因。

(2)太原组 15 号煤层单采产能特征及控制因素。基于研究区单层排采 15 号煤层的煤层气井相同排采时间内的排采历史数据分析,对其产能分级进行划分;分析影响其产能的地质控制因素,包括煤厚、埋深、含气量、临储比、渗透率、水文地质条件等,揭露其关键地质控制因素;建立研究区 15 号煤层单采评价的模糊层次模型(AHP),划分出 15 号煤层单采的潜在有利区。

(3)单层排采下 15 号煤层流体压力系统的动态变化。结合控制 15 号煤层单采产能特征及其关键控制因素,对煤层气井产能类型进行划分;分析不同类型煤层气井煤层的含气性、渗透性、吸附-解吸特性等条件,运用数值模拟方法对不同类型煤层气井的产能进行拟合和预测,研究其排采过程中储层压力的动态变化。

(4)3 号和 15 号煤层合层排采条件下两组流体压力系统的相互作用。分析合层排采条件下煤层气井产出水的来源、两组流体的层间干扰程度和传递方向,探讨合层排采煤层气井产能特征的地质控制因素,建立合层排采可行性有效判识方法。

(5)3 号和 15 号煤层合采产能优化数值模拟。建立两组流体压力系统排采的地质模型和渗流模型,以直井分层完井、分层压裂、合层排采为基础,设计合层排采的数值模拟方案,模拟分析两组合排条件下的气-水产出动态特征,提炼出不同地质条件下两组煤层气合层优化排采的方案。

1.4.3 研究流程与技术方法

将研究过程划分 5 个阶段并分步实施:

(1)第一阶段,进行文献调研、资料调研、现场考察、样品采集。

广泛查阅国内外前人相关研究文献,收集前人关于沁水盆地南部太原组和山西组流体系统基本特征、构造演化-构造应力场、水文地质条件、水动力场、水化学场等方面的研究成果,并做初步整理。收集研究区相关地质与开发资料,包括煤田、煤层气地质勘探资料,煤层气井测试、生产数据及工程资料等。深入研究区对地质条件、煤层气井排采层位组合方式和生产情况进行考察,开展样品采集工作。

需要采集的样品包括煤层与围岩样品、矿井水以及煤层气井产出水样品。其中,煤层气井产出水样品应定期采集,包括单层排采 3 号煤层、单层排采 15 号煤层和两组合层排采的煤层气井中的水样品。

（2）第二阶段,进行样品分析测试与数据处理。

对采集煤层样品开展工业分析、镜质组反射率、压汞、核磁共振、扫描电镜、气-水相渗等测试;对煤层气井产出水样品进行常规离子、微量元素和氢氧同位素检测。

基于煤层样品的相关测试,结合研究区煤层含气性、储层流体压力、孔渗性等测试资料,分析沁南地区太原组和山西组含煤层气系统成藏的基本特征;在此基础上,论证两组含煤层气系统垂向上的相互关系。基于不同层位排采煤层气井产出水样品地球化学性质测试,分析合层排采条件下储层流体的运移特征,对煤层气井产出水源进行解析,对合层排采可行性进行初步判识。

（3）第三阶段,进行煤层气井排采历史资料与产能控制因素分析。

对沁南地区 15 号煤层单层排采及 3 号与 15 号煤层合层排采煤层气井的气-水产出数据进行分析整理;基于相关基础地质图件的绘制及相关参数的分析,探讨控制煤层气井产能的地质控制因素,建立相应的评价模型,对煤层气开发潜力进行分级划分。

（4）第四阶段,进行煤层气井产能数值模拟及合层排采优化设计。

以煤层气产能数值模拟软件 COMET3 为平台,对沁南地区太原组与山西组煤层合层排采典型煤层气井开展模拟工作,对该井进行产能历时拟合、预测及敏感性分析,进而针对不同地质条件下两组煤层气合层排采提出合理的优化设计方案。

（5）第五阶段,耦合上述研究成果,汇总分析与深化认识。

2 沁水盆地南部煤层气地质背景

沁水盆地南部位于山西省南部,为我国目前煤层气开发最为成熟的地区,区内煤层气资源开发强度大、利用率高,勘探及开发地质资料丰富。煤层气地质背景是进行煤层气选区评价、产能分析和排采优化的基础,本章从区域构造、含煤地层及其沉积环境、水文地质条件、岩浆活动及现代地温场等方面,剖析了沁水盆地南部地区的煤层气地质背景,为后续研究奠定基础。

2.1　构　造　格　架

2.1.1　盆地构造格架

沁水盆地是在古生界基地上形成的构造盆地,总体构造是华北地台吕梁-太行断块上的一个二级构造单元,面积约为 23 923 km²。盆地现今主体构造面貌为一个轴向 NNE 的大型宽缓复式向斜,主体形成于中生代,轴线大致位于沁水-沁县-榆社一线。盆地北部边界为五台山隆起带,南部与中条隆起带毗邻,西部为霍山隆起带(吕梁山隆起的一部分),东部以晋获大断裂(太行山断裂)为界与太行山隆起相邻(图 2-1)。盆地周缘翘起,主体部分出露二叠系和三叠系地层。变形强度和构造样式由盆地边缘向内部发生规律性变化。内部以开阔短轴褶皱为主,而边缘断裂相对发育。盆地两翼地层基本对称,其中西翼倾角稍大于东翼,一般为 10°～20°,东翼相对平缓,倾角一般在 10°左右,向盆地内部逐渐变缓。盆地南北端翘起形成箕状斜坡带。

沁水盆地现今构造较为简单,仅在盆地边缘发育一些规模较大的断裂,内部以次级褶皱为主。断裂多为高角度的正断层,以 NE、NNE 和 NEE 向为主,具有成排、成带分布的特点,集中分布于盆地的西南部、西北部以及东南缘,东北部及盆地腹部地带断裂稀少(图 2-1)。

根据盆地不同区域构造样式的差异,可整体上将沁水盆地划分为 10 个大型的构造带(刘焕杰等,1998;张建博等,1999)。

(1)寿阳-阳泉单斜带

位于沁水复向斜北缘翘起端,阜平隆起西翼。该构造带地层平缓,总体为一单斜构造,向南倾斜。除在盂县地区发育近 EW 向的平缓褶曲外,其他地区以 NE、NNE 向构造为主。发育的主要断层有:杜庄断层,走向 NNE,倾向 NWW,断距约 200 m;郭家沟正断层,倾向 SE,断距约 250 m。此外,陷落柱在该区内广泛发育,以平昔矿区最多,平均每平方千米可达 3.5 个,直径由几十米到百余米不等,陷壁角介于 70°～80°之间。

(2)天中山-仪城断裂构造带

位于盆地西北部,地表为一走向 NNE 的断裂鼻隆构造带,其内褶曲主体呈 NE 向。背

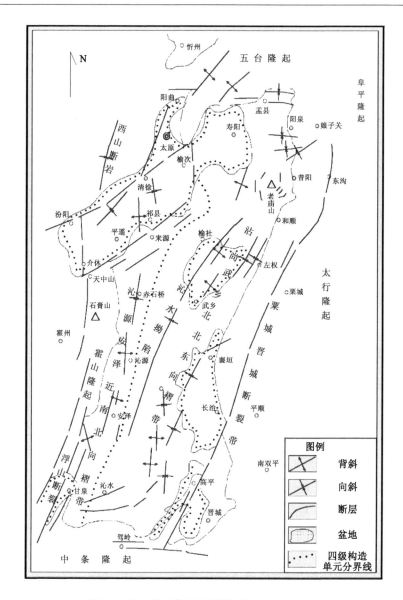

图 2-1　沁水盆地构造纲要图(刘焕杰等,1998)

斜较为开阔,向斜紧闭,发育平行断裂,形成地垒、地堑结构,地堑中零星出露三叠系和侏罗系地层。上述地表的结构特性,反映了该背斜隆起顶部为强烈构造区。

(3) 郭道-安泽近 SN 向褶皱带

位于沁水复向斜西侧,总体走向 NNE,地表出露石炭系、二叠系和下三叠统地层。褶皱走向近 SN,密集成群排列。断裂相对不发育,仅在南北两端发育近 SN 向、NNE 向断层,其中北端主要以逆断层为主,南端在旧县—隆化一带发育正断层。

(4) 普洞-来远 NEE 向褶皱带

位于沁水复向斜北部,总体走向 NEE,长约 80 km,宽约 30 km,从西向东地层由老到新。构造复杂,NEE 向褶皱和断层呈"多"字形密集排列。主体褶皱为走向 70°～80°的开阔背斜和紧闭向斜,主干断层规模大,走向与褶皱轴向一致,多位于向斜核部,呈地垒或地堑式构造。

（5）武乡-阳城 NNE 向褶皱带

位于沁水复向斜中东部，由一系列不同级别走向 NNE、NE、SN 的褶皱组成，其中向斜相对宽阔，背斜较窄，两翼倾角一般在 10°左右。褶皱规模较大，一般长度为 10～30 km。在沁水—屯留一带发育 SN 向褶皱群，规模相对较小，两翼平缓。西南部发育 NW 向次级小褶皱，叠加在 NNE 向褶皱之上。在襄垣五阳—屯留张店—安泽罗云一带，发育 NNE 向断层，倾角较大。

（6）娘子关-坪头单斜带

位于沁水复向斜东侧北部边缘，东接赞皇复背斜，构造上表现为较陡的挠曲带，边缘发育鼻状背斜构造。区内规模较大的褶皱为范家岭向斜、背斜，轴向 NEE，两翼倾角平缓。断层发育较少，主要有：李阳正断层，倾向 NWW，断距约 200 m；洪水正断层，走向 NNE，断距为 55 m。发育一条逆断层，走向 NEE，断距为 15 m。此外，陷落柱零星发育。

（7）晋中断陷盆地

位于榆次一孝义一带，基底主要为三叠系。盆地周缘被断裂围限。地貌上表现为平行四边形，西侧以三泉断裂为界，西北侧以交城大断裂为界，北东侧以榆次-北田断裂为界，东南侧以洪山-范树锯齿状断裂为界。构造总体表现为 NE 向掀斜的箕状断陷，断陷内发育一系列与边缘断层平行的 SE 向倾斜的断层。

（8）长治断陷盆地

位于沁水复向斜南部东翼边缘，东侧为晋获大断裂，基底地层为奥陶系、石炭系、二叠系和三叠系，自西向东逐渐变新。盆地东深西浅，最深处达 200 m，剖面上表现为向西逐渐掀斜的箕状或半地堑式构造。

（9）古县-沁水褶皱带

位于沁水复向斜南缘，东西长约 50 km，出露寒武系、奥陶系、石炭系和二叠系地层。主要由一系列近 EW 向断层及在其旁侧发育的与之平行的褶皱构成。主干断层规模较大，倾角一般为 65°～80°，常被 NNE 向或 NW 向断层切割。古县地区发育 NW 向倾伏的鼻状构造，可分为古县碧庄挠曲带和布村-被留挠曲带。沁水县南部发育城后腰向斜、东山向斜、南坪向斜等，均呈近 EW 向延伸。

（10）晋城单斜带

位于沁水复向斜南部仰起端，西缘为寺头断裂带，北部呈 NE 向，向南逐渐转为 NEE 向，东缘为 NE 向延伸的晋获断裂带南段，该区总体表现为单斜构造，向 NWW 倾斜。区内发育一系列轴向 NNE、SN、NEE 的宽缓褶皱，两翼基本对称，倾角较小，一般小于 10°。

沁水盆地先后经历了海西期、印支期、燕山期和喜马拉雅期 4 期构造运动，对盆地的构造格局及含煤地层发育起到了重要作用（秦勇等，2012a）。

2.1.2　盆地南部构造格架

沁南地区位于沁水复向斜南部翘起端，构造较为简单，总体为一向西北倾斜的单斜构造。其中，东、西部边缘的构造较为复杂，东部边界晋获大断裂的发育对区域构造及煤层的演化具有重要的控制作用（图 2-2）（刘焕杰等，1998；张建博等，1999；傅雪海等，2005；秦勇等，2012a），中部的寺头断裂带为一条封闭性的断层，对该区煤层气的聚集具有重要影响（王红岩等，2001）。区块内部构造类型主要为一系列宽缓次级褶皱，倾角较小，一般为 5°～15°，两翼基本对称,其中,以寺头断层为界,东部主要发育轴向近 SN 的次级褶皱,西部褶皱轴向以 NNE 向为主(图 2-2)。

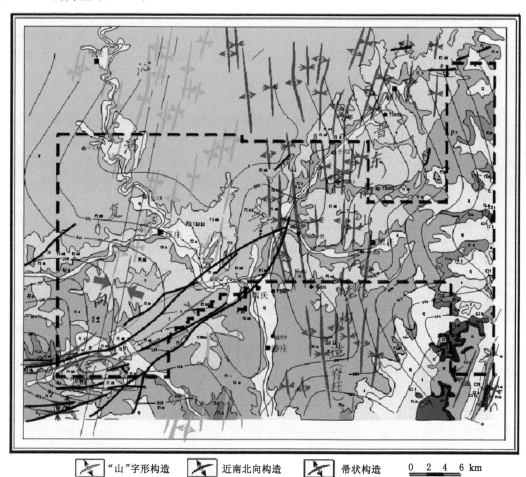

✈ "山"字形构造	✈ 近南北向构造	✈ 带状构造	0 2 4 6 km

图 2-2　沁水盆地南部构造纲要图(陶树,2011)

　　沁南地区总体构造较为简单,煤层连续性较好,区块内部规模较大的断层较为少见,但小断层较为发育(孟庆春等,2011)。据二维、三维地震勘探精细解释发现,郑庄地区发育断层 350 条,以 NE 向的正断层为主,另有部分 NEE 向和 NNE 向的正断层,但断层规模都较小,断距一般小于 60 m,延伸长度短,在 3～7 km 之间,断层倾角较大,一般为 50°～60°。樊庄地区小断层也较为发育。柿庄南部地区发育少量隐伏的小断层,分别在张庄和珠山发育一条正断层,走向分别为 NE 和 NW,延伸约 1.5 km,断距在 30 m 左右(孙强等,2010)。柿庄北部小断层较为发育,地震识别断点为 37 个,其中落差在 10～50 m 的断层有 6 个,多发育于褶皱的翼部(黄晓明等,2010)。

　　据区内煤田地质及煤层气勘探实践发现,陷落柱在该区有所分布,但发育不均衡,在部分地区相当发育(陶树,2011;孟庆春等,2011)。煤田地质勘探资料在固县及胡底南部地区未显示陷落柱的存在,地震解释资料显示郑庄地区发育疑似陷落柱构造 29 个,柿庄、樊庄地区在钻井过程中也遇到过陷落柱,但数量相对较少,柿庄北部全区地震解释出 5 个陷落柱。

盆地南部的大宁井田发现直径 20 m 左右的陷落柱 3 个。沁南地区陷落柱分布最多的地区位于成庄井田,由煤田勘探及矿井开采可知,该区域内陷落柱分布密度较大,一般成群出现、呈定向分布,一般分布在断层破碎带、褶皱转折带及地下水活跃的地区,目前为止已发现和推测陷落柱 90 多个,大小规模悬殊,其中最小的陷落柱面积 200 m² 左右,最大的长轴达 150 m,短轴长 110 m。陷落柱的发育严重破坏了煤层的连续性;常将煤层与强含水层沟通,造成煤层气大量逸散,煤层气井排水困难,气井产能极差。

2.2　含煤地层及煤储层物性

2.2.1　区域地层

沁水盆地地层隶属华北地层分区,出露的地层有中至下奥陶统、上石炭统、二叠系、中至下三叠统、新近系及第四系,普遍缺失志留系、泥盆系和下石炭统,中侏罗统黑峰组呈零星分布特征,缺失白垩系。

区域地层简表如表 2-1 所示。沁水盆地中南部地区由老至新钻遇的地层主要有中奥陶统上马家沟组和峰峰组、上石炭统本溪组、上石炭统至下二叠统太原组、下二叠统山西组、中二叠统下石盒子组及上石盒子组、上二叠统孙家沟组、下三叠统刘家沟组及和尚沟组、中三叠统二马营组、新近系上新统和第四系。

表 2-1　区域地层简表

地 层 单 位			厚度/m	岩 性 特 性
系	统	组		
第四系	全新统		0～30	亚黏土及卵砾石
	上更新统	马兰组	10	黄土、亚砂土、亚黏土夹钙质结核层
	中更新统	离石组	0～50	黄土、亚黏土、亚砂土夹钙质结核层
	下更新统	午城组	10～20	亚黏土
新近系	上新统		0～50	半胶结钙质黏土、红色黏土、砂质黏土及透镜状砂砾互层
三叠系	中统	二马营组	412～573	厚层中粒长石石英砂岩夹暗紫色泥岩
	下统	和尚沟组	160～210	紫红色砂岩与泥岩互层
		刘家沟组	338～442	紫红、棕红色细粒长石石英砂岩夹砾岩及砂质泥岩
二叠系	上统	孙家沟组	70～141	砂质泥岩、泥岩夹细砂岩
	中统	上石盒子组	490～520	长石石英砂岩及砂质泥岩、泥岩
		下石盒子组	43.75～62.20	长石质砂岩、粉砂岩及紫红色泥岩、铝质泥岩
	下统	山西组	30～57.64	细粒砂岩、粉砂岩、泥岩、煤层互层
		太原组	80～92.74	K₂、K₃、K₄、K₅、K₆灰岩、中至粗粒砂岩、煤层、粉砂岩、泥岩
石炭系	上统	本溪组	4.85～45	底部为山西式铁矿,铝土岩;中部为泥岩局部夹薄层灰岩;上部为泥岩、石英砂岩夹煤线

表 2-1(续)

地 层 单 位			厚度/m	岩 性 特 性
系	统	组		
奥陶系	中统	峰峰组	90～150	上部为白云质泥灰岩、泥灰岩及泥质灰岩,泥灰岩中夹石膏;下部为厚层状灰岩
		上马家沟组	180～225	下部为泥灰岩、角砾状泥质灰岩、底部夹石膏;中部为中厚层豹皮灰岩、白云质灰岩及泥质白云岩;上部为中厚层状灰岩夹薄层泥灰岩、泥质灰岩、白云质灰岩
		下马家沟组	37～91	下部为泥灰岩或白云质灰岩、白云质泥灰岩;上部为中厚层状灰岩、白云质泥质灰岩
	下统	亮甲山组	17～54	中层至厚层夹薄层白云岩,岩性单一
		冶里组	44～90	中层至薄层结晶质白云岩,夹竹叶状石灰岩条带状白云岩

2.2.2 含煤地层

沁水盆地南部含煤地层包括上石炭统本溪组、上石炭统至下二叠统太原组和下二叠统山西组(图 2-3)。其中,太原组和山西组为该区最重要的含煤地层,地层厚度为 132.44～166.33 m,平均厚度为 150 m。

2.2.2.1 石炭系(C)

上石炭统本溪组(C_2b):厚度为 4.85～45 m,一般为 20 m 左右,与下伏地层中奥陶统峰峰组呈平行不整合接触。下部为灰色、灰白色的铝土质泥岩,在底部常夹杂鸡窝状的赤铁矿和褐铁矿;上部为深灰色的砂质泥岩,夹薄层细砂岩及铝土质泥岩。本溪组中上部发育 1～2 层不可采煤层。

上石炭统至下二叠统太原组(C_2t 至 P_1t):该组为本区重要的含煤地层之一,形成于海陆交互的障壁-潟湖和碳酸盐台地沉积环境,厚 76～127 m,多在 100 m 左右,底部以 K_1 石英砂岩与本溪组为界,与本溪组呈整合接触。该组主要由碎屑岩、泥质岩、碳酸盐岩和煤层组成,含煤 7～9 层;其中可采煤层 1～2 层(9 煤和 15 煤),含灰岩 4～5 层。碎屑岩以中至细粒石英砂岩、岩屑石英砂岩和粉砂岩为主;泥质岩类以灰黑色泥岩、粉砂质泥岩为主;碳酸盐岩以(含)生物碎屑灰岩为主,生物碎屑含量 15%～30%。太原组自下而上发育 5 个灰岩标志层(K_2 至 K_6 灰岩),层位稳定或较稳定,易于辨识,为区内煤岩层对比划分的重要标志层,以 K_2 至 K_4 三层灰岩最为发育,该区灰岩常作为太原组煤层的直接顶板。

2.2.2.2 二叠系(P)

下二叠统山西组(P_1s):该组为本区另一主要含煤地层,形成于滨海三角洲环境,厚 34～59 m,一般厚 45 m 左右,底部以 K_7 砂岩与太原组为界,与太原组呈整合接触。该组主要由砂岩、砂质泥岩、泥岩和煤层组成,含煤 3～4 层。下部以深灰、灰黑色泥岩和砂质泥岩为主,含煤 2～3 层;上部以深灰色砂岩、粉砂岩和泥岩为主,含不稳定薄煤层 1～2 层。与太原组相比,山西组砂岩层明显增多,无碳酸盐岩分布,植物化石更丰富。

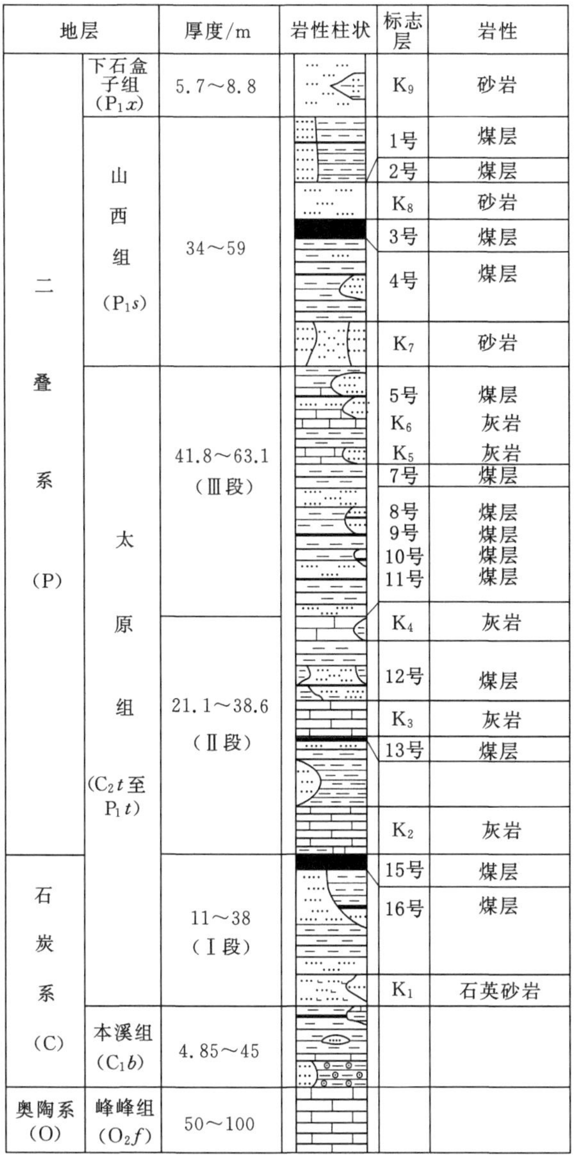

地层		厚度/m	岩性柱状	标志层	岩性
二叠系（P）	下石盒子组（P$_1$x）	5.7～8.8		K$_9$	砂岩
	山西组（P$_1$s）	34～59		1号	煤层
				2号	煤层
				K$_8$	砂岩
				3号	煤层
				4号	煤层
				K$_7$	砂岩
	太原组（C$_2$t 至 P$_1$t）	41.8～63.1（Ⅲ段）		5号	煤层
				K$_6$	灰岩
				K$_5$	灰岩
				7号	煤层
				8号	煤层
				9号	煤层
				10号	煤层
				11号	煤层
		21.1～38.6（Ⅱ段）		K$_4$	灰岩
				12号	煤层
				K$_3$	灰岩
				13号	煤层
				K$_2$	灰岩
石炭系（C）		11～38（Ⅰ段）		15号	煤层
				16号	煤层
				K$_1$	石英砂岩
	本溪组（C$_1$b）	4.85～45			
奥陶系（O）	峰峰组（O$_2$f）	50～100			

图 2-3　沁水盆地南部石炭-二叠系含煤地层综合柱状图

2.2.3　煤层、煤岩与煤质

沁水盆地南部石炭-二叠系含煤地层含煤 10 余层，煤层总厚度为 3.65～23.8 m。山西组含煤 3～4 层，可采煤层 1 层，为 3 号煤层；太原组含煤 7～9 层，可采煤层 1～2 层，为 9 号和 15 号煤层。其中，3 号和 15 号煤层厚度大，分布稳定，是本区煤炭及煤层气开采的主要目标煤层。

3 号煤层：位于山西组中下部，K$_8$ 砂岩之下，全区发育，煤层厚度为 2.15～8.66 m，平均厚度为 5.79 m，厚度大于 5 m 的富煤带主要位于东部的柿庄—长子—屯留以及西部的郑庄—马璧一带。该煤层以光亮煤和半亮煤为主，夹 1～3 层泥岩或钙质泥岩夹矸，部分地区半暗煤和暗淡煤较为发育。煤层顶板主要为泥岩、粉砂质泥岩,局部为细粒至中粒砂岩,底板主要为粉砂岩和泥岩。

9 号煤层:位于太原组三段下部,K_4 灰岩之上,分布不稳定,局部可采,在南部较厚,局部地段分叉尖灭。该煤层在潘庄地区的厚度为 0.2～1.9 m,平均厚度为 1 m;在樊庄地区的厚度为 0～2.5 m,平均厚度为 0.47 m。煤层顶板主要为泥岩、粉砂岩,局部为细至中粒砂岩或灰岩,底板为泥岩或粉砂岩。

15 号煤层:位于太原组下部,全区发育,厚度为 1.10～9.87 m,一般小于 5 m,平均为 3.26 m,厚度大于 3.5 m 的富煤带主要位于西部中段的寨疙瘩—安泽—端氏之间。该煤层也以光亮煤和半亮煤为主,一般含 3～6 层泥岩或碳质泥岩夹矸。直接顶板为泥岩或含钙泥岩,K_2 灰岩常作为直接顶板覆盖于 15 煤之上,底板主要为泥岩。

根据部分矿井和钻井观察结果,沁水盆地南部主要煤层的宏观煤岩学特征如表 2-2 所列。以光亮煤和半亮煤为主,部分地区半暗煤和暗淡煤较为发育。煤层以原生结构为主,煤体结构较为完整,天然裂隙较为发育。部分地点由于裂隙强烈发育而导致煤体破碎,但仍属于碎裂煤范畴,反而有利于煤层渗透性的增进。靠近盆地东缘晋获大断裂的地带,如凤凰山、王台铺、古书院等井田,3 号煤层中往往间夹软煤(典型构造煤)分层,可能会对水平井眼工程稳定性造成严重影响。近年来,随着煤层气勘探和煤炭资源开发的推进,沿盆地东缘大断裂分布的构造煤发育区不断被揭露出来,如高平县赵庄井田、盆地东北角的景新井田等,需要引起足够的重视。

表 2-2　沁水盆地南部主要煤层的宏观煤岩学特征

地点	煤层编号	煤岩类型	主要煤岩特征
凤凰山矿	3	以光亮型和半亮型煤为主	具细条、线理状、透镜状结构,贝壳状、眼球状断口,均有一层 0.7～1.0 m 厚的软煤
王台铺矿	3	以暗淡型、半暗淡型煤为主	
古书院矿	3	以半光亮型和半暗淡型煤为主	
潘庄井田	3	以半光亮煤为主	整体较为破碎,物性好,具贝壳状及眼球状断口
晋试 1 井	3	以光亮-半光亮型煤为主	整体较为破碎,物性好,具贝壳状及眼球状断口
	15	以光亮-半光亮型煤为主	
晋试 2 井	3	以光亮-半光亮型煤为主	整体较为破碎,物性好
	15	以光亮-半光亮型煤为主	隔离发育,整体较为破碎,物性好
晋试 3 井	3	以光亮-半光亮型煤为主	整体较为破碎,物性好
	15	以光亮型煤为主	整体较为破碎,物性好
晋试 4 井	3	以光亮型煤为主	整体较为破碎,物性好
	15	以光亮型煤为主	
晋试 5 井	3	半亮-光亮型煤	
	15	以光亮型煤为主	整体较为破碎,物性好
晋试 6 井	3	半光亮-光亮型煤	
屯留 3 井	3	以光亮型煤为主	整体较为破碎,物性好,具贝壳状及眼球状断口
屯留 4 井	3	以光亮型煤为主	
屯留 10 井	3	以光亮型煤为主	

主煤层镜质组最大反射率 $R_{o,\max}$ 介于 $1.1\%\sim4.36\%$ 之间,从焦煤到无烟煤均有分布,但以无烟煤为主,东西两翼发育有中阶煤储层($0.65\%\sim2.0\%$)。研究区绝大多数地区镜质组最大反射率超过 2.0%,整体上由北向南呈现逐渐增大的趋势,盆地南缘镜质组反射率最大,与区域岩浆岩侵入范围有关。研究区 3 号煤层镜质组最大反射率介于 $1.3\%\sim4.36\%$ 之间,平均为 3.19%;15 号煤层介于 $1.1\%\sim4.21\%$ 之间,平均为 2.91%。

煤岩显微组分以镜质组为主,其次为惰质组,壳质组含量极低。其中,3 号煤层镜质组含量 $59.8\%\sim93.1\%$,平均 76.2%;惰质组含量 $6.9\%\sim35.2\%$,平均 18.9%;壳质组含量 $0\sim10.5\%$,平均仅 0.7%。15 号煤层镜质组含量 $70.7\%\sim92.5\%$,平均 82%;惰质组含量 $7.5\%\sim28.4\%$,平均 17.6%;壳质组含量 $0\sim6.2\%$,平均仅 0.4%。

煤中灰分产率平面上表现为北高南低。具体而言,3 号煤层灰分产率 $5.41\%\sim29.52\%$,平均 15.33%,属低至中灰煤;15 号煤层灰分产率 $7.54\%\sim44.09\%$,绝大部分小于 30%,平均 18.50%,同属低至中灰煤,部分地区存在中高灰煤。硫含量 15 号煤层明显要高于 3 号煤层。其中,3 号煤层全硫含量 $0.21\%\sim0.50\%$,平均 0.36%,为特低硫煤;15 号煤层全硫含量 $1.84\%\sim9.19\%$,平均 3.12%,为中至高硫煤。

挥发分产率 3 号煤层 $4.76\%\sim21.79\%$,平均 8.66%;15 号煤层 $2.05\%\sim20.23\%$,平均 7.20%,两煤层均属特低至低挥发分煤。平面上,挥发分产率具有北高南低以及西高东低的趋势,同一地区,挥发分产率随埋深的增加而降低。

2.2.4 煤储层孔渗性特征

2.2.4.1 煤储层孔裂隙发育特征

（1）压汞孔隙分布特征

压汞试验在中国矿业大学煤层气教育部重点实验室完成,采用仪器为 Autopore Ⅳ 9500 V1.09,最大毛管压力为 413 MPa,测定孔径下限为 3 nm。测试过程依据 SY/T 5346—2005。本书采用 Ходог(1961) 提出的孔隙系统分类划分方法,即微孔(孔径 $d<10$ nm)、过渡孔(10 nm<孔径 $d<100$ nm)、中孔(100 nm<孔径 $d<1\,000$ nm)和大孔(孔径 $d>1\,000$ nm)。沁水盆地南部煤样压汞实验结果如表 2-3 所列。

表 2-3　沁水盆地南部煤样压汞实验结果

样品编号	煤层编号	孔隙度/%	排区压力/kPa	平均孔径	比表面积/(m²/g)	孔容/(mL/g)	比孔容/%				退汞效率
							微孔	过渡孔	中孔	大孔	
QN1	3	4.32	37.0	3.50	18.661	0.032 6	61.35	27.91	3.68	7.06	91.10
QN2	3	5.46	30.3	3.95	23.427	0.043 3	58.66	28.18	5.08	8.08	85.45
QN3	15	5.32	48.1	3.45	24.889	0.043 2	62.04	26.62	3.70	7.64	90.97
QN4	15	5.69	30.7	3.55	24.789	0.043 9	61.28	26.20	3.64	8.88	89.52
QN5	15	4.54	31.0	3.75	18.962	0.035 5	57.18	24.23	2.82	15.77	82.82
QN6	15	5.55	26.9	3.70	24.530	0.045 1	58.31	25.94	3.77	11.97	86.70
QN7	9	3.72	33.9	3.65	13.828	0.025 1	58.57	26.29	3.59	11.55	84.06
QN8	9	6.23	47.1	4.15	23.492	0.048 7	50.72	28.34	4.93	16.02	73.72
QN9	15	4.81	27.2	3.65	20.681	0.037 9	58.58	25.07	3.17	13.19	85.22
QN10	15	4.68	36.8	3.55	20.680	0.036 7	60.49	28.61	4.36	6.54	86.92

由压汞实验测试结果可以看出,沁南地区不同层位及地段煤样孔隙特征并无明显区别,均以微孔至过渡孔为主,孔容比为 79.06%～89.26%,平均达 85.46%,而中、大孔极不发育,仅占总孔容的 15% 左右(表 2-3)(图 2-4),这是高煤级煤储层的典型特征(Cai et al.,2011;李松等,2012;郭晨等,2014),即为煤层气提供赋存空间的微孔至过渡孔(扩散或吸附孔)占绝对优势,因而高煤级煤层含气量通常较高,而中孔至大孔(渗流孔)发育较差,造成煤储层内流体运移产出较为困难。

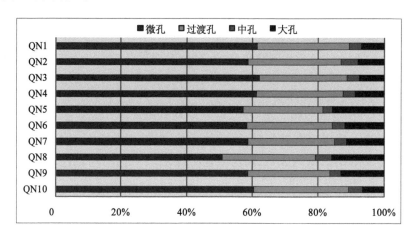

图 2-4　煤样不同孔径段孔容百分比分布特征

压汞实测孔隙度介于 3.72%～6.23% 之间,平均为 5.03%,总体较低,储层较为致密。基于煤田地质勘探比重法测试数据,研究区 3 号煤层平均孔隙度为 6.67%,15 号煤层为5.97%,明显高于压汞测试孔隙度值,表明煤储层中存在大量汞无法侵入的无效孔隙。从油气运移的角度,当储层孔隙度大于 10% 时,对油气运移较为有利,而当孔隙度小于 10% 或者更低时,油气运移较为困难,因而对沁南高变质煤储层而言,较低的孔隙度对煤层气的运移极为不利,这也是高煤级煤储层的固有缺陷。

研究区 10 块煤样的进汞和退汞曲线形态差异整体不大,图 2-5 所示为 3 个有代表性的进汞-退汞曲线。类型Ⅰ以 QN02 样品为代表,该类型曲线特点为高压阶段曲线不存在滞后环或滞后环窄小,而在较低压力阶段滞后环有所增大,说明在微孔至过渡孔中孔隙类型以一端开放的半封闭孔为主,而在中孔至大孔中存在相当数量的开放孔,形成压汞滞后环。类型Ⅱ以 QN3 样品为代表,该类型曲线特点为进汞与退汞曲线几乎重合,滞后环窄小或相对闭合,说明该类样品孔隙多以半封闭孔为主,连通性较弱。类型Ⅲ以 QN8 井为代表,该类型曲线与类型Ⅰ相似,但其开放孔数量要多于类型Ⅰ,压汞滞后环加大,中孔至大孔所占孔容比明显增高,孔隙度也要高于类型Ⅰ,阶段孔容曲线呈现"双峰"的分布特点。

(2)低场核磁共振孔隙分析

低场核磁共振分析岩石孔隙特征的理论基础是:在均匀射频场和静磁场的共同作用下,岩石中所含流体中的自旋氢核[1]H 会产生核磁共振弛豫现象(姚艳斌,2008)。具体而言,将含水样品置放于均匀静磁场中,则水中所含的[1]H 核就会被磁场极化,宏观上表现为一个磁化矢量,若此时对样品施加一定频率的射频场,水中的氢核便会产生磁共振现象。撤掉射频场之后,可接收到一个幅度随时间呈指数形式衰减的信号。这一信号衰减的快慢可以用纵

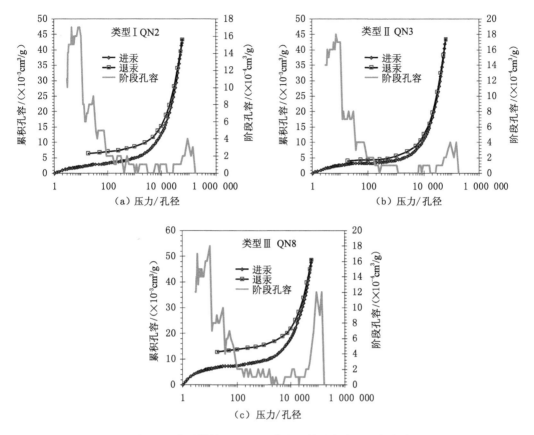

图 2-5 典型煤样进汞-退汞曲线及其对应阶段孔容曲线

向(T_1)和横向(T_2)弛豫时间来描述,且它们在测试结果上具有相应的刻度关系(Kleiberg et al.,1993)。由于横向弛豫时间检测速度较快,因而在岩石核磁共振分析中,常采用 T_2 测量法。横向弛豫时间 T_2 与岩石中的孔隙半径成正比(Kenyon,1992;Kleiberg,1996;Yao et al.,2010;Zou et al.,2013a),T_2 越大,则所代表的孔隙半径越大。

核磁共振 T_2 谱图由 3 个基本信息构成,分别为:横向弛豫时间、振幅及谱峰。弛豫时间反映了孔隙半径的大小,其值越小,代表的孔隙半径越小。孔裂隙类型发育完全的核磁共振谱图通常会存在 3 个谱峰,分别对应于微小孔、中大孔和裂隙(姚艳斌等,2010),各谱峰的面积反映了各孔裂隙系统的发育程度,当孔裂隙系统连通性较好时,峰与峰之间会相互融合,导致谱峰的个数减少。

本次对沁水盆地南部 6 个煤层样品进行了低场核磁共振分析,测试在中石油勘探开发研究院廊坊分院完成,采用的仪器为 Rec Core 04 型低场核磁共振仪,依据 SY/T 5336—2006、SY/T6490—2000 测试标准。共设计了饱和水和束缚水两个状态下煤样的核磁共振实验,实验分为三步:第一步为样品制备,将测试煤样制备成 25×50 mm 的柱状样品;第二步为饱和水样低场核磁共振测试,首先将待测柱状样品放入 80 ℃的干燥箱内,干燥 24 h,其次将其放入蒸馏水中饱和 24 h,最后对饱和水样品进行低场核磁共振测试;第三步为束缚水样品低场核磁共振测试,利用 PC-1 岩芯离心机对饱和水样品进行离心,离心压力为 1.4

MPa(200 psi),之后对离心后的样品进行低场核磁共振测试。

基于 Washburn 方程：

$$r_c = (-2\sigma \cos \theta)/p_c \qquad (2\text{-}1)$$

式中　r_c——离心压力下排出水所对应的最小孔径，μm；

　　　σ——煤与水之间的表面张力；

　　　θ——水分子与孔隙表面的接触角；

　　　p_c——离心压力，MPa。

依据前人研究经验(傅贵等，1997)，σ 与 θ 分别设定为 0.076 N/m 和 60°，由此，式(2-1)可简化为：

$$r_c = 0.14/p_c \qquad (2\text{-}2)$$

由式(2-2)可以看出，离心压力下排出水所对应的最小孔径(r_c)与离心压力直接相关，本实验中 200 psi 压力下对应的孔径为 0.1 μm。小于 0.1 μm 的孔为微小孔(扩散或吸附孔)，而大于 0.1 μm 的为中大孔(渗流孔)和裂隙。Yao 等(2010)定义小于 0.1 μm 孔径内的水为束缚水，而大于 0.1 μm 孔径内的水为可动水。

饱和水煤样的 T_2 谱图可以反映出所有可探测到的孔裂隙信息，而离心后的束缚水样品，由于裂隙和部分大中孔内的水被排出，因而其 T_2 谱仅反映了几乎全部微小孔和部分中大孔的信息。由图 2-6 可以看出，沁南地区所测 6 个煤样饱和水状态下 T_2 谱图呈现单峰型和双峰型两种形态，不存在三峰型，束缚水状态下的 T_2 谱图则全部呈现单峰型。其中，QN4、QN5 和 QN7 样品饱和水 T_2 谱图只存在一个明显的 T_2 谱峰，离心后，QN4 和 QN5 样品 T_2 谱峰规模有所减小，说明在这两件样品中基本以微小孔为主，存在少量的中大孔，而裂隙不发育，其中微小孔与大孔之间的连通性较好，中大孔谱峰与微小孔谱峰融合；QN7 样品饱和水和离心后束缚水 T_2 谱图基本重合，说明该样品裂隙和中大孔基本不发育，基本以微小孔为主。QN2、QN9 和 QN10 样品饱和水 T_2 谱图除存在一个主峰外，还发育有一个较小的峰，离心后，T_2 谱图中小峰消失，主峰规模略有缩小，由此说明这些样品中发育有一定量的中大孔和少量的裂隙，但仍然以微小孔占绝对优势，此外，两个峰之间不连续，说明各级孔裂隙之间的连通性较差。

通过煤样饱和水和离心后束缚水状态下的核磁共振实验，可以确定出煤岩中的可动孔隙度和不可动孔隙度。所谓可动孔隙度是指有利于可动流体(气和水)流通的那部分有连通性孔隙的孔隙度，即通过离心实验可从样品中脱离流体所在孔隙的体积百分比。不可动孔隙度是指离心实验后仍残留在样品中流体所在孔隙的体积百分比。

根据核磁共振原理，T_2 谱代表了氢核在弛豫时间内的共振幅度值，横向弛豫时间与振幅曲线的面积代表了样品孔裂隙的发育程度，峰的面积可由累积振幅近似表示，因而，可将饱和水状态下 T_2 谱的累计弛豫幅度总和标定为煤岩总孔隙度(Yao et al.,2010；Cotes et al.,1999)。由此，束缚水状态下 T_2 谱的累计弛豫幅度总和则标定为不可动孔隙度，饱和水与束缚水状态下累积弛豫幅度总和差值则标定为可动孔隙度(图 2-7)，可分别由式(2-3)与式(2-4)计算求得。T_{2c} 截值为可动与不可动孔隙度的界限阈值，其求解方法见图 2-7。

$$V_p = \frac{M_{sw} - M_{sir}}{M_{sw}} \times \varphi_t \qquad (2\text{-}3)$$

$$V_{ir} = \frac{M_{sir}}{M_{sw}} \times \varphi_t \qquad (2\text{-}4)$$

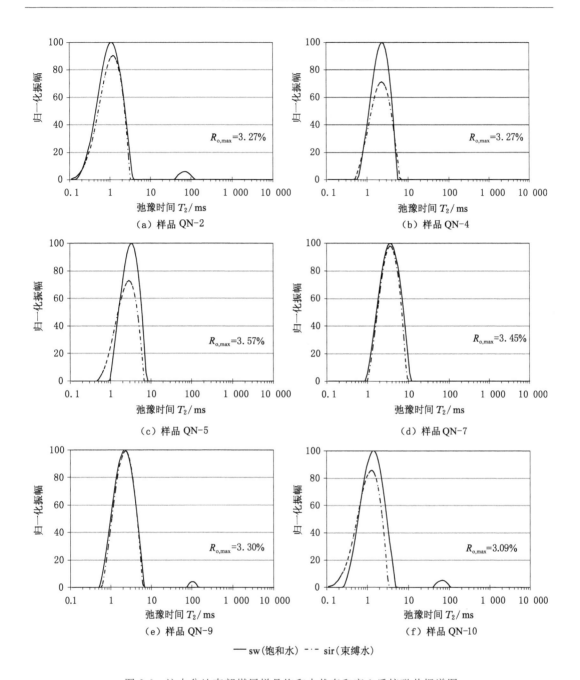

图 2-6 沁水盆地南部煤层样品饱和水状态和离心后核磁共振谱图

式中 V_p——可动孔隙度,%;

V_{ir}——不可动孔隙度;

M_{sw}——饱和水状态下的累计弛豫幅度总和;

M_{sir}——束缚水状态下的累计弛豫幅度总和;

φ_t——煤岩总孔隙度。

由表 2-4 可以看出,沁水盆地南部 6 个高煤级煤层样品的束缚水饱和度介于 79.2%～

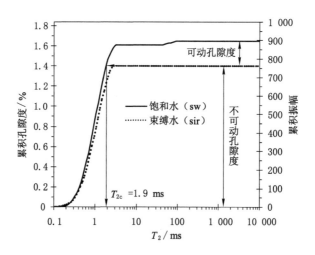

图 2-7　可动、不可动孔隙度及 T_{2c} 截值的求取方法(样品 QN-2)

92.1%之间,平均为 85.1%;可动水饱和度介于 7.9%～20.8%,平均为 14.9%。这与压汞实验测试结果基本一致,即以微小孔为主,中大孔及裂隙发育较差。T_{2c} 截值反映了样品可动孔隙度的大小,研究区样品核磁共振 T_{2c} 截值介于 1.9～6.1 ms 之间,平均仅为 3.72 ms,显著低于中低煤级煤储层(Yao et al.,2010)。

表 2-4　沁水盆地南部煤样常规岩芯测试及核磁共振分析

样品编号	$R_{o,max}$ /%	常规岩芯测试				核磁共振分析				
		视密度 /(g/cm³)	真密度 /(g/cm³)	水测孔隙度/%	气测渗透率/mD	束缚水饱和度/%	可动水饱和度/%	不可动孔隙度/%	可动孔隙度/%	T_{2c}截值/ms
QN2	3.27	1.45	1.53	1.65	0.262	85.0	15.0	1.40	0.25	1.9
QN4	3.27	1.48	1.56	3.08	1.124	79.2	20.8	2.44	0.64	3.2
QN5	3.57	1.58	1.68	2.05	0.950	81.9	18.1	1.68	0.37	4.4
QN7	3.45	1.47	1.56	2.92	0.510	88.1	11.9	2.57	0.35	6.1
QN9	3.30	1.46	1.55	2.19	0.052	92.1	7.9	2.02	0.17	4.4
QN10	3.09	1.45	1.56	1.71	0.216	84.3	15.7	1.44	0.27	2.3

　　煤层气产出是解吸-扩散-渗流的连续过程,要经过各级孔隙的导通,所以各孔径段孔容的变化对煤层气产出的影响是显著的。由可动孔隙度、不可动孔隙度及总孔隙度与煤岩实测空气渗透率的关系(图 2-8)可以看出,可动孔隙度与煤岩空气渗透率的相关性极好,而不可动及总孔隙度与其的相关性则相对较差,反映出中大孔及裂隙的发育程度对储层流体渗流的贡献率最大。而沁水盆地南部高煤级储层的中大孔及裂隙所占比例较小,微小孔占绝对优势,且微小孔段与中大孔段的连通性较差,由此构成了高煤级储层流体渗流的一大"瓶颈"。

　　(3)扫描电镜下煤岩孔裂隙特征

　　煤中孔隙的分类划分结果有多种。Gan 等(1972)按成因将煤中孔隙划分为热成因孔、

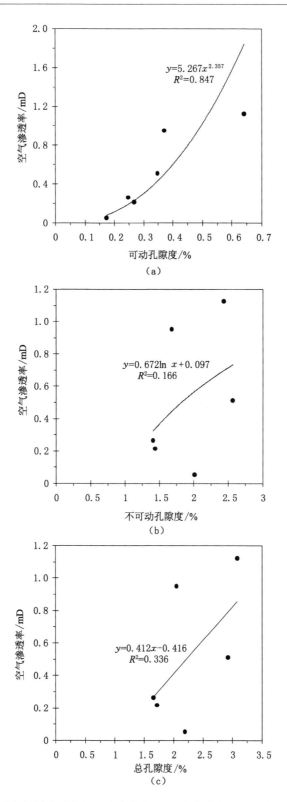

图 2-8 煤岩气测渗透率与可动孔隙度、不可动孔隙度及总孔隙度之间的关系

煤植体孔、分子间孔和裂缝孔。郝琦(1987)按成因将孔隙划分为植物组织孔、气孔、粒间孔、铸模孔、晶间孔和溶蚀孔。吴俊等(1991)依据压汞实验测试结果,按孔道分布特征将煤中孔隙划分为3大类(开放型、封闭型和过渡型)和9小类。秦勇(1994)将煤中的有效孔隙划分为半封闭孔、开放孔和细颈瓶孔3种类型。张慧等(2003)基于煤的岩石结构和构造,结合煤的变质、变形理论和过程,将煤中孔隙划分为4大类和9小类(表2-5),本书按照该划分方案,结合扫描电镜形貌观察结果,对沁水盆地南部煤岩的孔隙类型进行研究。

表 2-5 煤的孔隙类型及其成因简述表(张慧等,2003)

孔 隙 类 型		成 因 描 述
原生孔	组织孔	成煤植物本身所具有的各种组织孔
	屑间孔	碎屑镜质体、碎屑惰质体和碎屑壳质体等有机质碎屑之间的孔
后生孔	气孔	煤变质过程中由生气和聚气作用而形成的孔
外生孔	角砾孔	煤受构造应力破坏而形成的角砾之间的孔
	碎粒孔	煤受构造应力破坏而形成的碎粒之间的孔
	摩擦孔	压应力作用下面与面之间摩擦而形成的孔
矿物质孔	铸模孔	煤中矿物质在有机质中因硬度差异而铸成的印坑
	晶间孔	矿物晶粒之间的孔
	溶蚀孔	可溶性矿物质在长期气、水作用下受溶蚀而形成的孔

由煤岩扫描电镜下孔隙观察结果(图 2-9)可知,沁水盆地南部煤岩中主要存在原生孔、后生孔和矿物质孔3种孔隙类型,外生孔则相对不发育。

煤中的原生孔是成煤植物本身所具有的或煤沉积时形成的孔隙,分为组织孔和屑间孔两种类型。组织孔保存相对完整,且一般排列有序,大小均等,显示出植物组织特征[图 2-9(a)至图 2-9(e)]。由于受到后期构造作用的影响,组织孔大多存在不同程度的变形。煤中的组织孔通常只延一个方向发展,彼此连通较少,但当显微裂隙发育时,连通性会明显增强[图 2-9(d)]。屑间孔为煤中各种有机碎屑体,如碎屑镜质体、碎屑惰质体和碎屑壳质体等堆积形成的孔隙[图 2-9(f)至图 2-9(i)],形态不一,有似圆状、棱角状、条带状等,部分屑间孔被后生黏土矿物充填[图 2-9(i)],对于煤层的渗透性具有一定影响。

煤中的后生孔主要为气孔,也被称为变质孔,由煤变质生气和运移作用而形成的孔隙。煤中常见气孔的大小为 $0.1\sim2~\mu m$,以 $1~\mu m$ 左右者最为多见,以圆形为主,其次为椭圆形、梨形和圆管形等[图 2-9(j)至图 2-9(k),图 2-9(e)],在扫描电镜下观察发现,研究区煤岩中气孔大多以孤立的形式存在,相互之间连通性不好。

煤中的矿物质孔包括铸模孔、溶蚀孔和晶间孔。本次研究样品中均有不同程度的发育。同等变质条件下,煤中矿物的熔融软化温度远高于凝胶化有机组分,煤变化过程中矿物颗粒会在软化的组织中形成印模,如图 2-9(e)所示的样品中发育有矿物质铸模孔,其中部分可能是制样时矿物质脱落而形成的。图 2-9(l)(m)中的孔隙是与煤伴生的黏土矿物在水溶液的作用下部分遭到溶蚀而形成的。同时,在沁南样品中常可见到由黏土矿物颗粒堆积而成的晶间孔[图 2-9(n)至图 2-9(o)]。

此外,在受到构造破坏作用的煤层中,还可见到角砾孔的发育[图 2-9(o)],角砾呈直边

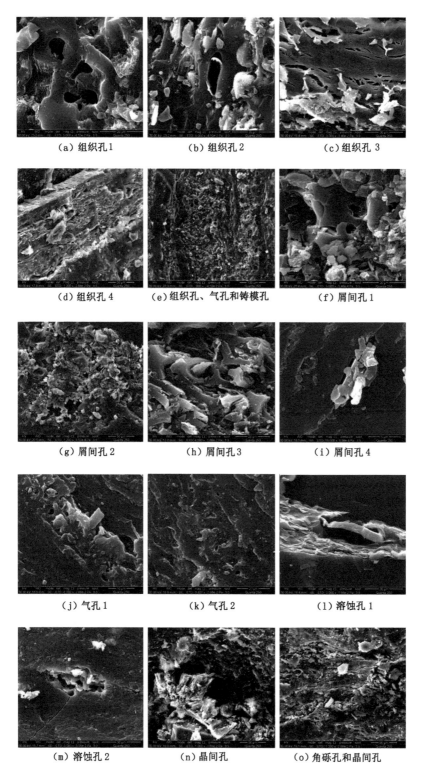

（a）组织孔1　　　　　（b）组织孔2　　　　　（c）组织孔3

（d）组织孔4　　　（e）组织孔、气孔和铸模孔　　　（f）屑间孔1

（g）屑间孔2　　　　　（h）屑间孔3　　　　　（i）屑间孔4

（j）气孔1　　　　　（k）气孔2　　　　　（l）溶蚀孔1

（m）溶蚀孔2　　　　　（n）晶间孔　　　　　（o）角砾孔和晶间孔

图 2-9　沁水盆地南部煤样孔隙成因特征扫描电镜（SEM）照片

尖角状,角砾孔属大孔级孔隙,其发育有助于煤层渗透率的提高。

煤中的天然裂隙可分为内生裂隙和外生裂隙。内生裂隙为煤化作用过程中,煤中凝胶化物质受温度和压力影响,内部结构发生一系列的物理化学变化,体积收缩产生内张力而形成的裂隙。外生裂隙为煤层受各种应力作用而形成的裂隙。张慧等(2003)基于大量扫描电镜裂隙观测结果,将煤中裂隙划分为7小类,见表2-6,本次对沁水盆地南部煤岩裂隙在扫描电镜下的观测,依据的就是此划分标准。

表2-6 煤中裂隙成因类型简述表(张慧等,2003)

孔 隙 类 型		成 因 描 述
内生裂隙	失水裂隙	煤化作用初期,煤层在压实、失水、固结等物理变化过程中形成的裂隙
	缩聚裂隙	煤在变质过程中因脱水、脱气、脱挥发分而缩聚所形成的裂隙
	静压裂隙	煤层在上覆岩层的单向静压作用下形成的与层理大体垂直的定向裂隙
外生裂隙	张性裂隙	因张应力作用而产生的开启状裂隙
	压性裂隙	经受严重挤压的煤中,因压应力作用而产生的闭合状裂隙
	剪性裂隙	因剪应力作用而产生的两组或多组共轭裂隙
	松弛裂隙	煤中构造面上因应力释放而产生的裂隙

经观察发现,沁水盆地南部煤岩中显微裂隙较为发育,其中内生裂隙发育较少,以外生裂隙为主(图2-10)。内生裂隙中可见到煤在变质过程中因脱水、脱气和脱挥发分而形成的缩聚裂隙[图2-10(k)],呈平行有序排列,可能受到后期张应力的作用,裂隙宽度有所增加,部分裂隙合并为一。外生裂隙中以剪裂隙和张裂隙为主。剪裂隙裂隙面较光滑,延伸较远,常发育有两组或多组共轭裂隙[图2-10(a)、图2-10(i)],反映出煤层经受过多期次的构造活动改造。张裂隙裂隙面形态不一,有直线型、折线型和锯齿形等(图2-10),裂隙延伸较短,主方向有两组,近于垂直[图2-10(b)、图2-10(h)]。可以明显发现,不论哪种裂隙,多被黏土或碳酸盐矿物充填,常见的有高岭石、方解石和绿泥石,仅有少部分裂隙未被充填[图2-10(c)、图2-10(d)、图2-10(i)],由此导致沁水盆地南部煤储层的渗透率整体较低。

2.2.4.2 煤储层渗透性

煤储层渗透率是煤储层允许流体通过能力的度量,是定量化表征煤储层流体运移和产出过程中储层通道畅通程度的重要参数之一(傅雪海等,2007;倪小明等,2015)。渗透率越高,储层通道越畅通,越有利于煤层气的运移和产出,反之则不利于煤层气的产出。确定和评价煤储层渗透率的方法有很多种,例如测井曲线预测(Fu et al.,2009;Li et al.,2011;Yan et al.,2015)、经验公式拟合(Li et al.,2012;汪岗等,2014)、实验室测定(傅雪海等,2003c;Shen et al.,2011)、原位试井分析(崔凯华等,2009)和产能历史拟合(张培河,2010;Connell et al.,2011;Zou et al.,2013b)等,本书主要结合煤层气井试井资料及煤岩实验测试对沁南地区煤储层的渗透率进行研究。

(1)原位试井渗透率

当储层中流体的流动处于平衡状态时,若注入高压流体改变井的井底压力,将会在井底产生一个压力扰动,此扰动将随着时间的推移不断向井壁四周地层径向扩展,最后达到一个新的平衡状态。这种压力扰动的不稳定过程与储层及流体的性质有关,通过分析井底压力

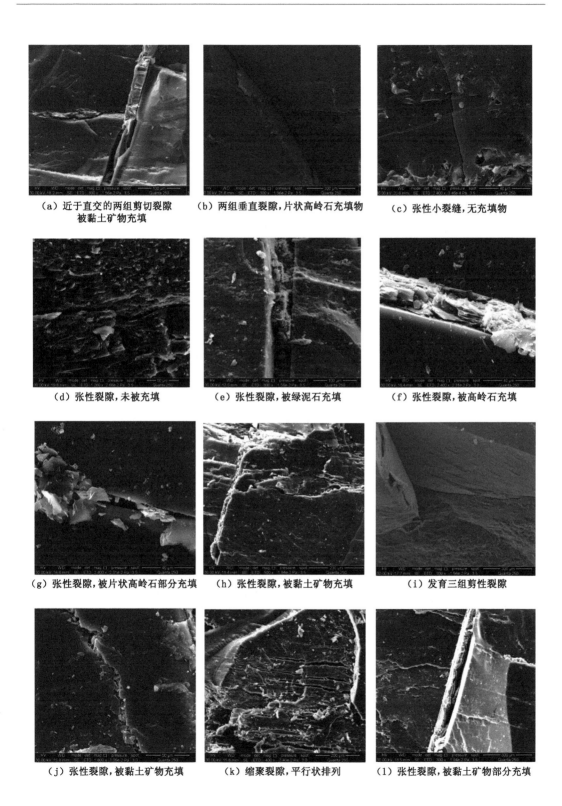

（a）近于直交的两组剪切裂隙
被黏土矿物充填

（b）两组垂直裂隙,片状高岭石充填物

（c）张性小裂缝,无充填物

（d）张性裂隙,未被充填

（e）张性裂隙,被绿泥石充填

（f）张性裂隙,被高岭石充填

（g）张性裂隙,被片状高岭石部分充填

（h）张性裂隙,被黏土矿物充填

（i）发育三组剪性裂隙

（j）张性裂隙,被黏土矿物充填

（k）缩聚裂隙,平行状排列

（l）张性裂隙,被黏土矿物部分充填

图 2-10　沁水盆地南部煤样显微裂隙扫描电镜(SEM)图片

随时间的变化规律,可以确定储层压力和渗透率等参数。

研究区现有煤层气勘探开发井 7 000 余口,只有少部分井进行了试井测试。依据研究区 55 口煤层气井 92 层次的试井结果统计显示,煤层显示出极强的非均质性,渗透率变化较大,介于 0.000 4～112.6 mD,一般小于 1 mD。其中,平面上总体表现为南高北低的区域分布趋势,尤以东南地区煤层渗透率最高,如樊庄区块煤层试井渗透率均值为 1.87 mD,潘庄区块均值达 3.80 mD。而北部和西部则相对较低,如西部的马必区块和北部的柿庄区块的平均渗透率仅为 0.07 mD(表 2-7)。

表 2-7　沁水盆地南部部分区块煤储层试井渗透率统计

区块	试井渗透率/mD			区块	试井渗透率/mD		
	最小	最大	平均		最小	最大	平均
潘庄	0.011 4	41.08	3.80	屯留	0.015	0.946	0.23
樊庄	0.004 2	8.92	1.87	柿庄	0.01	0.46	0.07
郑庄	0.022	3.13	0.38	马必	0.008	0.61	0.073

垂向上,3 号煤层的试井渗透率整体上要高于下部的 15 号煤层(表 2-8)(图 2-11)。沁南地区 3 号煤层试井渗透率低于 0.1 mD 的占本煤层统计总数的 50％,0.1～1.0 mD 之间的占 26％,1.0～5.0 mD 之间的占 20％,大于 5.0 mD 的仅占 6％;15 号煤层试井渗透率低于 0.1 mD 的约占 48％,0.1～1.0 mD 之间的约占 33％。去除渗透率大于 5 mD 的数据,3 号煤层试井渗透率约为 0.60 mD,15 号煤层平均约为 0.49 mD(略低于 3 号煤层)。

表 2-8　沁水盆地南部主煤层试井渗透率统计

煤层	井数	试井渗透率区段($\times 10^{-3} \mu m^2$)							平均值
		<0.01	0.01～0.10	0.10～0.50	0.50～1.0	1.0～2.0	2.0～5.0	>5.0	
3 号煤层	口	3	21	7	6	5	5	3	0.599 8
	％	6	44	14	12	10	10	6	
15 号煤层	口	0	20	7	7	3	2	3	0.486 1
	％	0	47.62	16.67	16.67	7.14	4.76	7.14	

注:平均值为剔除渗透率大于 5.0 mD 后其他测试结果的均值。

根据煤储层原位试井渗透率的大小,一般将煤储层划分为几种类型(傅雪海等,2007):高渗透率煤储层(大于 10 mD)、中渗透率煤储层(1～10 mD)和低渗透率煤储层(小于 1 mD)。由于我国煤储层渗透率普遍较低,参照上述分类,新一轮全国煤层气评价将煤储层渗透率分别降低一个数量级来进行评价(刘成林等,2009)。依据此标准,沁南地区高渗透率煤储层仅约占 25％,显示出偏低的渗透率,这也是制约该地区煤层气总产量获得进一步突破的关键因素。

(2)煤岩实验渗透率

煤岩样品实验渗透率通常包括气、水单相渗透率和气、水相对渗透率。单相渗透率指单相流体通过煤岩体孔裂隙时的渗透率。若煤岩体孔裂隙中存在多相流体,则煤岩体允许每一相流体通过的能力称为每相流体的相渗透率,或称有效渗透率,相渗透率与绝对渗透率的

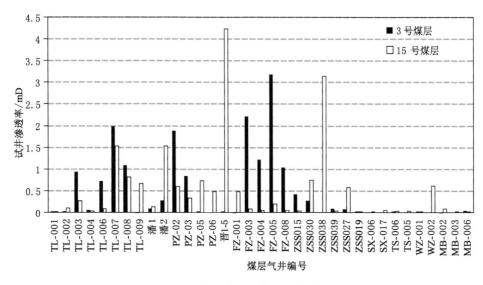

图 2-11　沁水盆地南部主煤层试井渗透率对比

比值,称为相对渗透率。本次研究对沁水盆地南部 6 个煤岩样品分别进行了气水单相渗透率和气水相对渗透率测试实验(实验在中石油勘探开发研究院廊坊分院完成),单相渗透率依据标准 SY/T 5336—2006,相对渗透率测定依据标准 SY/T 5345—2007。

测试结果显示(表 2-9):本区煤样气相渗透率(K_g)变化较大,介于 0.052~1.124 mD 之间,平均 0.52 mD;水相渗透率(K_w)比气相渗透率整体低一个数量级,介于 0.001 3~0.040 mD 之间,平均 0.016 mD。

表 2-9　沁水盆地南部煤层样品相对渗透率特征

样品编号	K_g /mD	K_w /mD	S_{wo} /%	S_{go} /%	$K_{wo,rg}$	$K_{wo,g}$ /mD	等渗点			D_s
							S_{ge}/%	$K_{rg}=K_{rw}$	K_{ge}/mD	
QN2	0.262	0.019	61.00	13.60	0.214	0.056	24.2	0.065	0.017	0.210
QN4	1.124	0.026	62.86	11.50	0.214	0.241	19.1	0.076	0.006	0.231
QN5	0.950	0.001 3	63.00	14.70	0.180	0.171	23.2	0.059	0.056	0.193
QN7	0.510	0.002 4	64.75	10.30	0.154	0.079	18.1	0.050	0.026	0.227
QN9	0.052	0.004 3	55.48	15.00	0.262	0.014	25.4	0.078	0.004	0.272
QN10	0.216	0.040	69.46	13.60	0.202	0.044	20.0	0.086	0.019	0.127
圣胡安盆地			21.2	32.2			43.1	0.247		0.466
黑勇士盆地			44.2	2.3			28.6	0.185		0.535
黑勇士盆地			44.2	2.3			22.4	0.271		0.535
沃里尔盆地			0.31.9				78.9	0.214		

注:K_g、K_w 为气和水单相渗透率;S_{wo}、S_{go} 为残余水、残余气饱和度;$K_{wo,rg}$ 为残余水饱和度下气相相对渗透率;S_{ge} 为平衡点含气饱和度;K_{rg}、K_{rw} 为气和水的相对渗透率;K_{ge} 为平衡点气体有效渗透率;D_s 为两相共流跨度。

由图 2-12 可以看出,气、水相对渗透率(K_{rg}、K_{rw})为含气饱和度的函数,满足幂函数规律:

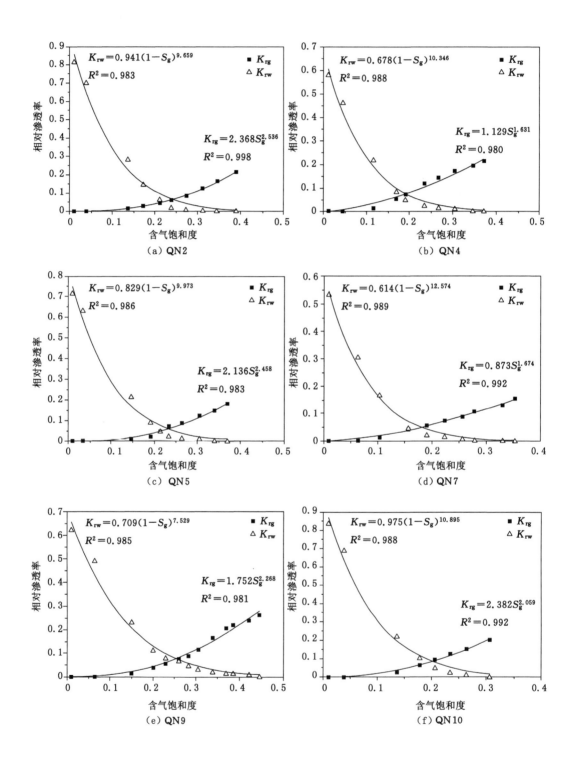

图 2-12　沁水盆地南部煤岩气水相对渗透率和含气饱和度的关系曲线

$$K_{rg} = aS_g^b \qquad\qquad (2-5)$$

$$K_{rw} = m(1-S_g)^n \qquad\qquad (2-6)$$

式中 K_{rg}——气相相对渗透率；

K_{rw}——水相相对渗透率；

S_g——含气饱和度；

a、b、m、n——模型拟合参数。

其中，a 与 m 不受气、水饱和度变化的影响，反映了煤样气、水绝对渗透率特征，b 与 n 则随气、水饱和度的变化而变化，决定了煤样相渗曲线形态以及气、水相对渗透率情况 (Shen et al.,2011)。

本区煤样残余水饱和度(S_{wo})介于 55.48%～69.46%，平均为 62.32%，而美国煤样 (Gash et al.,1993；Saulsberry 和 Schraufnagel,1993)介于 21.2%～44.2%，平均为 35.3%，为沁南煤样的 0.566 倍；残余气饱和度(S_{go})介于 10.30%～15.00%，平均为 13.12%，美国煤样的介于 2.3%～32.2%，平均值为 12.3%。单相水流区域含气饱和度(S_g)平均小于 13.12%，单相气流区域 S_g 平均大于 34.11%，两相共流区间为 10.3%＜S_g＜42.15%。两相共流跨度介于 12.7%～27.2%，平均为 21%，而美国煤样介于 46.6%～53.5%，平均为 51.2%，为沁南煤样的两倍多。气水相对渗透率平衡点处含气饱和度(S_{ge})介于 18.1%～25.4%，平均 21.7%，美国 S_{ge} 介于 22.4%～78.9%，平均为 43.3%，明显大于沁南地区。

测试煤样气水相对渗透率拟合参数如表 2-10 所示。可以看出，拟合得到的相渗曲线与实验测试数据非常吻合，R^2 接近 1，可精确描述出气、水相对渗透率随含气饱和度的变化情况，因而该模型可应用于煤层气井生产过程中气、水渗透率动态变化的预测与评价。

表 2-10 测试煤样气水相对渗透率拟合参数

煤样编号	QN2	QN4	QN5	QN7	QN9	QN10
$R_{o,max}$/%	3.267	3.270	3.572	3.452	3.330	3.090
a	2.368	1.129	2.136	0.873	1.752	2.382
b	2.536	1.631	2.458	1.674	2.268	2.059
m	0.941	0.678	0.829	0.614	0.709	0.975
n	9.659	10.346	9.973	12.574	7.529	10.895

平衡点处相对渗透率(K_{rw},K_{rg})为 0.050～0.086(表 2-9)，平均为 0.068，而美国煤样平衡点处的相对渗透率介于 0.214～0.271 之间，平均达 0.229，为沁南地区煤样的 3.37 倍，由此可见，即使我国沁南地区煤层渗透率与美国相当，平衡点处的煤层渗透率也要比美国的低 3 倍多。过平衡点之后，气相渗透率增加相对较快，其最大值即残余水状态下的气相相对渗透率($K_{wo,rg}$)介于 0.154～0.262，平均 0.204，与之相对应的气体有效渗透率($K_{wo,g}$)为 0.014～0.241 mD，平均仅为 0.10 mD，表明两相流条件下，CH_4 可达到的最大有效渗透率不及 CH_4 单相渗透率的 1/5。

总体而言，沁水盆地南部煤岩相对渗透率显示出"一高五低"的特点，即残余水饱和度高，残余水下 CH_4 有效渗透率低，平衡点处含气饱和度低、相对渗透率低、CH_4 有效渗透率低，以及两相共流跨度低，由此造成了沁水盆地南部高煤级煤储层煤层气难于解吸、残余气多、单井产量低、影响半径小、产气高峰来临时间早、气井服务年限短等特点。

2.2.5 煤储层吸附特征

依据沁水盆地南部 96 件煤样的等温吸附实验测试结果：3 号煤层朗格缪尔体积（$V_{L,daf}$）介于 22.33～52.4 m^3/t 之间，其平均值为 40.27 m^3/t；15 号煤层朗格缪尔体积为 25.93～58.89 m^3/t，平均 42.81 m^3/t；3 号煤层朗格缪尔压力（$P_{L,daf}$）介于 0.96～3.51 MPa 之间，平均 2.47 MPa；15 号煤层朗格缪尔压力为 1.84～3.92 MPa，平均为 2.53 MPa。

朗格缪尔体积与镜质组反射率（$R_{o,max}$）的关系在 $R_{o,max}$＝4.0％左右出现拐点，即当 $R_{o,max}$＜4.0％之前，随 $R_{o,max}$ 的增加，朗格缪尔体积增大；当 $R_{o,max}$＞4.0％后，随 $R_{o,max}$ 的增加，朗格缪尔体积减小[图 2-13(a)]。分析其原因，在 $R_{o,max}$＝5.0％之前的煤化作用历程中，煤物理结构和化学结构经历过 4 次跃变（秦勇等，1999），第四次跃变发生在镜质组反射率 3.7％左右，表现镜质组孔隙性等的演化趋势发生转折（秦勇，1994）。同时，中国高煤级煤普遍形成于异常高热地热场的作用，具有大地热流强、受热时间短等特征，煤的大分子结构调整没有达到平衡，导致第四次煤化作用跃变出现的位置滞后到镜质组反射率 4.0％左右（秦勇，1999）。吸附性的上述"倒转"正是该次跃变的体现，是煤大分子结构剧烈调整的结果。

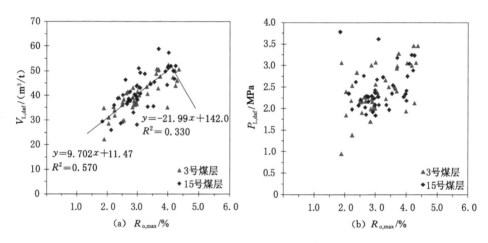

图 2-13　沁水盆地南部煤样等温吸附常数与镜质组反射率之间的关系

朗格缪尔压力随煤级的增高呈现出逐渐增大的趋势，但数据十分离散，同一煤级差别很大[图 2-13(b)]。朗格缪尔压力随煤级增高的变化机理，目前还不十分清楚，初步分析认为其与煤的孔径分布有关，低煤级煤，大孔隙较多，吸附较快；高煤级煤以微孔孔容为主，吸附较慢（王可新等，2008）。

2.3　含煤地层沉积环境

基于对沁水盆地南部 100 余口煤田及煤层气钻井测井资料的系统分析，依据地层垂向上的沉积组合及测井响应特征，结合野外剖面各种沉积标志的观察，在上古生界本溪组至下石盒子组中共识别出碳酸盐潮坪、障壁砂坝-潟湖、陆表海浅水三角洲 3 种沉积相以及相应的 7 种亚相和 11 种微相类型（表 2-11）（图 2-14 至图 2-16）。

表 2-11 沁水盆地南部本溪组至下石盒子组沉积相类型(秦勇等,2014a)

沉积体系	沉积相	沉积亚相	沉积微相
碳酸盐潮坪	碳酸盐潮坪	碳酸盐潮下坪	开阔潮下、局限潮下
障壁砂坝-潟湖体系	障壁砂坝-潟湖	障壁砂坝	
		潟湖	
		潮坪	泥坪、混合坪、砂坪、泥炭沼泽
三角洲体系	陆表海浅水三角洲	前三角洲	
		三角洲前缘	水下分流河道、河口砂坝、分流间湾、泥炭沼泽
		三角洲平原	分流河道、分流间洼地、泥炭沼泽

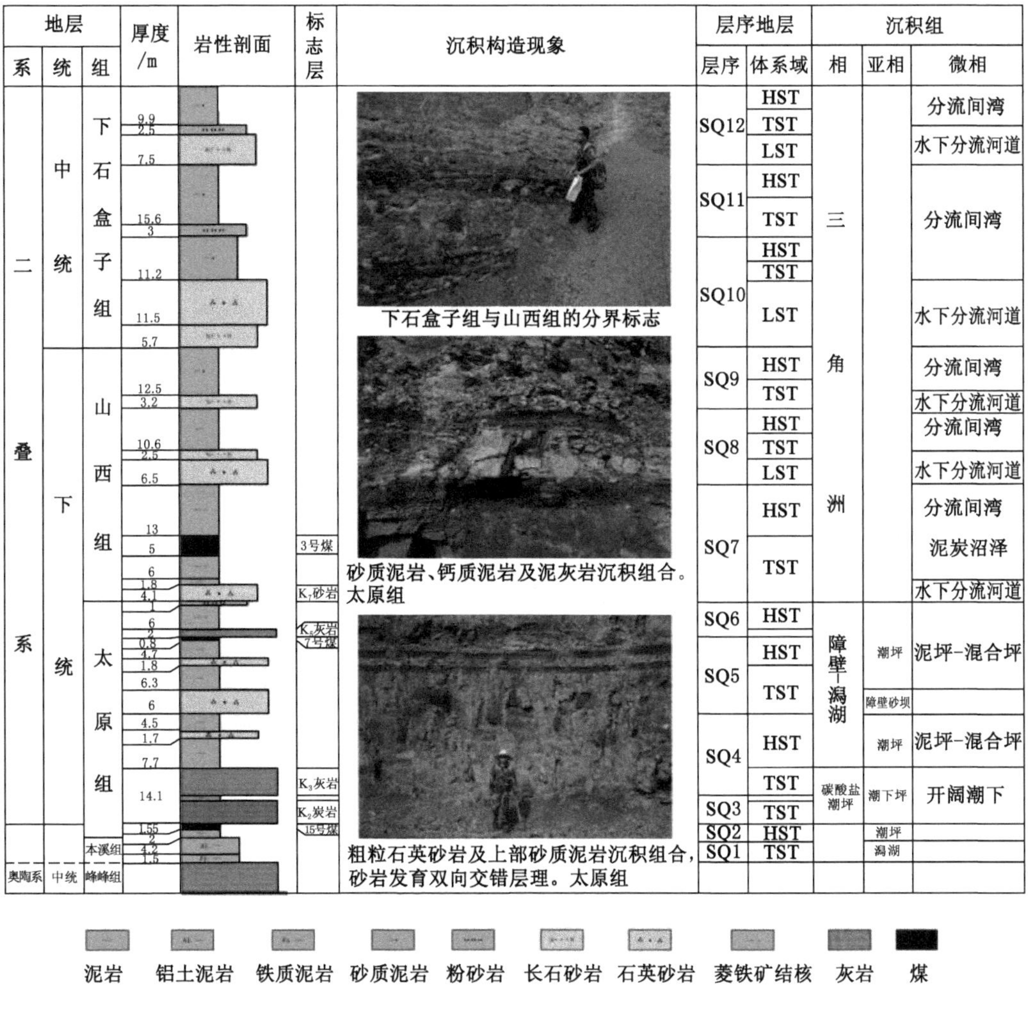

图 2-14 沁水盆地南部阳城八甲口剖面沉积相分析柱状图(秦勇等,2014a)

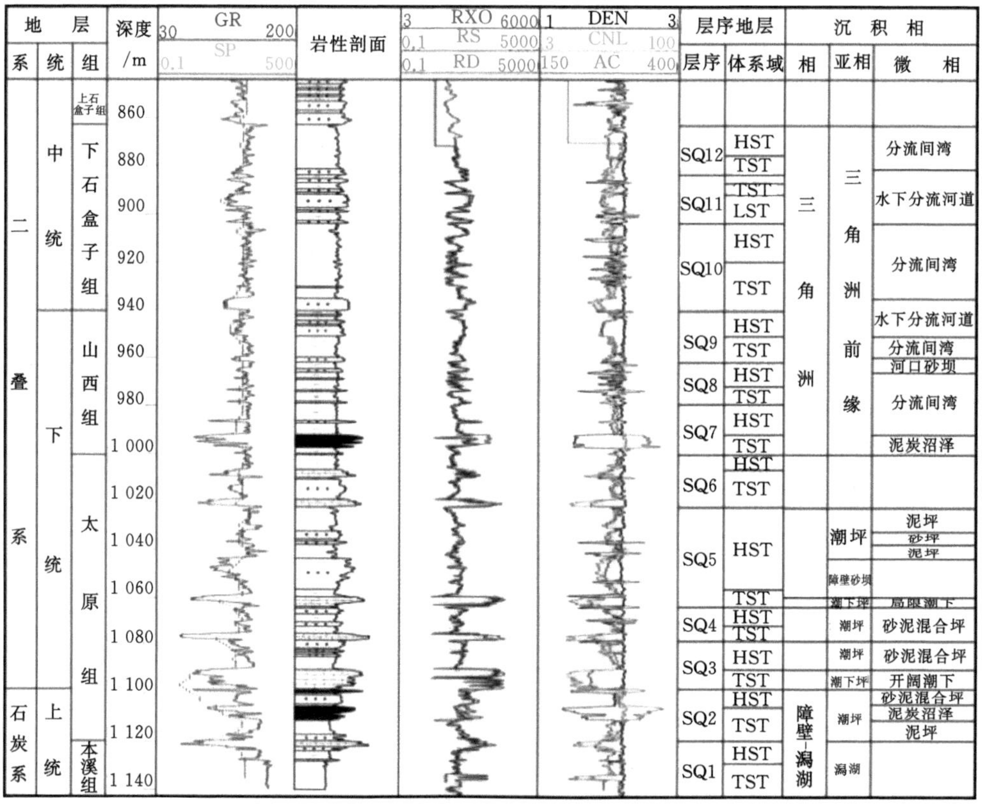

图 2-15　沁水盆地南部柿庄北区块 SX-017 井沉积相分析柱状图

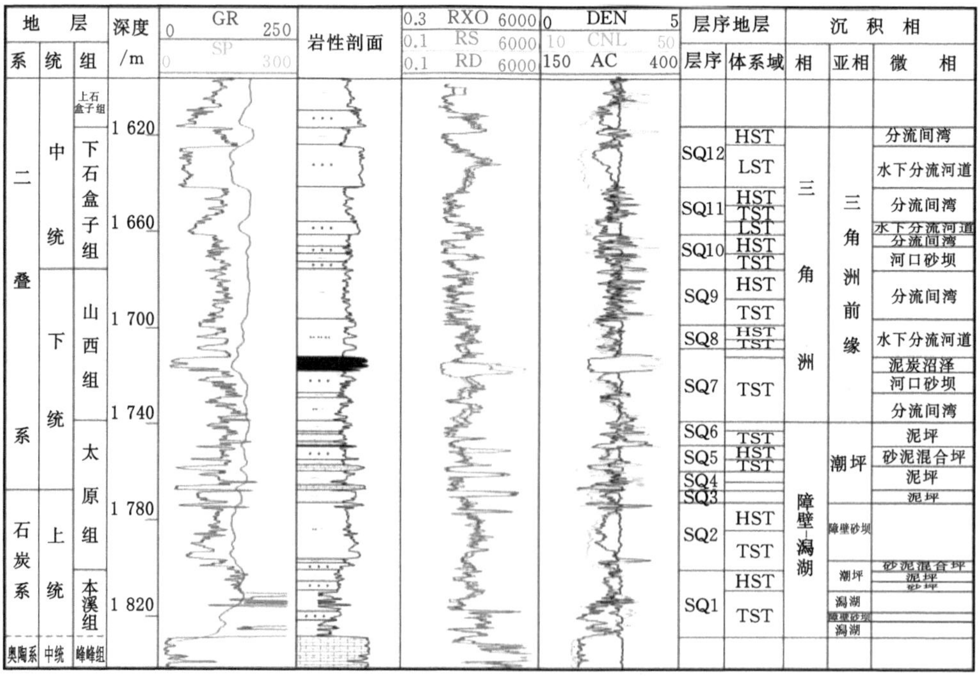

图 2-16　沁水盆地南部沁源区块 QY-007 井沉积相分析柱状图

碳酸盐潮坪相主要分布于研究区东南部太原组中下部和本溪组,以灰色至灰黑色生物碎屑灰岩、泥晶灰岩为主,层位稳定,垂向上常与障壁-潟湖、碎屑潮坪或浅水三角洲沉积共生,构成向上变浅旋回。风暴沉积发育,主要形成于潮下-潮间环境,属陆源碎屑影响的缓坡型陆表海清水-浑水交互沉积模式,根据沉积特征可进一步划分为开阔潮下和局限潮下微相(图2-14)。

障壁砂坝-潟湖相主要由一系列障壁砂坝、障壁后的潟湖和潮坪、潮汐三角洲以及潮汐水道等沉积相组成。该沉积相是沁南地区重要的沉积相类型,区内太原组现有钻井测井中未见潮汐水道和潮汐三角洲沉积组合(图2-15)。

浅水三角洲相为本区山西组含煤岩系的主要沉积环境类型。垂向上,分流河道沉积极为发育,前三角洲相对不发育,三角洲前缘也以水下分流河道沉积为主;水下分流河道常对下伏沉积物强烈冲刷,切割先期的沉积物乃至包括海相沉积物在内的深水沉积物(图2-16)。

2.4 水文地质条件

沁水盆地南部自上而下主要存在第四系松散沉积物孔隙含水层、二叠系碎屑岩孔裂隙含水层、石炭系岩溶裂隙含水层以及奥陶系岩溶裂隙含水层(表2-12)。其中,石炭-二叠系含水层的富水性总体较弱,第四系含水层的富水性中等,而奥陶系岩溶裂隙含水层的富水性总体较强。

表 2-12 沁水盆地南部主要含水层特征

层位	含水层类型	岩性	水质类型	矿化度/(mg/L)	单位涌水量/[L/(s·m)]	渗透系数/(m/d)	富水性
Q	松散沉积物孔隙含水层	砂砾岩	HCO_3—$K+Na$ HCO_3—Ca	246～1 013	0.000 9～11.8	0.001～192	中等
P_1s	碎屑岩孔裂隙含水层	砂岩粉砂岩	HCO_3—$K+Na$ $HCO_3 \cdot Cl$—$K+Na$ SO_4—Na	215～1 918	0.000 015～0.022	0.001～1.47	弱
C_2-P_1t	岩溶裂隙含水层	灰岩	HCO_3—$K+Na$ $HCO_3 \cdot SO_4$—Ca $HCO_3 \cdot Cl$—$K+Na$ HCO_3—$Ca \cdot Mg$	250～2 933	0.000 007～0.51	0.000 034～41.65	弱
O_2	岩溶裂隙含水层	灰岩	HCO_3—$K+Na$ $HCO_3 \cdot SO_4$—$Ca \cdot Mg$ SO_4—$Ca \cdot Mg$	401～3 839	0.000 35～1.25	0.000 26～15.05	中等

第四系松散沉积物含水层与石炭-二叠系煤层的相距较远,同时,两套地层之间发育有良好的隔水层,主要有新生界底部的黏土层隔水层、上古生界石千峰组百余米厚的泥质岩隔水层及下石盒子组厚层泥岩隔水层,使得第四系含水层与本区主要煤层发生水力联系的可能性极小。第四系含水层的矿化度较低,介于 246～1 013 mg/L 之间,地下水离子类型以 HCO_3—Ca 和 HCO_3—K+Na 型为主,反映出含水层径流条件较好,受地表水和大气降水的补给较强。

山西组碎屑岩孔裂隙含水层与本区 3 号煤有较好的水力联系,构成 3 号煤层的上、下围岩。顶板 K_8 砂岩裂隙含水层位于 3 号煤层之上数米,在部分地区,甚至作为直接顶板覆盖于 3 号煤层之上。山西组碎屑岩孔裂隙含水层的富水性较差,钻孔单位涌水量 0.000 01～0.022 L/(s·m),平均仅为 0.003 6 L/(s·m),在南部潘庄及东部潞安地区的个别抽水钻孔中,该含水层甚至一抽即干。渗透系数为 0.001～1.47 m/d,裂隙不发育或较发育。这表明该套含水层整体对 3 号煤层的影响不大,对该煤层煤层气的开采较为有利。

太原组发育多套灰岩,岩溶裂隙含水层与煤层的水力关系较为复杂。太原组发育 K_2 至 K_6 五套灰岩,以 K_2 至 K_4 三套灰岩最为发育,分别构成 15 号、13 号和 12 号煤层的顶板围岩。K_2 灰岩与 15 号煤层最近,常构成 15 号煤层的直接顶板,对于 15 号煤层煤层气的保存与开采影响最大。太原组岩溶不发育,灰岩裂隙不发育至较发育,且多被方解石充填(池卫国等,1998;倪小明等,2010b;秦勇等,2012a;陆小霞等,2012),灰岩渗透性整体较低,一般介于 0.000 034～0.664 m/d 之间,有个别抽水钻孔钻遇灰岩渗透性较大,如潘庄 1 号井田 8-3 号孔,灰岩渗透系数达 41.65 m/d;成庄井田 203 号孔,渗透系数达 19.46 m/d。该区太原组灰岩富水性较差,钻孔单位涌水量为 0.000 007～0.51 L/(s·m),平均仅为 0.029 L/(s·m)。因而,15 号煤层开采时,顶板灰岩不大可能发生大规模的涌水。但不能排除局部灰岩富水带[如成庄矿 872 孔钻遇灰岩时的钻孔涌水量达 3.43 L/(s·m)]、断层导水带或岩溶陷落带可能带来的不利影响。

中奥陶统峰峰组和马家沟组灰岩岩溶裂隙含水层为区内主要的含水层,对太原组 15 号煤层及煤层气的开采具有潜在影响。该含水层段顶板灰岩距 15 号煤层 5～60 m,单位涌水量为 0.000 35～1.29 L/(s·m),平均为 0.12 L/(s·m),富水性中等。本溪组稳定发育的铝土质泥岩、页岩和细砂岩隔水层,有效阻断了奥陶系含水层与上部石炭系含水层之间的水力联系,地下水离子类型与上部含水层有所不同,一般为 HCO_3·SO_4—Ca·Mg 型,随含水层深度的增加,逐渐转变为 SO_4—Ca·Mg 型,矿化度为 401～3 839 mg/L,由补给区向深部滞流区逐渐增大。由于本溪组的阻隔,奥灰水一般不会突入 15 号煤层,但在构造裂隙发育或断层切割剧烈的地段,奥灰水可延裂隙通道涌入煤层。

2.5 岩浆活动及现代地温场

2.5.1 岩浆活动及其分布

整个山西隆起在地质历史时期中的岩浆活动较为频繁,各个时代均有不同类型的岩浆岩形成。岩浆岩种类繁多,超基性岩到酸性岩均有分布,岩体出露规模一般较小,出露产状有岩墙、岩枝、岩脉等。

区内的岩浆活动主要集中于太古代—元古代和中生代两个地质时期(刘焕杰等,1998)。太古代—元古代岩浆岩主要存在于前寒武系地层中,岩性以超基性、基性和酸性岩为主,岩体小,多以脉状产出,主要分布于太岳山区。中生代燕山早期和喜马拉雅期,沁水盆地及其周边几乎没有岩浆活动显示,而燕山中期是本区岩浆活动最为活跃的时期(秦勇等,1998;任战利等,1999),这与该时期区内强烈的构造运动直接相关(秦勇等,2012a)。

在盆地东部的高平、晋城及其以东的平顺西沟、陵川均发现有燕山期岩浆侵入体存在。此外,在南部的阳城也发现有岩浆热液脉岩的存在。岩浆岩体展布方向和形式明显受到NNE向断裂带的控制,多沿着一些深大断裂呈NNE向断续分布。山西块体自东向西岩浆岩体主要存在3个分布带(任战利等,2005):东带大体延陵川复背斜断裂带分布,如平顺—陵川岩体;中带大体延万荣复背斜断裂带分布,如浮山—翼城—襄汾之间的二峰山—塔尔山岩体;西带大体延吕梁复背斜断裂带分布,如狐偃山—交城一带以及永和—紫金山—尖家沟一带。石炭-二叠纪煤层受到中生代岩浆作用的影响,在NNE向断裂带上形成煤层高变质带。

沁水盆地出露规模最大的岩浆岩体为位于盆地西南角浮山—翼城—襄汾之间的二峰山—塔尔山岩体,呈枝状产出,面积达100 km²,该岩体侵位于中三叠统,上覆新近系地层,岩体侵入年代为白垩纪早期,主要集中在130~140 Ma(刘焕杰等,1998;秦勇等,2012a),属燕山中期岩浆活动的产物,此次岩浆活动对该岩体附近石炭-二叠纪煤层的煤化作用具有一定影响,煤级呈环带状分布,中心地带煤层变质程度最高。此外,大量证据显示区内存在隐伏岩浆岩体的可能性(杨起等,1996;秦勇等,1998;刘焕杰等,1998;杨起等,2000)。

2.5.2 现代地温场

基于沁水盆地南部100余口煤田地质及煤层气勘探钻孔测温资料,同时参考相关文献(陈墨香,1989;孙占学等,2005),定义本区恒温带温度为9 ℃,恒温带深度为20 m,计算得到沁水盆地南部山西组3号煤层地温梯度介于1.52~4.55 ℃/hm之间,平均2.74 ℃/hm;太原组15号煤层地温梯度为1.54~2.64 ℃/hm,平均2.64 ℃/hm,略低于3号煤层,整体上属正常地温区。

平面上,地温梯度由北向南呈逐渐增高的趋势(图2-17),造成这种格局的主要原因可能为古热流分布格局和地层剥蚀厚度的不同(孙占学等,2005)。北部沁源地区地温梯度相对较低,介于1.56~2.02 ℃/hm之间,属于偏低温至正常地温区。在安泽南、郑庄以及固县东地区存在3个地温梯度高值区,地温梯度一般大于2.8 ℃/hm,个别钻孔地温梯度大于4 ℃/hm,整体属于正常至偏高温地热场。

垂向上,地温与深度表现出传导型井温曲线的特征,温度与深度之间表现出良好的线性关系。

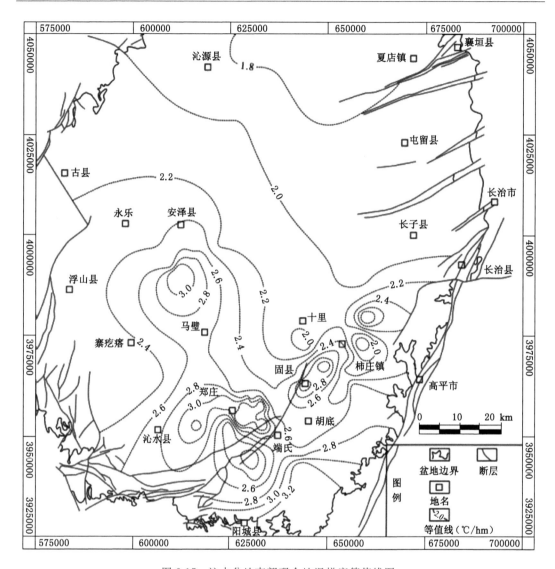

图 2-17　沁水盆地南部现今地温梯度等值线图

3 叠置流体压力系统识别与地质控制

分析前人关于含气系统的观点,笔者认为,一个独立含煤层气系统实质是系统内发育统一的流体压力系统,包括含气煤岩体、地层流体、独立的水动力系统、系统周边的封盖条件 4 个要素(Zhang et al.,2014)。沁水盆地南部石炭-二叠系含煤地层是否发育太原组和山西组两套含煤层气系统,它们在垂向上的叠置关系如何,是否相对独立?这是划分煤层气垂向开发地质单元和制定有序开发模式的基础。因此,本章针对这些问题展开分析讨论,并初步阐释该类系统的地质成因。

3.1 煤储层含气性及其分布

广义的煤储层含气性包括煤层气的化学组成、煤层含气量、含气饱和度、可解吸率以及煤层气的资源量和资源丰度等(贺天才等,2007)。本节基于沁水盆地南部 500 余件煤田及煤层气勘探井煤芯解吸数据,采用狭义的煤储层含气性概念(杨兆彪,2011),分析沁水盆地南部煤层气的化学组成及含气量的分布规律。

3.1.1 煤层气化学组成及其分布

沁水盆地南部煤层气组分以甲烷为主(表 3-1),含量一般大于 90%,其次含有少量的二氧化碳和氮气,此外还有微量的重烃。具体统计显示:甲烷浓度为 0~100%,平均 76.63%;二氧化碳浓度为 0~99.17%,平均 3.41%;氮气浓度 0~92.44%,平均 19.50%;重烃气浓度 0~42.44%,平均 0.47%。

表 3-1 沁水盆地南部不同勘探区煤层气化学组分统计结果

勘探区	样数/件	CH_4/%			CO_2/%			N_2/%			C_2 至 C_5/%		
		最小	最大	平均	最小	最大	平均	最小	最大	平均	最小	最大	平均
东大	56	58.51	96.86	86.04	0.74	7.56	3.34	0	26.41	9.32	0	33.52	1.60
固县	25	27.47	96.48	81.09	0.30	8.54	2.50	2.97	66.52	16.08	0	1.05	0.34
胡底南	17	64.37	99.37	81.73	0.63	10.75	2.53	0	34.67	15.70	0	0.25	0.04
郑庄	24	38.18	99.71	78.99	0.17	8.55	4.43	0	53.27	15.88	0	3.20	0.70
长平	22	31.61	99.50	69.16	0.38	14.57	2.59	0	66.45	27.79	0	1.76	0.45
赵庄	84	0.83	100	65.91	0	99.17	5.09	0	92.44	28.43	0	42.44	0.57
固县东	24	77.04	97.78	87.56	0.16	6.40	2.06	1.01	21.43	10.25	0	0.61	0.14
成庄	47	27.58	99.31	80.85	0	9.67	2.94	0.02	68.87	15.90	0	2.37	0.31

表 3-1(续)

勘探区	样数/件	CH₄/%			CO₂/%			N₂/%			C₂ 至 C₅/%		
		最小	最大	平均	最小	最大	平均	最小	最大	平均	最小	最大	平均
成庄外	77	24.48	99.47	88.41	0.20	11.94	2.24	0	66.28	9.12	0	1.23	0.19
寺河	39	23.57	100	86.11	0	6.61	2.35	0	72.89	11.49	0	0.42	0.05
王寨	35	2.08	94.50	52.26	0	26.19	5.70	5.01	88.19	41.93	0	0.87	0.11
安泽南	29	5.96	69.32	44.53	0.88	11.00	4.19	28.92	88.08	50.68	0	5.31	0.60
柿庄	31	47.63	98.23	87.32	0.30	14.15	2.80	0	48.64	9.52	0	2.12	0.37

煤层气化学组分区域上分布具有分片相似的特点(图 3-1)。位于沁水复向斜西翼的王寨、安泽南勘探区,煤层甲烷平均浓度低于 50%,氮气浓度一般高于 40%,煤层气风化带下限深度较大。而位于复向斜东翼的固县、固县东、柿庄、胡底南、东大、长平等勘探区,煤层甲烷平均浓度均高于 80%。研究区煤层重烃浓度含量正常,一般低于 1%,只在东大及安泽南勘探区的部分钻孔煤芯中检测到重烃浓度大于 5%。

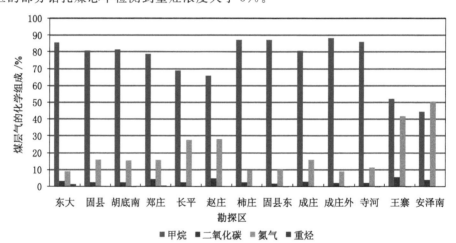

图 3-1   沁水盆地南部不同勘探区煤层气化学组分统计直方图

一般将煤层甲烷浓度 80% 所对应的深度定义为煤层气风化带下限(贺天才等,2007)。由于煤层气保存地质条件及煤吸附性的不同,沁水盆地南部不同勘探区煤层甲烷浓度与埋深之间关系较为复杂(图 3-2),难以通过“甲烷浓度-深度法”精确确定出煤层气风化带深度。一般情况下,在同一勘探区范围内,煤层甲烷浓度符合随埋深增大而增高的一般规律,但离散性均十分显著。对于某些特定勘探区,两者关系却十分复杂,如复向斜西翼的安沁-沁源勘探区,在埋深浅于 600 m 的地段,煤层甲烷浓度随埋深的增大而逐渐减小,与一般规律完全相反。

综合分析可知,沁水盆地南部复向斜西翼的煤层气风化带深度要大于东翼,南缘风化带深度明显浅于其他地区。风化带下限深度在复向斜西翼介于 400~600 m 之间,在东翼一般为 200~300 m,在南缘的潘庄一带甚至只有 100 m 左右。

3.1.2   主煤层含气量及其分布

沁水盆地南部煤层含气量总体较高且变化量较大,为 0~37.93 m³/t,一般在 4~22 m³/t

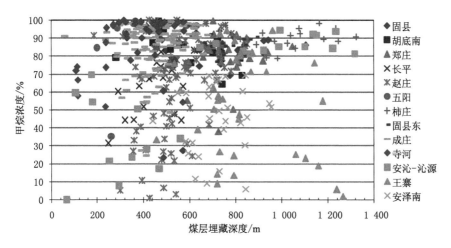

图 3-2 沁水盆地南部主煤层甲烷浓度与煤层埋深之间的关系

之间。其中,山西组 3 号煤层含气量介于 $0 \sim 30.29$ m^3/t 之间,平均含气量为 10 m^3/t 左右;太原组 15 号煤层含气量为 $0 \sim 37.93$ m^3/t,平均含气量为 11.3 m^3/t。

层域分布上,同一勘探区内,山西组与太原组主煤层含气量具有一定差别。在上、下主煤层含气量数据齐全的 11 个勘探区中,有 8 个勘探区 3 号煤层的平均含气量低于 15 号煤层,仅有 3 个勘探区 3 号煤层的平均含气量高于 15 号煤层(图 3-3)。

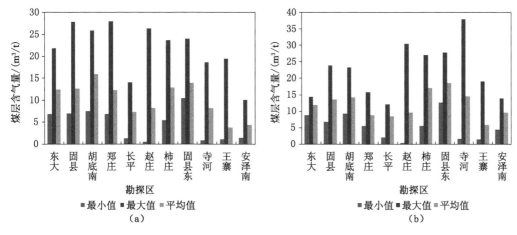

图 3-3 沁水盆地南部部分勘探区主煤层含气量统计直方图

从区域分布上看,位于复向斜两翼的王寨、安泽南、长平勘探区煤层含气量较低,一般为 $4 \sim 10$ m^3/t;南部及轴部的柿庄、郑庄、固县、东大等勘探区含气量较高,一般为 $12 \sim 18$ m^3/t,具体如图 3-4 所示。

进一步分析,主煤层含气量区域分布格局具有两大特点:一是南端煤层含气量整体上高于北部地区,二是煤层含气量从盆地边缘向盆地深部逐渐增大。南端的阳城—端氏—胡底一带煤层含气量为 $8 \sim 24$ m^3/t,两翼的屯留—潞安及安泽—寨疙瘩一带煤层含气量为 $6 \sim 15$ m^3/t,向斜轴部的郑庄一带煤层含气量也较高,整体表现出南端高,复向斜东西两翼低、轴部高的分布趋势(图 3-4)。

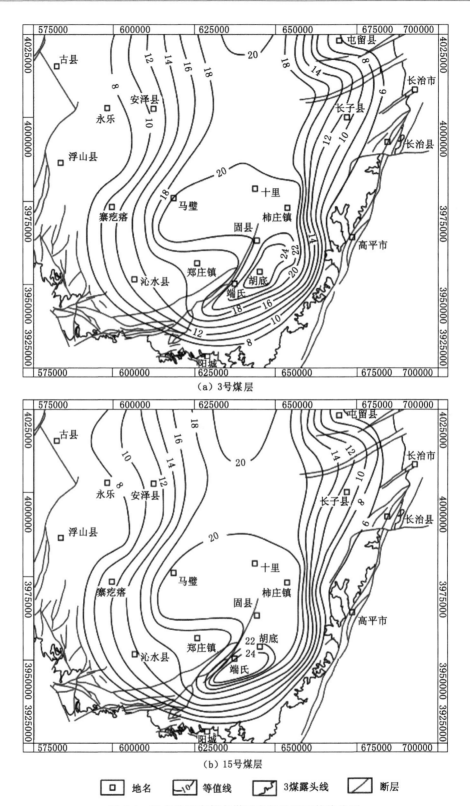

（a）3号煤层

（b）15号煤层

图 3-4　沁水盆地南部主煤层含气量平面等值线图

3.2 煤储层流体压力及其分布

3.2.1 煤储层流体压力统计特征

沁水盆地南部煤储层试井压力统计结果见表 3-2 至表 3-5。

表 3-2 沁水盆地南部主煤层试井压力梯度统计

煤层	井数及其占比	压力梯度区段/(MPa/hm)					压力梯度平均值/(MPa/hm)
		<0.50	0.50~0.75	0.75~0.90	0.90~1.0	>1.0	
3号煤层	井数/口	11	22	9	6	2	0.66
	井数占比/%	22	44	18	12	4	
15号煤层	井数/口	8	17	7	7	2	0.71
	井数占比/%	20	41	17	17	5	

表 3-3 沁水盆地南部部分煤层气井煤储层试井压力(据许化政,1997)

区块	探井	煤层	深度/m	储层压力/MPa	压力梯度/(MPa/hm)	试井方法
潘庄	CQ-P	3号煤层	289	2.31	0.80	注入压降
	潘1井	3号煤层	328	3.28	1.00	注入压降
	潘2井	9号煤层	323	3.88	1.20	DSP
		15号煤层	369	3.43	0.93	DSP
屯留	TL-001	3号煤层	778	5.84	0.75	DSP
	TL-002	3号煤层	514	2.57	0.50	DSP

表 3-4 沁水盆地各区域煤储层试井压力统计(据张培河等,2002)

区域	储层压力/MPa			储层压力梯度/(MPa/hm)		
	最小	最大	平均	最小	最大	平均
沁南	2.35	5.55	3.63	0.38	0.88	0.63
沁中	3.06	5.72	3.83	0.52	0.73	0.63
沁北	2.71	6.25	3.90	0.52	0.73	0.61

表 3-5 沁水盆地南部不同区块煤储层试井压力统计(据景兴鹏等,2012)

区块	储层压力梯度/(MPa/hm)			区块	储层压力梯度/(MPa/hm)		
	最小	最大	平均		最小	最大	平均
大宁	0.15	0.882	0.443	马璧	0.287	0.698	0.534
郑庄	0.835	1.049	0.927	潘庄	0.134	0.933	0.384
樊庄	0.430	0.910	0.640	柿庄	0.380	0.970	0.690

依据 55 口煤层气井 76 层次注入/压降试井测试结果,沁南地区煤储层流体压力梯度分布在 0.052～1.6 MPa/hm 之间,总体上处于欠压～正常压力状态,绝大部分煤层气井为欠压环境,极少数煤层气井存在超压环境(秦勇等,2012c)。

山西组 3 号煤层压力梯度分布在 0.052～1.08 MPa/hm 之间,以欠压储层为主,平均压力梯度为 0.66 MPa/hm。其中,严重欠压储层(储层压力梯度<0.5 MPa/hm)占 22%,欠压储层(0.5 MPa/hm<储层压力梯度<0.75 MPa/hm)占 44%,略欠压储层(0.75 MPa/hm<储层压力梯度<0.9 MPa/hm)占 18%,正常及超压储层(0.9 MPa/hm<储层压力梯度<1.1 MPa/hm)占 16%(表 3-2)。太原组 15 号煤层欠压状况同样明显,压力梯度分布范围为 0.28～1.18 MPa/hm,平均为 0.71 MPa/hm。其中,严重欠压储层占 20%,欠压储层占 41%,略欠压储层占 17%,正常及超压储层占 22%(表 3-2)。

不同时期统计结果的变化,反映出对煤储层压力状态的认识随煤层气开发进展而不断深化。据许化政(1997)统计,潘庄区块 3 号煤储层压力梯度为 0.80～1.00 MPa/hm,15 号煤层为 0.93 MPa/hm,总体上处于正常压力状态;屯留区块 3 号煤储层压力梯度为 0.50～0.75 MPa/hm,平均 0.63 MPa/hm,处于欠压状态(表 3-3)。据张培河等(2002)统计,沁水盆地南部南段(沁南)和北段(沁中)主要煤层储层压力梯度分别变化于 0.38～0.88 MPa/hm 和 0.52～0.73 MPa/hm 之间,平均都为 0.63 MPa/hm,全部处于欠压状态(表 3-4)。景兴鹏(2012)统计了沁水盆地南部 6 个区块(表 3-5),只有郑庄区块煤储层接近正常压力状态,其他 5 个区块总体上均处于欠压至严重欠压状态,尤其是对潘庄区块煤储层压力状态的认识远远低于许化政(1997)给出的统计结果。

3.2.2 煤储层流体压力分布规律

值得注意的是,同一直井中,3 号煤层与 15 号煤层的压力梯度多数情况下并不一致。多数井中 15 号煤层要高于 3 号煤层,少数井中两个主要煤层储层压力梯度相等,某些井 3 号煤层反而高于 15 号煤层(图 3-5)。在潘 2 井中,即使同样属于太原组的两个煤层储层压力梯度也存在明显反转,即上部的 9 号煤层储层压力梯度显著高于下部 15 号煤层的。以上同一井中两个煤储层压力状态存在差异的客观现象,尤其是上部煤层储层压力状态高于下部煤层的测试结果,说明不同煤层处于不同的流体压力系统,或者说属于不同的开发地质单元,势必影响煤层气井产层的设计和排采制度的优化,但这些现象先前并未得到业界的足够重视,为此将在后面章节中详细探讨。

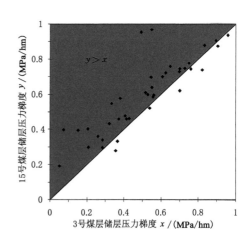

图 3-5 沁水盆地南部两个主要煤层储层压力梯度对比(Zhang et al.,2015)

区域上,煤储层压力受埋深控制,等压线平行复向斜轮廓呈环形分布,总体上由盆地边缘向深部逐渐增大(图 3-6)。在此背景下,在复向斜的轴部地带,郑庄北部及安泽的东北部发育储层压力的高值中心,储层压力一般在 9～12 MPa 之间;而位于盆地边缘地带的煤储层压力较低,一般小于 3 MPa。图 3-7 为其压力梯度等值线图。

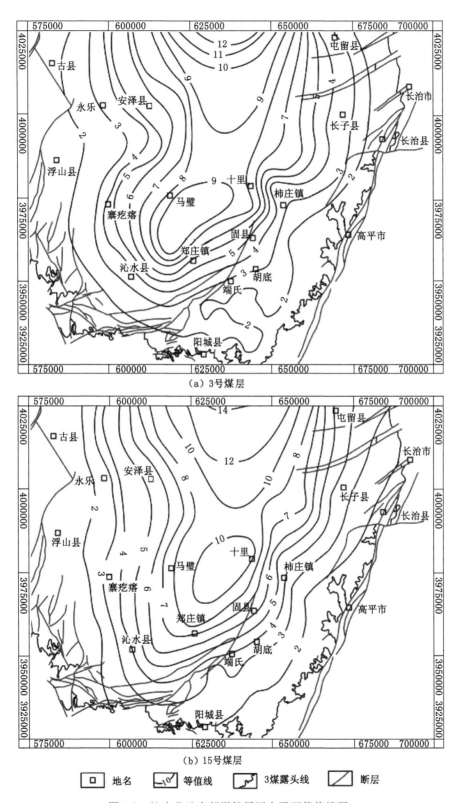

（a）3号煤层

（b）15号煤层

　　□ 地名　　┗┛⁰ 等值线　　↗ 3煤露头线　　╱ 断层

图 3-6　沁水盆地南部煤储层压力平面等值线图

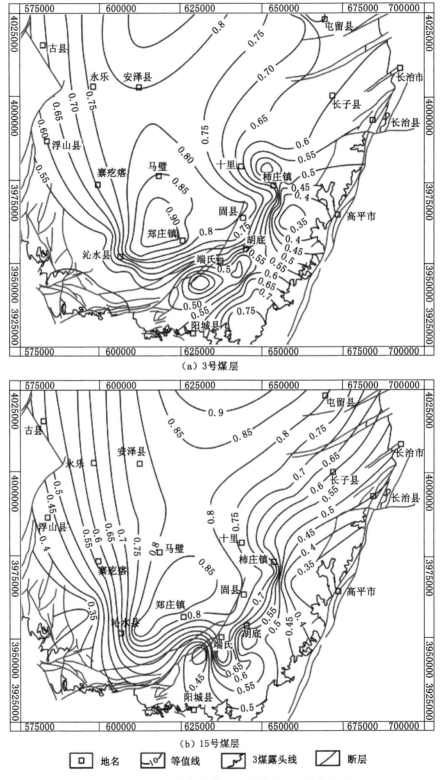

（a）3号煤层

（b）15号煤层

☐ 地名　　等值线　　3煤露头线　　断层

图 3-7　沁水盆地南部煤储层压力梯度平面等值线图

　　进一步分析,主要煤层压力梯度尽管也有随埋深加大而增高的趋势,但并非严格遵守"盆地轴部高、周缘低"的规律(图 3-7),数据十分离散(图 3-8)。在两两参数对比上,无论 3 号煤层还是 15 号煤层,数据的离散程度基本相当。在区域上,埋深相对较浅的南缘地带也发育相对较高的储层压力梯度中心。这一分布特点指示,研究区煤储层压力状态明显受到除埋深之外的其他地质因素的影响,如局部构造、地应力条件及地下水动力条件等。

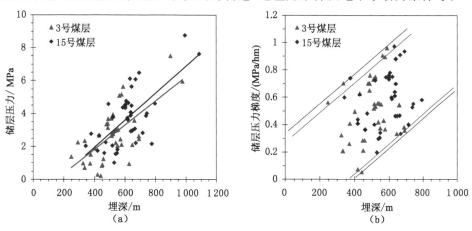

图 3-8　沁水盆地南部煤储层压力与埋深之间的关系

3.2.3　煤储层流体压力影响因素

　　煤储层压力与地应力关系密切,随着地应力的增加煤储层孔隙-裂隙被压缩,体积变小,煤储层压力增大;反之则减小(孟召平等,2013)。试井结果显示,沁南地区 3 号煤层最小主应力在 $3.298 \sim 22.12$ MPa 之间,平均为 9.65 MPa;最小主应力梯度在 $0.98 \sim 2.84$ MPa/hm之间,平均 1.76 MPa/hm;15 号煤层最小主应力在 $6.837 \sim 23.66$ MPa 之间,平均为 11.81 MPa;地应力梯度在 $1.15 \sim 2.71$ MPa/hm 之间,平均为 1.87 MPa/hm。研究区最小主应力梯度与储层压力梯度,两者呈现明显的正相关关系,储层压力梯度随最小主应力梯度的增加而增高(图 3-9)。

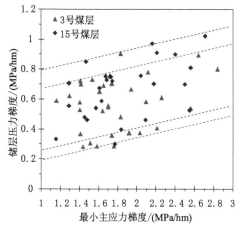

图 3-9　沁水盆地南部煤储层压力梯度与最小主应力梯度之间的关系

此外,煤储层压力大小还受到构造演化、生气阶段、含气量等地质因素的控制(傅雪海等,2007)。李仲东(2004)、吴永平(2006,2007)认为,我国华北石炭-二叠系煤储层异常压力低的原因,在于煤层气生成后经中生代以来构造抬升、水动力条件等的泄压作用,煤层气大量逸散。如沁南潘庄地区大量测试资料显示,煤储层压力梯度整体上随着煤层含气量的增高而增大,两者呈现较好的正相关关系(图3-10)。水文地质条件(如充水含水层压力水头、矿化度)对煤储层压力状态也有一定影响(张延庆等,2001;傅雪海等,2007)。

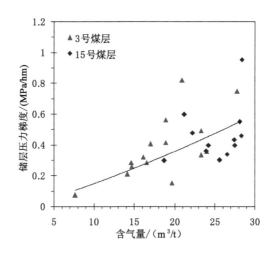

图3-10 沁水盆地南部潘庄区块煤储层压力梯度与煤层含气量的关系

3.3 叠置流体压力系统显现特征

3.3.1 煤层含气量垂向非单调式分布

根据煤层气吸附原理,在一个统一的流体压力系统中,随着煤层埋深加大或层位降低,煤储层压力随之增高,煤层含气量呈现递增或递减(在临界饱和深度之下)的规律(秦勇等,2005b)。然而,与"吸附原理"相悖或呈"波动式"变化的现象在自然界中并不鲜见(叶建平等,1999b),在多煤层发育地区尤为如此(秦勇等,2008,2012;赵丽娟等,2010;杨兆彪等,2011)。

据研究区近40口井煤芯解吸资料,3号煤层含气量(空气干燥基甲烷含量,下同)大多数低于15号煤层,这与沁水盆地乃至华北晚古生代盆地中至南部其他地区的情况有所不同(樊生利等,1997;苏复义等,2001;石彪等,2001;秦勇等,2012a)(图3-11)。究其主要原因,在于这两个含煤段地下水动力和顶底板条件存在差异。15号煤层顶板多为灰岩,理论上对煤层气的封闭作用比泥岩低得多,但研究区灰岩裂隙发育差,且以压性和充填为主,比较有利于煤层气的保存(刘焕杰等,1998;倪小明等,2010b)。同时,研究区含煤地层水力圈闭的特殊水动力条件,也导致15号煤层含气量高于3号煤层(秦勇等,2012a)。也就是说,埋深加大不是造成研究区下部煤层含气量较高的主要原因。

据研究区南缘成庄区块钻孔煤芯解吸资料,随埋深增大,理论上煤层含气量应该为3号煤层<9号煤层<15号煤层,然而25口井中仅有8口井符合这一规律,不到总数的1/3(李贵红等,2010)。分析发现,煤层含气量随层位降低的变化趋势在9号煤层附近出现转折,呈现先降低又增高或先增高又降低的"波动式"变化(图3-11)。由此暗示,同一直井中的9号煤层与其上部3号煤层和下部15号煤层可能并不由同一储层流体压力系统控制,即垂向上叠置发育多个流体压力系统。

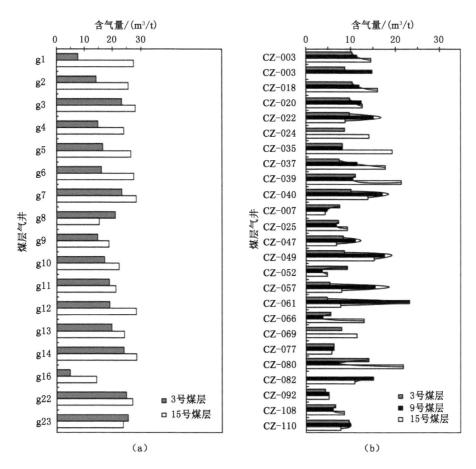

图 3-11 沁水盆地南部煤层含气量层位分布直方图

3.3.2 煤储层压力垂向非线性分布

储层压力梯度曲线一般为一条直线,不同水动力系统的压力梯度曲线有所不同(李晓平等,2007)。进一步而言,在同一个流体压力系统中,地层流体压力是统一的,埋深-煤储层压力梯度曲线斜率不变;在垂向上叠置的两个流体压力系统之间,埋深与煤储层压力梯度关系曲线呈现非线性或"跳跃式"变化。

研究区40口煤层气井试井资料表明,同一井中15号煤层储层压力显著高于3号煤层(图3-12)。在整体欠压的背景下,同一直井中15号煤层与3号煤层的储层压力梯度在多数情况下并不相等,15号煤层显著较高(图3-5)。

为了进一步探讨多煤层垂向上流体压力状态分布特征,本次引入一个新的地质变量,即

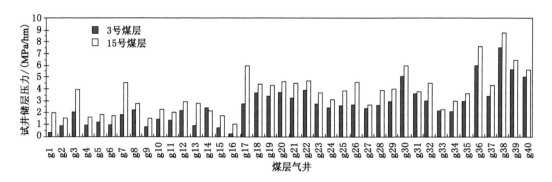

图 3-12　沁水盆地南部煤储层压力梯度层位分布直方图

等效储层压力梯度,指相邻主煤层层间单位降深的储层压力增量,可以定量表征煤层间垂向上储层压力变化的连续性特征,用 p_g 表示:

$$p_g = \frac{\Delta p}{\Delta D} = \frac{p_2 - p_1}{D_2 - D_1} \tag{3-1}$$

式中,p_g 代表等效储层压力梯度,MPa/hm;p_2 为下主煤层储层压力,MPa;p_1 为上主煤层储层压力,MPa;D_2 为下主煤层埋深,m;D_1 为上主煤层埋深,m。

若垂向上叠置的两个煤储层流体压力为同一含煤层气系统,则 p_g 应与上主煤层储层压力梯度保持较好的一致性。但是,由 p_g 与 3 号煤储层压力梯度对比图可以看出,两者差异明显,p_g 显著较高,储层压力梯度发生了明显的"跳跃"(图 3-13)。

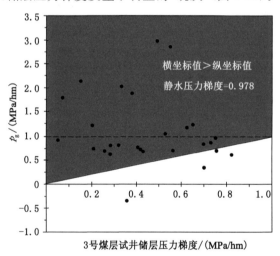

图 3-13　沁水盆地南部等效储层压力梯度(p_g)与 3 号煤储层压力梯度的关系

也就是说,煤储层压力虽符合随埋深加大而增高的一般规律,但储层流体压力与埋深并非线性关系,即 3 号与 15 号煤层压力系数不一致。在储层非连通的条件下,指示 3 号煤层与 15 号煤层可能不属于同一个流体压力系统。

同时,从仅有的对 9 号煤层进行试井的 P2 井资料中发现,9 号煤储层压力梯度达到 1.2 MPa/hm,15 号煤储层只有 0.9 MPa/hm,前者处于异常高压状态,后者接近正常压力状态,两者储层压力状态关系与一般规律不符,呈"跳跃式"变化,分属不同的储层压力系统。

3.3.3 煤系不同含水层水位差异

研究区垂向上发育多套含水层,山西组顶部和太原组底部的泥岩、铝质泥岩隔水层阻断了含煤地层与上覆和下伏含水层之间的水力联系,致使含煤地层水文地质系统相对独立,富水性总体上较弱。勘探资料显示,钻孔涌水量为 0.007 33~0.325 L/s,钻孔单位涌水量仅为 0.000 11~0.019 8 L/(s·m),渗透系数为 0.000 65~0.1 m/d(表 3-6)。

表 3-6 沁水盆地南部部分煤田勘探钻孔抽水试验结果

井田	钻孔	含水层	静止水位(深度/标高)/m	单位涌水量/[L/(s·m)]	涌水量/(L/s)	渗透系数/(m/d)
大宁	031	山西组	116.39/593.36	0.000 145	—	0.001 5
		太原组	170.35/539.15	0.000 111	—	0.000 65
樊庄	0404	山西组	9.15/703.02	—	—	—
		太原组	0/683.00	—	—	—
寺河	102	K_5 灰岩	干孔	0.001 3	0.06	0.096
		K_2+K_3 灰岩	142.63/669.15	0.019 8	0.283	0.051
潘庄	9-5	K_8 砂岩	68.45/558.23	0.000 4	0.061	0.002
		K_2+K_3 灰岩	72.11/554.57	0.000 8	0.101	0.008
	7-3	K_8 砂岩	563.45	—	抽干	—
		K_5 灰岩	57.93/547.59	0.000 12	—	0.007
	317	K_8 砂岩	52.16/569.98	0.000 5	0.023	0.073
		K_5 灰岩	82.35/539.79	0.000 3	0.012	0.031
		K_2+K_3 灰岩	56.55/565.59	0.000 4	0.12	0.10
成庄	208	K_8 砂岩	26.37/818.03	0.001 98	0.101	0.092 5
		K_5 灰岩	55.73/788.67	0.007 1	0.325	0.215
		K_2+K_3 灰岩	153/691.40	0.010 6	0.181	0.076 7
赵庄	2201	山西组	180.13/713.76	0.001 9	0.007 33	0.032
		K_5 灰岩	203.65/690.24	0.001 31	0.007 33	0.023
		K_2 灰岩	240.36/653.53	—	抽干	—
	1607	山西组	258.79/689.07	0.005 1	0.045	0.079
		K_5 灰岩	266.37/681.49	0.000 4	0.030 3	0.011
		K_2 灰岩	276.16/671.70	0.000 4	0.032 2	0.005
胡底	详 1	山西组细砂岩	264.32/654.64	0.000 19	0.014	0.002 7
		太原组灰岩	337.25/581.71	0.000 3	0.022	0.001 45

在垂向上,含煤地层内部的含水层、隔水层组合宏观上属于平行复合结构,相互之间呈间隔状态,各含水层之间的水力联系被其间的隔水层所阻隔;一般情况下,如无断层导通,各含水层之间不存在水力联系。3 号煤层的主要充水含水层为顶板砂岩裂隙含水层;太原组

发育多套海相灰岩，以 K_2、K_3、K_5 及 K_6 四套灰岩含水层较稳定。其中，K_2、K_3 灰岩含水层位于太原组下部，为 15 号煤层主要充水含水层；K_5、K_6 灰岩含水层位于太原组上部，处于 9 号煤层之上。

当两个含水层在垂向上水力联系密切时，水头在局部或整个渗流区应趋于一致（叶建平，2002）。然而，研究区同一钻孔中山西组与太原组含水层的水位并不一致，山西组水位明显高于太原组，同时太原组内部几套主要灰岩含水层之间的水位也有明显差异（表 3-6）。例如，潘庄区块 317 孔、成庄区块 208 孔以及赵庄地区 2201、1607 四个抽水钻孔，分段观测了 3 号煤层顶板 K_8 砂岩、K_5 灰岩、K_2 灰岩（或 K_2+K_3）层段的水头高度，但 3 个含水层段水位标高差异明显，基本上呈现出依次降低的变化规律（图 3-14）。由此指示，上述 3 个含水层段在垂向上几乎没有水力联系，其中的 3 号、9 号和 15 号煤层分属不同的流体压力系统。

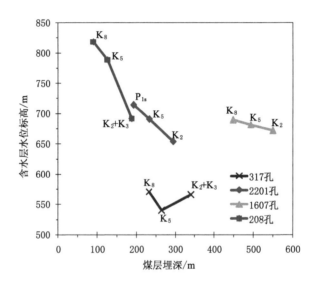

图 3-14　沁水盆地南部不同含水层段水位标高

储层压力大小可由储层本身的水头高度来衡量（吴财芳等，2008），因此有：

$$p_g = \frac{\Delta p}{\Delta D} = \frac{p_2 - p_1}{D_2 - D_1} = \frac{\rho g (d_2 - d_1)}{\Delta D} \tag{3-2}$$

式中，d_2 为下主煤层水头高度，m；d_1 为上主煤层水头高度，m；ΔD 为下、上主煤层埋深差。

分析式(3-2)可以看出，等效储层压力梯度可以从某种程度上间接反映上、下主煤层水力联系情况。若 p_g 等于静水压力梯度，即 $p_g = \rho g$，则有 $d_2 - d_1 = \Delta D$，表示上、下主煤层具有相同的水位标高，即反映出上、下主煤层可能具有一定的水力联系。由图 3-13 可以看出，p_g 整体上低于静水压力梯度（0.978 MPa/hm，淡水），即 $d_2 - d_1 < \Delta D$，说明下主煤层水位整体上要低于上主煤层，这与表 3-6 中钻孔抽水资料基本吻合。但区内也不乏 p_g 大于静水压力梯度的点，说明在局部地区下主煤层水位要高于上主煤层水位。总之，两者水位并不一致。

3.4　叠置流体压力系统地质控制

上述煤层含气量、储层压力、水位标高垂向分布特征显示,研究区 3 号、9 号及 15 号煤层段相互之间一般不存在流体联系,可能分别构成相互叠置的流体压力系统,其形成受到沉积和构造的耦合控制。

3.4.1　叠置流体压力系统的沉积控制

3.4.1.1　层序地层格架

研究区石炭-二叠纪含煤地层形成于海陆交互沉积环境,包括碳酸盐潮坪、障壁-潟湖及三角洲沉积体系(表 2-11、图 2-14、图 2-15、图 2-16),海平面变化规律控制着含煤岩系层序地层格架及沉积体系的空间展布(邵龙义等,2008;邵龙义等,2014),自本溪组底部至山西组顶部可识别出 9 个三级层序(图 2-14、图 2-15、图 2-16、图 3-15)。

层序 1(SQ1)底界为奥陶系顶部的风化面(区域性不整合面),顶界为太原组底部 K_1 砂岩,层序结构包括海侵体系域(TST)和高位体系域(HST),该层序主要发育潟湖和潮坪亚相,岩性主要由泥岩、薄层细砂岩和薄煤层组成。

层序 2(SQ2)位于 K_1 砂岩底至 K_2 灰岩底之间,包括海侵体系域和高位体系域,部分地区缺失高位体系域,自下而上包括 K_1 砂岩、15 号煤层、14 号煤层等,K_1 砂岩与 15 号煤层在测井及垂向岩性序列中易于辨识,是很好的标志层。该层序主要发育潮坪亚相,岩性以灰岩、泥岩、煤层和砂岩为主。

层序 3(SQ3)是指 K_2 灰岩底至 K_3 灰岩底之间的一套岩层,层序包括海侵体系域和高位体系域,自下而上包括 K_2 灰岩、13 号煤层等。K_2 灰岩声波曲线呈低平矩状,向上渐变为缓坡状而值增大;自然伽马值有时因泥质含量的增加而相对较高,呈指状起伏,易于井下追踪对比。该层序发育碳酸盐潮下坪和潮坪亚相,岩性以灰岩、泥岩、粉砂岩和薄煤层为主。

层序 4(SQ4)是指 K_3 灰岩底至 K_4 灰岩底之间的一套岩层,层序包括海侵体系域和高位体系域,自下而上包括 K_3 灰岩、12 号煤层、11 号煤层等。K_3 灰岩在研究区南部较为稳定,向北相变为泥岩或砂岩,可依据相应的煤层组合确定其层位。该层序主要发育潮坪亚相,岩性以灰岩、泥灰岩、泥岩、砂岩和薄煤层为主。

层序 5(SQ5)是指 K_4 灰岩底至 K_5 灰岩底之间的一套岩层,层序包括海侵体系域和高位体系域,自下而上包括 K_4 灰岩以及 9 号、8 号和 7 号煤层等。该套地层中砂岩与灰岩呈互为消长,向北灰岩变薄直至尖灭,而砂岩则呈相对增厚的趋势,可依据相应煤层的出现确定其层位。该层序主要发育障壁砂坝和潮坪亚相,岩性以灰岩、泥岩、粉砂岩和薄煤层为主。

层序 6(SQ6)是指 K_5 灰岩底至山西组底部 K_7 砂岩底之间的一套岩层,层序包括海侵体系域和高位体系域,自下而上包括 K_5 灰岩、6 号煤层、5 号煤层及 K_6 灰岩等。该层序是太原组层位最高的一套海相层,发育潮坪亚相,岩性主要由泥岩、粉砂岩和灰岩组成。

层序 7(SQ7)是指 K_7 砂岩底至 3 煤顶板之间的一套岩层,层序结构包括海侵体系域和高位体系域,自下而上包括 K_7 砂岩、3 号煤层等。3 号煤层在研究区分布稳定,是很好的对比标志层,易于井下追踪对比。该层序主要发育泥炭沼泽和分流间湾微相,岩性主要由泥岩、煤层和细砂岩组成。

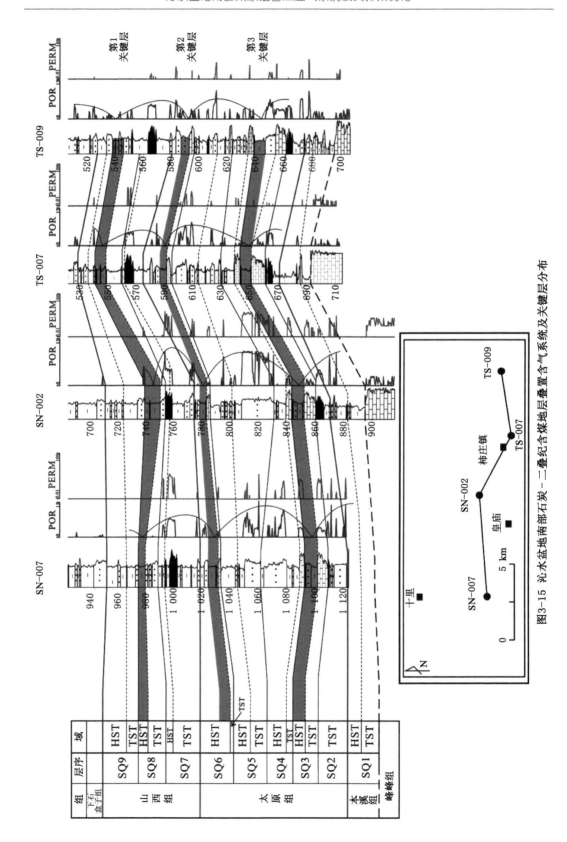

图3-15 沁水盆地南部石炭—二叠纪含煤地层叠置含气系统及关键层分布

层序 8(SQ8)指从 3 号煤层顶至 2 号煤层顶,层序结构包括海侵体系域和高位体系域。该层序主要发育水下分流河道、分流间湾和河口砂坝微相,主要由中至粗砂岩、薄层粉砂岩及灰黑色泥岩夹煤层组成。

层序 9(SQ9)指从 2 号煤层顶至 K₉ 砂岩底部,层序结构包括海侵体系域和高位体系域。该层序主要发育水下分流河道和分流间湾微相,主要由中至粗砂岩、薄层粉砂岩及灰黑色泥岩夹煤层组成。

3.4.1.2 关键层与流体压力系统叠置

层序地层格架特点奠定了叠置流体压力系统的物质及物性基础,限定了不同流体压力系统间地层流体在垂向上的连通性(秦勇等,2008;郭晨等,2015a;秦勇等,2016)。前人研究认为,作为常规隔水阻气层的泥岩是界定叠置流体压力系统上下边界的关键层,对应于基准面旋回的升降转换面(袁学旭,2014);层序地层格架中的最大海泛面附近的钙质、菱铁质海相泥岩高度致密,分布稳定,渗透率极低,使得垂向上流体压力系统相对独立,常构成叠置流体压力系统的上下边界(沈玉林等,2012;郭晨等,2015a)。换言之,层序地层格架通过边界层(关键层)控制煤系渗流能力的垂向变化,通过频繁交替的旋回结构控制储盖组合、储水隔气条件以及含气流体压力系统的规模与叠置频率(秦勇等,2016)。

沁水盆地南部石炭-二叠系山西组和太原组含煤地层垂向上叠置发育 4 套相互独立的流体压力系统,自上而下关键层分别形成于 SQ8、SQ6、SQ3 三个亚层序的高位体系域(图 3-15)。其中,第 1 关键层发育在山西组中上段(SQ8),由泥岩、粉砂岩和薄煤层组成,厚度一般为 5~10 m,发育三角洲前缘亚相;第 2 关键层发育在太原组上段(SQ6),由泥岩、粉砂岩、泥质粉砂岩和薄煤层组成,厚度一般为 3~10 m,发育潮坪亚相;第 3 关键层发育在太原组下段(SQ3),由厚层泥岩、薄层细砂岩和薄煤层组成,厚度一般为 10~15 m,发育潮坪亚相。在此层序地层格架控制下,岩性物性在垂向上呈旋回式变化(图 3-15),关键层的孔隙率和渗透率最低。

3.4.2 叠置流体压力系统的构造控制

构造应力场可以通过对断层导水导气性的控制作用,影响垂向上流体压力系统的连通性,进而控制垂向上叠置流体压力系统的发育。研究区主要断层位于盆地边界地区,内部断层稀少,即盆地内部含煤地层构造特征较为稳定(图 2-2)。沁水盆地晚古生代聚煤期后受到印支运动、燕山运动和喜马拉雅运动早期构造应力场的作用,形成了现今主体构造格局(刘焕杰等,1998;秦勇等,1999;秦勇等,2012a)。印支期构造应力场表现为 SN 向的水平挤压,形成近 EW 向的褶皱和逆断层;燕山期构造应力场表现为 NNW-SSE 向近水平挤压,形成了本区一系列规模较大、走向 NNE-NE 的褶皱和逆断层;喜马拉雅早期构造应力场表现为 NE-SW 向近水平挤压,形成了走向 NW 且叠加在前期 NEE-NE 向构造之上的小型褶皱和断裂。

新近纪以来,本区构造应力场以近水平的 NEE-SWW 向挤压应力为主(孟召平等,2010)。该期挤压应力场与煤田内部已形成的 NNW-SSE 向断层相垂直,使断层基本表现为封闭性质。受该期区域挤压应力场作用,研究区周缘广泛发育的 NE 至 NNE 向断层受到挤压作用的同时,可能兼具走滑性质,处于相对封闭状态,导水导气能力极差。如南部的寺头断层,虽然构造形式上表现为正断层,但勘探发现,在断裂破碎带中钻进时,水位无较大变化,断层角砾岩裂隙充填的方解石未见溶蚀现象,且发现断层带两侧煤层储层压力状态及含水层水文地球化学性质存在明显差异(秦勇等,2012a)。以储层压力状态为例,东侧的潘庄井田煤层为欠压至严重欠压,压力梯度一般在 0.6 MPa/hm 以下,而西侧的郑庄井田储层压力接近正常压力状态(图 3-7)。再如,盆地东缘晋获断裂南段,边界两侧水位差可达 50 m以上,西侧为方解石、石膏、白云石三种矿物的全溶区,东侧则为方解石沉淀区和石膏、白云石的溶解区,差异显著。总之,研究区含煤地层沉积以来的构造应力场性质以挤压应力为主,断层多以封闭性为主,也就是说,聚煤期后的构造活动未对垂向上的流体压力系统起到导通或破坏作用。

4   太原组 15 号煤层单采动态与有利区预测

沁水盆地南部 15 号煤层与 3 号煤层相比,在许多方面存在差异,如含气量高(Zhang et al.,2015)、渗透率低、产水量较大(叶建平等,2009)等,因而它们在产能特征及控制因素方面必然存在差异。本章基于沁水盆地南部单层排采 15 号煤层的煤层气井历史数据,分析控制其产能的关键地质因素,基于此,建立有利开发区评价方法,模拟分析不同地质条件下 15 号煤层单层排采井的动态变化。

4.1   基于排采历史的 15 号煤层单采产能分析

沁水盆地南部目前以单层开发 3 号煤层为主,单层排采 15 号煤层的煤层气井较少。本次研究尽可能收集了沁水盆地南部包括郑庄、柿庄、樊庄、潘庄以及成庄区块在内的 28 口单层排采 15 号煤层的煤层气垂直井的排采历史数据。

煤层气井气、水产率及产能在不同排采阶段变化较大,即使在排采初期的不同时段内也差异显著(Colmenares et al,2007;Lv et al.,2012;Tao et al.,2015)。因此,相同的排采时间是准确对比和划分不同煤层气井产能的前提(陶树,2011)。本研究以煤层气井排采前 600 d 的生产数据为基准,分析 28 口煤层气井的产能特征。主要原因在于:第一,研究区单采 15 号煤层的煤层气井总体排采时间较短,600 d 包括了大多数的煤层气井;第二,600 d 时间内煤层气井已经基本经历了单相水流阶段;第三,600 d 的排采时间可以保证煤层气井有足够长的产气期。

由图 4-1 看出,沁水盆地南部 15 号煤层的产能整体较低。28 口井中,平均日产气量大于 1 000 m³/d 的高产气井仅有 6 口,产气量 500～1 000 m³/d 的中产气井有 2 口,产气量 100～500 m³/d 的低产气井有 7 口,产气量小于 100 m³/d 的产水井有 13 口;最高峰值产气量为 9 836 m³/d,接近一半的煤层气井峰值产气量大于 1 000 m³/d,显示出了较好的产气能力,但由于多数井高产稳定期较短,导致整体产能较低。从图 4-2 中可以看出,各井平均日产气量与峰值产气量变化趋势基本一致,两者显示了很好的相关性。

依据排采曲线形态,可将高产气井进一步划分为上升型、稳定型、衰减型和波动型,高产气井的最大特点是产气峰值高,稳产时间长(图 4-2)。两口中产气井分别属于波动型和双峰型(图 4-3)。低产气井可以划分为两种类型,上升型和单峰衰减型,其中以单峰衰减型气井为主,明显特点是产气量达到峰值后短时间内快速下降,产气稳定期短,因而平均产能较低(图 4-4)。

从区域上看,不同地区甚至同一地区煤层气井产气量差别显著(图 4-5)。固县—南庄一线以北地区产气效果最差,产气量一般在 100 m³/d 以下,不产气井几乎全部位于该地区。郑庄地区的煤层气井产气也相对较差,平均日产气量均在 500 m³/d 以下。潘庄东北地区产气效果最好,产气峰值高,稳产时间长,平均日产气量在 1 000 m³/d 左右,高产气井主要分布在该地区。潘庄以西地区高、低产气井均有分布。

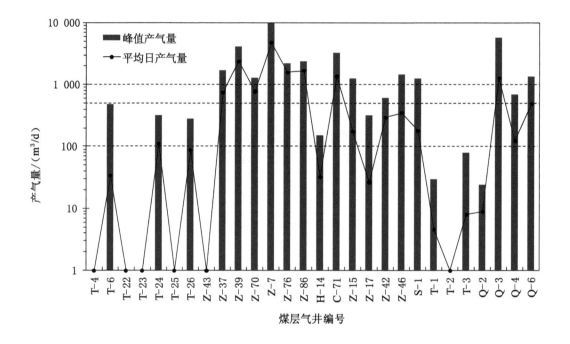

图 4-1　沁水盆地南部单层排采 15 号煤煤层气井产能特征

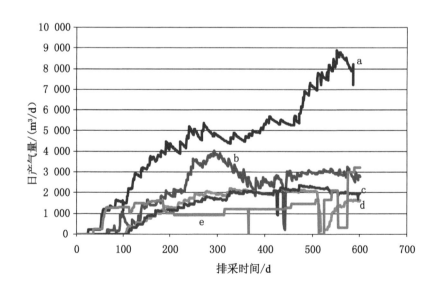

a—上升型;b,c—稳定型;d—衰减型;e—波动型。

图 4-2　不同类型高产煤层气井排采历史曲线

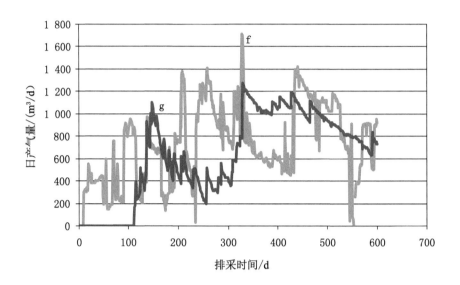

f—波动型;g—双峰型。

图 4-3 不同类型中产气井产气量曲线

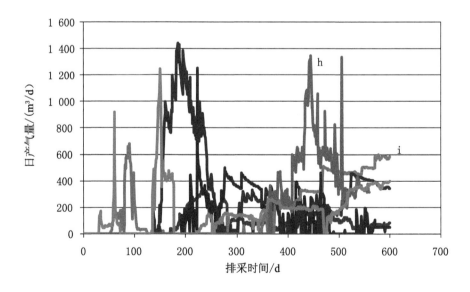

h—单峰衰减型;i—上升型。

图 4-4 不同类型低产气井产气量曲线

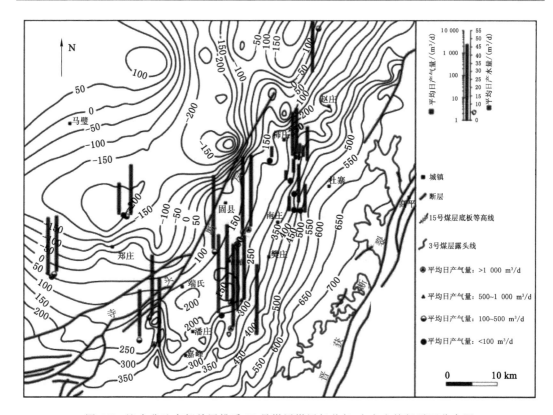

图 4-5 沁水盆地南部单层排采 15 号煤层煤层气井气-水产出特征平面分布图

4.2 15 号煤层单采产能地质控制因素

煤层气井产能及开发效果受到多种因素的制约,可归纳为地质和工程两方面因素。地质因素包括煤厚、埋深、煤级、含气量、孔隙度、渗透率、水文地质、沉积和构造条件等(Kaiser et al.,1994;倪小明等,2009;Cai et al.,2011;Lü et al.,2012;Liu et al.,2012;Tao et al.,2014;Wang et al.,2015);工程因素包括压裂方式、工作制度、排采作业方式、井网规模及形态、入井液等(Johnson et al.,2002;陶树,2011;Lü et al.,2012)。各种因素相互作用,导致不同煤层气井产能特征差异显著。其中,地质因素是选区评价、排采工艺选择以及制度优化的基础。本节着重探讨地质因素对 15 号煤层单层排采煤层气井产能的影响。

4.2.1 煤层厚度

煤层作为煤层气的源岩和储集层,是煤层气开发的先决条件(Bustin et al.,1998;Pashin,1997)。理论上,在相同的构造背景下,煤层厚度越大,向井筒渗流的煤层气量越充足,煤层气井产能越高(张培河等,2011)。然而,在煤层气生产中,煤厚与煤层气井产量的关系要复杂得多。Pashin(1997)认为,煤层厚度与气井产能之间特性相关性较差;Lü 等(2012)在研究樊庄区块 3 号煤层产能煤层气井时发现,煤层厚度大,则气井产能相对较低。此外,还有一些学者认为煤层厚度与煤层气井产能具有正相关性(张培河等,2011;Liu et al.,2012)。

由图 4-6 可以看出,沁水盆地南部 15 号煤层厚度与气井平均日产气量的整体相关性较差,呈现较弱的正相关性。产能最高的 Z-7 井的煤厚在 3 m 左右。

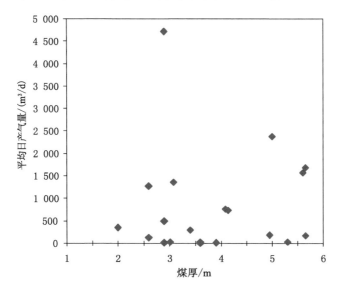

图 4-6　煤层气井产能与 15 号煤层厚度之间的关系

4.2.2　煤层埋深

埋深对于煤层气开发的影响具有两面性:一方面,随埋藏深度增大,煤层含气量增大(Cai et al.,2011;Liu et al.,2012)[图 4-7(a)],有利于煤层气开发;另一方面,随着埋深增加,地应力增高,煤层渗透率不断降低(Mckee et al.,1998;傅雪海等,2001e;宋岩等,2013)[图 4-7(b)],对煤层气井的排水降压和煤层气的渗流产出有较强的负面效应。

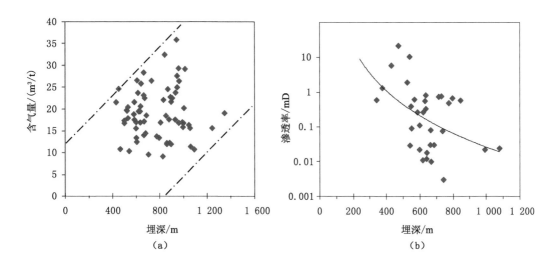

（a）　　　　　　　　　　　　　　　　（b）

图 4-7　沁水盆地南部煤层含气量及渗透率与 15 号煤层埋深的关系

研究区 15 号煤层埋深介于 81.84～1 502.80 m 之间。随着煤层埋深加大,气井产能整体上呈现先上升后降低的变化趋势(图 4-8),转折深度大致在 650～700 m 之间,说明在转折深度以浅,随埋深增加,含气量升高对煤层气井产能的正效应大于渗透率降低对产能的负效应,而当埋深大于转折深度时,渗透率负效应大于含气量正效应,因而随埋深增加产能不断降低。

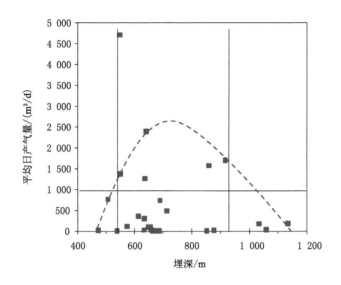

图 4-8　煤层气井产能与 15 号煤层埋深的关系

由图 4-8 还可以看出,高产气井埋深介于 550～950 m 之间,平均日产气量大于 2 000 m³/d 两口井煤层埋深小于 650 m;当煤层埋深大于 1 000 m 时,气井产能较差。研究区寺头断层东侧,15 号煤层埋深一般小于 800 m(图 4-9),高产气井全部位于该地区。赵庄以北以及寺头断层西侧郑庄以北地区,15 号煤层埋深基本超过了 1 000 m,在我国现有的开发技术条件下,煤层气井较难获得理想的产能。

4.2.3　煤层含气量

含气量是煤层气高产的主要控制因素(Scott,2002),对于气井的产气量影响显著。理论上,在相同的地质背景下,煤层含气量越高,则含气饱和度越高,气体突破时间则会越短(Lü et al.,2012;Tao et al.,2014)。

基于研究区 116 件钻孔煤心解吸数据,15 号煤层含气量为 0.49～36.80 m³/t,其平均值为 20.52 m³/t。15 号煤层单井平均日产气量总体上随煤层含气量的增大而增大,但两者相关性较差(图 4-10)。当煤层含气量小于 15 m³/t 时,气井产能小于 200 m³/d;产气量大于 500 m³/d 的中、高产能井,煤层含气量主要在 15～25 m³/t 之间,但多数低产能井也主要位于该区间。因此,含气量并不是决定研究区 15 号煤层高产的关键因素。

结合分析图 4-9 和图 4-11,发现煤层埋深较浅且含气量较高的区域,煤层气井产能往往较好,这是由于煤层渗透性往往较好。例如,潘庄及胡底南部地区,煤层埋深在 400～600 m 之间,煤层含气量大于 20 m³/t,大部分气井属于中高产能井;郑庄地区煤层含气量也大于 20 m³/t,但煤层埋深基本大于 800 m,气井产能较差;研究区北部,煤层埋深大于 1 000 m,平均含气量小于 20 m³/t,煤层气井产能较差。然而,南庄—柿庄一带煤层含气量总体大于

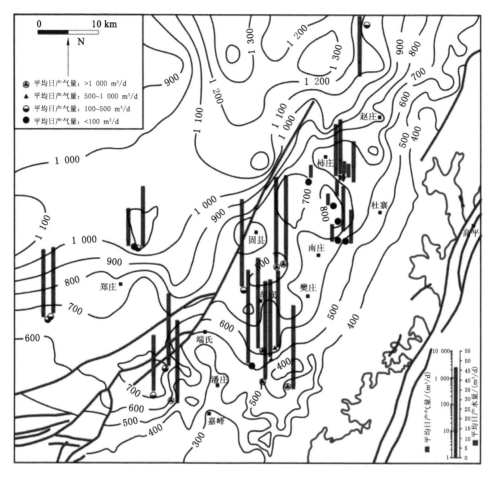

图 4-9 煤层气井产能特征空间分布及 15 号煤层埋深等值线

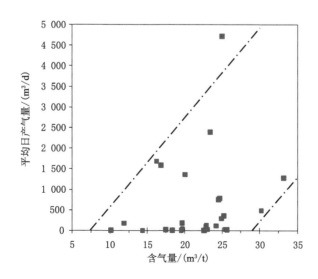

图 4-10 煤层气井产能与 15 号煤层含气量的关系

20 m³/t,且埋深小于 800 m,但该区域煤层气井产能最差,推测存在控制其产能的其他关键地质因素。

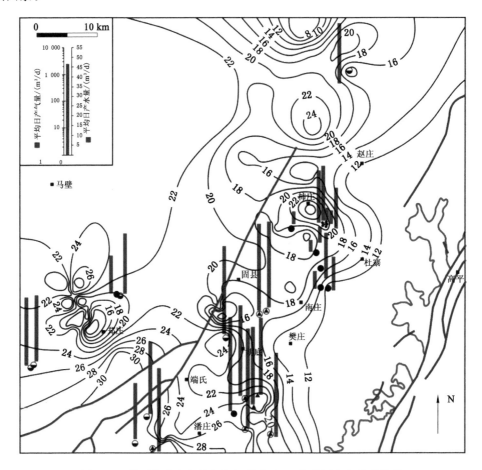

图 4-11　煤层气井产能特征空间分布及 15 号煤层含气量等值线

4.2.4　煤储层临储比

临界解吸压力是原始地层条件下吸附与解吸达到平衡时所对应的储层压力,在等温吸附曲线上为煤层实测含气量所对应的压力(贺天才等,2007)。理论上,临储比越大,临界解吸压力与储层压力越接近,越有利于排水降压,煤层气解吸时间越早,产气量越高且稳定,另外,较高的临储比缩短了煤层气井单相水流阶段的时间,有利于降低排水降压阶段有效应力负效应对煤储层渗透率造成的损害(Walsh,1981;Yao et al.,2009b;Tao et al.,2012)。由 15 号煤煤层气井产能与煤层临储比之间的关系(图 4-12)可以看出,两者具有一定的正相关性。Z-39 井与 Z-7 井临储比大于 0.9,接近饱和状态,生产中气井表现出产气量高且高产期稳定时间长等特征;而临储比小于 0.55 的煤层气井,气井产能均较差。

据 42 口钻孔煤心等温吸附及试井测试结果,沁水盆地南部 15 号煤层临储比介于 0.14~1.75 之间,其平均值为 0.53,整体上由北向南逐渐增大,不同区块煤储层临储比相差较大(图 4-13)。其中,潘庄区块临储比最高,5 口参数井均大于 1,但部分气井产能不理想,可

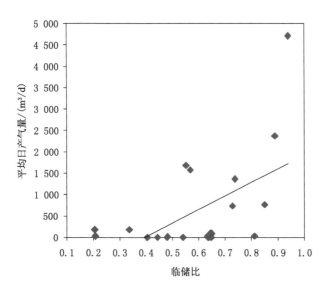

图 4-12 沁水盆地南部煤层气井产能与 15 号煤储层临储比的关系

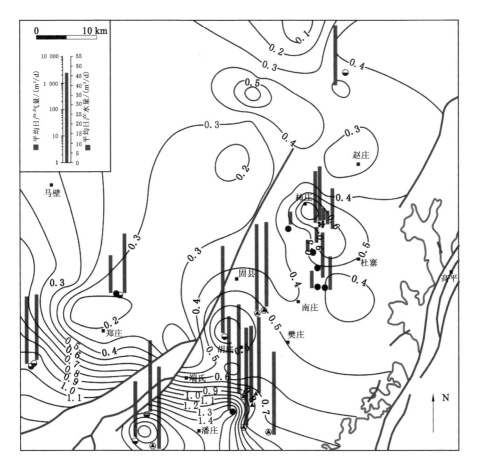

图 4-13 煤层气井产能特征空间分布及 15 号煤层临储比等值线

能由其他地质因素制约,或者工程因素所致;郑庄区块临储比较低,平均仅为 0.31,北部值较低,向南部靠近寺头断层处呈升高趋势;樊庄区块临储比在 0.5～0.8 之间;柿庄南区块临储比介于 0.16～0.88 之间,其平均值为 0.42;柿庄北区块为 0.05～0.72,其平均值仅为 0.32。

4.2.5 煤储层渗透率

煤层渗透率是反映煤层允许流体通过能力的一个关键参数,它决定了煤层气的迁移及产出效率(Fu et al.,2009;Tao et al.,2014),影响着煤层气井的排水降压漏斗半径的大小(Zou et al.,2013b)。许多研究及生产实践已证实,渗透率是控制煤层气产出的主要储层参数之一(Durucan et al.,1986;饶孟余等,2004;Xu et al.,2014;Tao et al,2014)。沁南地区 40 口煤层气井注入-压降试井测试结果(图 4-14)显示,研究区 15 号煤层渗透率介于 0.001～22.12 mD 之间,一般小于 1 mD,平均值为 0.90 mD,略低于该区 3 号煤层的渗透率,但明显低于美国的圣胡安盆地(5～60 mD)(Ayers,2002)和粉河盆地(1～10 mD)(Pratt et al.,1999)。

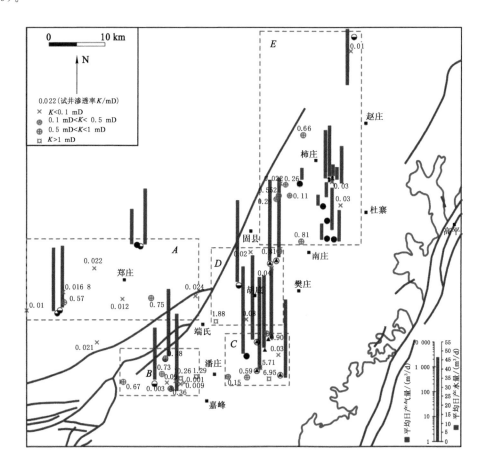

图 4-14　沁水盆地南部煤层气井产能特征及煤层气井试井渗透率空间分布

由于研究区煤储层极强的非均质性,难以用平面等值线来分析渗透率与气水平面分布特征的关系。为此,依据研究区 15 号煤层气试井和煤层气生产井平面分布情况,划分出了

A、B、C、D、E 五个区域(图 4-14)。

统计结果显示:A 区 15 号煤层平均渗透率为 0.18 mD,气井平均日产气量为 212.35 m³/d;B 区平均渗透率为 0.40 mD,气井平均日产气量为 628 m³/d;C 区平均渗透率最高,达到 2.39 mD,气井平均日产气量为 1664.15 m³/d;D 区平均渗透率为 0.57 mD,气井平均日产气量为 1 100.12 m³/d;E 区平均渗透率为 0.26 mD,气井平均日产气量为 35.38 m³/d。各区域煤层气井试井平均渗透率与平均日产气量的关系如图 4-15 所示。

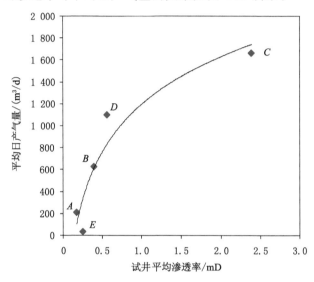

图 4-15　煤层气井产能与 15 号煤层渗透率的关系

由图 4-15 可以看出,各区煤层气井平均产能与平均渗透率呈显著的正相关关系,渗透率是制约该区 15 号煤层煤层气井开发的关键因素。其中,A 区和 E 区的渗透率最低,产能效果也最差,因此压裂强化储层渗透率是这两个区域煤层气井获得高产的重要措施。

4.2.6　水文地质条件

煤层气必须经过排水,降低储层压力,达到临界解吸压力后产出。水文地质条件既是煤层气生产要素,也是煤层气赋存要素(叶建平,2002)。国内外的大量研究都表明,水文地质条件是影响煤层气产能的主要因素之一(Kaiser et al.,1994;Scott,2002;Tao et al.,2014;Yao et al.,2014;孙粉锦等,2014;Wang et al.,2015)。水文地质条件对煤层气产能的控制作用表现在两个方面,一是影响煤层气的赋存(叶建平等,2001),煤层气的运移与富集受到区域水文地质、地下水动力条件、含水层与煤层组合关系和水力联系程度等的综合作用;二是影响煤层气的生产能力,储层压力、渗透率等影响煤层气产能的参数受到水文地质条件的影响。本次研究主要通过水化学、煤层直接顶板岩性和地层水补给量三个方面探讨沁水盆地南部水文地质条件对 15 号煤层煤层气井产能的影响。

4.2.6.1　地下水氢氧同位素组成

水的氢氧同位素组成特征被广泛应用于沉积盆地中水的演化与起源方面的研究(Kharaka et al.,1986;Rice,2003;Li et al.,2015)。本次对沁水盆地南部采集到的 17 件水样进行了离子浓度和氢氧同位素测定,见表 4-1。17 件水样中包括单层排采 15 号煤层的煤层气井水样 15 件;矿井下 K_2 灰岩水样 2 件,分别采自寺河矿和凤凰山矿。此外,借鉴了前人(王善博等,2013)所测试的该区 16 件水样的氢氧同位素组成,其中包括 11 件 K_2 灰岩水样、1 件 15 号煤层水样以及 3 件地表水样。

表 4-1　沁水盆地南部地下水化学组成

区块(矿井)	采样井号	产出层位	δD /‰	$\delta^{18}O$ /‰	TDS /(mg/L)	离子浓度/(mg/L)					
						$K^+ + Na^+$	Ca^{2+}	Mg^{2+}	Cl^-	SO_4^{2-}	HCO_3^-
柿庄南	T-4	15 煤	−81.25	−10.93	882.46	308.69	5.49	6.33	93.09	0.25	923.25
	T-24	15 煤	−81.43	−11.00	917.83	277.86	4.69	1.80	82.21	0.62	1 088.56
郑村	Z-37	15 煤	−74.37	−10.27	1 630.52	742.36	2.76	10.23	441.93	21.45	809.15
	Z-39	15 煤	−78.19	−10.85	1 365.68	589.88	7.17	5.42	97.67	0.41	1 316.75
	Z-70	15 煤	−74.73	−10.09	1 280.24	525.90	1.24	5.67	210.41	0.77	1 053.80
	Z-7	15 煤	−77.00	−10.38	1 022.85	383.49	8.21	4.51	118.23	0.52	998.99
胡底	Z-76	15 煤	−76.67	−10.59	1 128.50	472.45	5.73	3.45	152.08	0.54	974.03
	Z-86	15 煤	−76.64	−10.61	1 091.39	421.61	5.99	4.78	128.78	1.51	1 042.60
	H-14	15 煤	−82.84	−11.33	2 863.84	635.69	118.21	79.83	238.56	1 175.81	1 223.60
成庄	C-71	15 煤	−75.22	−9.89	1 213.00	369.91	12.96	9.41	35.84	561.56	439.16
郑庄	Z-46	15 煤	−76.90	−10.69	1 518.06	656.32	9.00	5.73	83.50	1.71	1 517.37
	Z-42	15 煤	−74.10	−10.49	1 586.82	690.19	11.95	7.04	96.60	0.37	1 557.19
	Z-15	15 煤	−69.11	−9.59	1 802.19	795.69	1.09	3.60	92.20	6.82	1 802.09
	Z-17	15 煤	−72.15	−10.46	1 960.77	775.45	1.37	5.25	92.31	3.21	2 160.53
柿庄北	S-1	15 煤	−79.22	−11.17	2 380.78	1 094.61	11.40	5.54	70.77	0.16	2 394.23
寺河矿	灰岩	灰岩水	−67.04	−8.83	996.25	176.66	79.56	55.46	40.26	329.07	1 234.42
凤凰山矿	灰岩	灰岩水	−68.51	−9.18	1 352.09	383.56	152.79	49.71	68.79	859.09	846.05

测试结果显示:排采 15 号煤层气井排出水 δD 值为 −82.84‰～−69.11‰,其平均值为 −76.95‰,$\delta^{18}O$ 值为 −11.33‰～−9.59‰,其平均值为 −10.60‰;煤矿井下采集的 15 号煤层顶板灰岩水 δD 值为 −83.10‰～−63.90‰,其平均值为 −71.76‰,$\delta^{18}O$ 值为 −10.90‰～−7.30‰,其平均值为 −9.21‰;王台铺矿井下采集的 15 号煤层水 δD 值为 −85.40‰,$\delta^{18}O$ 值为 −11.00‰;地表水样的 δD 值为 −67.40‰～−53.60‰,其平均值为 −62.45‰,$\delta^{18}O$ 值为 −10.90‰～−6.80‰,平均值为 −8.70‰。

贾振兴(2015)统计分析得到了山西太原地区大气降水线方程(LMWL):$\delta D = 6.42\delta^{18}O - 4.66$;同时,根据汾河中游地表水的 δD 和 $\delta^{18}O$ 数据,建立了当地地表水的蒸发线方程(EL):$\delta D = 5.744\delta^{18}O - 28.285$(图 4-16)。

由图 4-16 可以看出,所采水样的氢氧同位素组成基本都位于区域大气降水线和地表水蒸发线之间,说明其初始来源均为大气降水。其中,地表水样的氢氧同位素组成最重,基本分布在所有测试水样的最上方,原因为地表水长期受到强烈的蒸发效应,而蒸发效应是一个高分馏过程(钱会等,2005),致使地表水富集 δD 和 $\delta^{18}O$。由于受到的蒸发效应弱于地表水,因而灰岩水的氢氧同位素组成轻于地表水。大部分的灰岩水与地表水在同一条直线上,且部分灰岩水的氢氧同位素组成与地表水相接近,表明灰岩水与地表水有较好的水力联系,灰岩水接受地表水的补给。

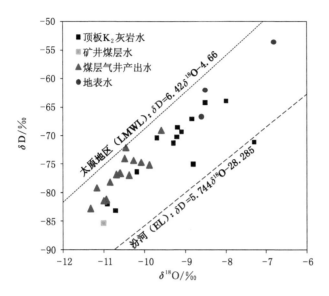

图 4-16　沁水盆地南部地下水的氢氧同位素组成

　　15 号煤层的煤层气井产出水的氢氧同位素组成,比煤矿井下采集的 15 号煤层的煤层水的氢氧同位素重,比煤层顶板 K_2 灰岩水的氢氧同位素轻,说明煤层气井产出水来源于煤层水和顶板灰岩水的混合水。同时,部分煤层气井水样与灰岩水样有着相似的氢氧同位素组成,推测其产出水可能主要来自顶板灰岩。因此,顶板灰岩水的补给强弱直接影响 15 号煤层排水降压的难易程度。

　　地下水在径流过程中,与岩石相互作用,不断溶解岩石中的可溶矿物组分,沿径流方向矿化度不断增大,同时溶解的含有氢、氧的矿物组分不断地与地下水发生氢氧同位素交换反应,使地下水中的氢氧同位素组成不断发生变化。研究表明,随着地下水的流动,水中的氢同位素含量逐渐升高,总体上与地下水矿化度呈现一定的正相关性(王善博等,2013;Rice,2003)(图 4-17)。

　　氢同位素的变化量与地下水径流强度密切相关(Li et al.,2015),如果地下水水流速度较快,则水岩相互作用时间较短,δD 值变化较小;反之,如果水流速度缓慢,地下水则有充足的时间与岩石发生化学作用,δD 值变化较大。换言之,氢同位素较轻的区域地下水水力交替作用强,地下水流速较快,岩石渗透性较好。由煤层气井产出水 δD 与平均日产水量的关系(图 4-18)可以看出,随着 δD 逐渐变轻,煤层气井平均日产气量逐渐增大,两者呈现很好的幂函数关系,反映出氢同位素较轻的区域煤层顶板灰岩裂隙可能较为发育,对煤层补给较强,将给排水降压带来困难。

　　Wang 等(2014)发现,随着产出水 $\delta D/\delta^{18}O$ 的增大,沁南樊庄地区排采 3 号煤层的煤层气井累计产气量呈现线性增高的明显趋势。由图 4-19 可以看出,排采 15 号煤层的煤层气井的平均日产气量与随 $\delta D/\delta^{18}O$ 的增大有升高的趋势,但相关性较差;平均日产气量大于 500 m^3/d 的煤层气井产出水的 $\delta D/\delta^{18}O$ 均大于 7.2。

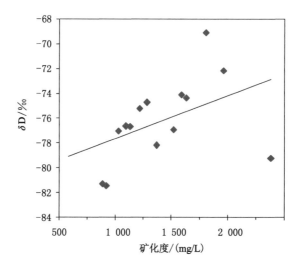

图 4-17　煤层气井产出水矿化度与 δD 之间的关系

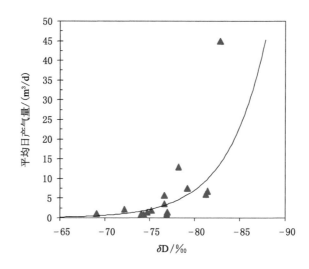

图 4-18　煤层气井产出水 δD 与平均日产气量之间的关系

4.2.6.2　地下水矿化度

沁水盆地从翼部至轴部,含水层埋深逐渐增加,地下水径流强度由活跃变为滞缓,在平面上存在明显的分带特征(王红岩等,2001)。处于不同水动力分带的地下水具有不同的矿化度特征,对煤层气富集与成藏的控制作用存在差异性(秦勇等,2012a;唐书恒等,2003)。通常,地下水强径流带的水力交替作用活跃,地下水矿化度低,水溶解作用和水力逸散作用强,煤层含气量较低;弱径流带地下水径流强度有所减弱,水岩相互作用时间相对充足,矿化度有所升高,煤层含气量较高;滞流带为不同方向地下水的径流交汇区,煤层富水性强,地下水径流微弱,煤层气保存条件好,该带地下水矿化度最高,煤层含气量普遍较高。由 15 号煤层的煤层气井产出水矿化度和煤层含气量的关系(图 4-20)可以看出,两者呈现一定的正相关趋势。

煤层气井产出水矿化度与煤层气井产气量有一定的联系(Lü et al.,2012)。由图 4-21(a)

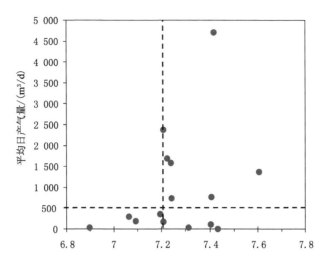

图 4-19　煤层气井产出水 $\delta D/\delta^{18} O$ 与平均日产气量之间的关系

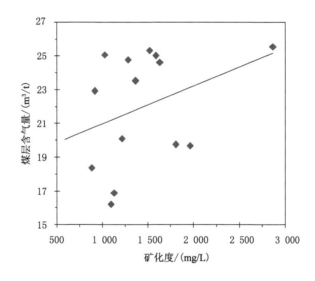

图 4-20　沁水盆地南部煤层气井产出水矿化度与煤层含气量之间的关系

可以看出,煤层气井产能随产出水矿化度升高呈现两段式变化,当产出水矿化度较低时(小于 1 000 mg/L),煤层气井产能较差,研究区产出水矿化度最低的两口煤层气井产气量极低,该阶段随产出水矿化度的升高煤层气井产能有增高趋势,由于该矿化度段水样测试数据点较少,该变化趋势不明显;当煤层气井产出水矿化度高于 1 000 mg/L 时,煤层气井产能与产出水矿化度呈现明显的负相关关系,即随产出水矿化度增高,气井产能不断降低。由于 δD 与地下水矿化度具有较好的相关性,δD 与煤层气井产能的关系与矿化度相似,也呈现两段式分布,当 δD 值高于 $-78.5\permil$ 时,煤层气井产气量与产出水 δD 值呈现明显的负相关关系,详情见图 4-21(b)。

　　在相同的构造背景下,产出水矿化度低的煤层气井靠近地下水的补给区,煤层或埋深相对较浅,或处于地下水强径流带,水动力较强,交替活跃,δD 值较轻,因此煤层气井受地下水

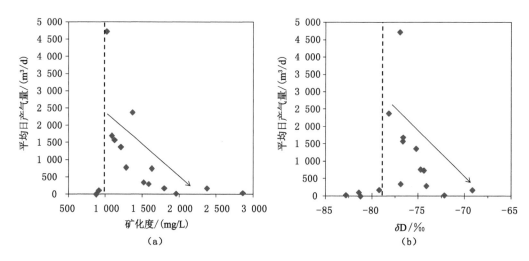

(a)　　　　　　　　　　　　　　　　(b)

图 4-21　煤层气井产能与产出水矿化度及 δD 的关系

补给较充分,煤层气井产水量往往较高,煤储层排水降压较为困难,而且煤层含气量相对较低,因此煤层气井产能往往较低(Li et al.,2015)。例如南庄地区的 T-1 井和 T-2 井(图 4-22),煤层气井处于地下水强径流带,煤层含气量在 10 m^3/t 左右,气井平均产水量分别为 8.90 m^3/d 和 17.33 m^3/d,两口井几乎不产气。

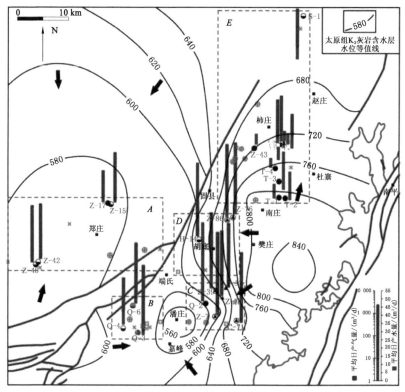

图 4-22　太原组灰岩含水层地下水位等值线图

　　产出水矿化度高的煤层气井处于地下水的滞流区,煤层埋藏较深,地下水径流条件往往较差,储层封闭性较好,地下水的 δD 值较高,煤层含气量较高,但是煤层渗透率因受埋深的影响而普遍较低(秦勇等,2012a),处于该带的煤层气井产水量低,产气量好于强径流带,但由于渗透率较低,产气量也不很理想。例如郑庄地区的 Z-15 井,气井位于寺头断层西侧的郑庄地下水滞留区,产出水矿化度为 1 802 mg/L,15 号煤层埋深达 1 136 m,其附近的煤层气试井显示该区渗透率仅为 0.012 mD,气井平均产水量为 1.17 m³/d,平均产气量仅为 175 m³/d。反之,若滞流区煤层的埋深适中,则由于煤层含气量、渗透率高,煤层气井产能往往较好,如潘庄滞流区。

　　产出水矿化度中等的煤层气井处于地下水弱径流带,地下水补给量适中,煤层渗透率较高,气井产能相对最好。例如潘庄西北的 Z-7 井,该井位于地下水的弱径流带,产出水矿化度为 1 022.85 mg/L,气井平均产气为 4 715 m³/d,平均产水为 1.50 m³/d。

4.2.6.3　煤层直接顶板岩性

　　沁水盆地南部构成 15 号煤层直接顶板的岩石类型主要有:灰岩、泥岩、泥质灰岩和粉砂岩。根据研究区 710 口煤田及煤层气勘探钻孔岩性统计结果,绘制了 15 号煤层直接顶板岩性平面分布图,见图 4-23。由该图可以看出,15 号煤层直接顶板的岩性主要为灰岩,局部地区为泥岩、泥灰岩和粉砂岩。

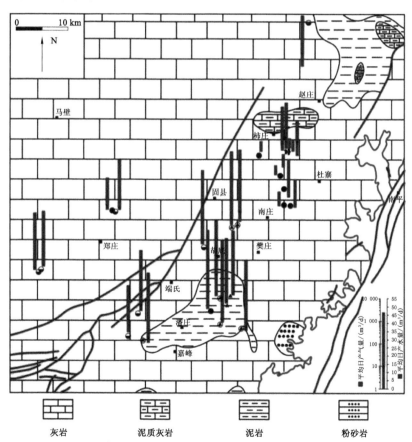

图 4-23　太原组 15 号煤层直接顶板岩性分布图

由顶板岩性与气井产气量平面分布的特征发现,中、高产能的煤层气井主要分布在南部顶板为泥岩的地区。统计结果显示:顶板为泥岩的煤层气井的平均产水量为 4 m^3/d(除去一口平均产水为 48.24 m^3/d 的煤层气井),而顶板为灰岩的煤层气井的平均产水量为 6.83 m^3/d(除去一口平均产水为 45.07 m^3/d 的煤层气井);顶板为泥岩的煤层气井的平均产气量为 1 608 m^3/d,而顶板为灰岩的煤层气井的平均产气量仅为 247 m^3/d。亦即,顶板为灰岩地区煤层气井的产水量要高于顶板为泥岩的地区,而产气量却明显低于后者。可见,顶板灰岩强富水区对 15 号煤层煤层气的开采有一定的影响。

灰岩作为直接顶板常见于华北太原组煤层顶板,分布较为稳定,渗透率为 1.5~2.5 mD,普遍含水,径流条件较好(叶建平等,2001)。而沁水盆地南部 15 号煤层顶板灰岩致密坚硬,裂隙发育较差且以压性和充填为主(倪小明等,2010b;陆小霞等,2012)。从测井曲线上看,该区 15 号煤层顶板灰岩电阻率极高,声波时差低,密度值高,自然伽马值低,从而反映出灰岩岩性致密,孔隙不发育,含水性较弱。

沁水盆地南部 12 口钻孔抽水试验资料显示(表 4-2):太原组灰岩渗透系数较低,介于 0.000 65~0.215 m/d 之间,依据《煤矿床水文地质、工程地质、环境地质勘查评价》(MT/T 1091—2008)(表 4-3),属于微透水至极弱透水岩层。同时,单位涌水量极小,介于 0.000 111~0.019 8 L/(s·m)之间,均小于 0.1 L/(s·m),属于弱富水岩层。

表 4-2 沁水盆地南部太原组含水层部分钻孔抽水试验数据

井田	钻孔	含水层	静止水位 (深度/标高)/m	单位涌水量 /(L/s·m)	涌水量 /(L/s)	渗透系数 /(m/d)
大宁	031	太原组灰岩	170.35/539.15	0.000 111	—	0.000 65
樊庄	0404	太原组灰岩	0/683.00	—	—	—
寺河	102	K_5灰岩	干孔	0.001 3	0.06	0.096
		K_2+K_3灰岩	142.63/669.15	0.019 8	0.283	0.051
潘庄	9-5	K_2+K_3灰岩	72.11/554.57	0.000 8	0.101	0.008
	7-3	K_5灰岩	57.93/547.59	0.000 12	—	0.007
	317	K_5灰岩	82.35/539.79	0.000 3	0.012	0.031
		K_2+K_3灰岩	56.55/565.59	0.000 4	0.12	0.10
晋普山	—	K_2+K_3灰岩	—	0.005 9	—	0.041
成庄	208	K_5灰岩	55.73/788.67	0.007 1	0.325	0.215
		K_2+K_3灰岩	153/691.40	0.010 6	0.181	0.076 7
赵庄	2201	K_5灰岩	203.65/690.24	0.001 31	0.007 33	0.023
		K_2灰岩	240.36/653.53	—	抽干	—
	1607	K_5灰岩	266.37/681.49	0.000 4	0.030 3	0.011
		K_2灰岩	276.16/671.70	0.000 4	0.032 2	0.005
胡底	详1	太原组灰岩	337.25/581.71	0.000 3	0.022	0.001 45
固县东	202	太原组灰岩	218.15/805.32	0.005 6	0.113	0.016 9
固县	2-4	太原组灰岩	100.62/608.60	0.017 4	1.458	0.028 4

注:部分数据引自叶建平等(2001)和陆小霞等(2012)。

表 4-3　含水层类型划分(据 MT/T 1091—2008)

渗透系数/(m/d)	透水类型	单位涌水量/[L/(s·m)]	富水类型
>10	强透水岩层	>5	极强富水
1~10	透水岩层	1~5	强富水
0.01~1	微透水岩层	0.1~1	中等富水
0.001~0.01	极弱透水岩层	<0.1	弱富水
<0.001	不透水岩层		

总体而言,沁南地区 K$_2$ 灰岩的富水性整体较弱,但若遇到断层、岩溶陷落柱或者节理裂隙较为发育的部位,则可能会导致 K$_2$ 灰岩与其他含水层沟通,涌水量较大,富水性较强。如晋城晋普山井田内的 K$_2$、K$_3$ 灰岩含水性随节理、裂隙发育程度的变化而变化。据井田内 A 水文孔抽水试验资料,钻孔单位涌水量为 0.005 9 L/(s·m),渗透系数为 0.041 m/d,而 B 水文孔则显示 K$_2$ 灰岩在孔深 127.72 m 时冲洗液消耗量显著增大,水位为 48.27 m 时冲洗液消耗量为 3 t/h。测井资料解释结果显示,B 钻孔处 K$_2$、K$_3$ 灰岩的节理、裂隙较为发育,导致该地段灰岩富水性增强。

由煤层气井平均日产水量与煤层埋深的关系(图 4-24)可以看出,灰岩含水性可能随埋深的增大而减弱,仔细分析发现,顶板灰岩分布区,产水高的气井主要位于南庄以北地区(图 4-23),可能与该带处于地下水的强径流带有关,导致灰岩含水性增强。因此,在 15 号煤层煤层气开采时,一方面要注意浅部及强径流带灰岩的含水性,另一方面要注意局部断层、岩溶陷落柱和节理的发育。

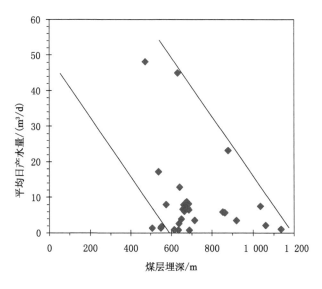

图 4-24　煤层气井平均日产水量与煤层埋深的关系

4.2.6.4　地下水补给强度

在煤层气排采过程中,地下水可通过水平侧向、顶托越流和垂直下渗等不同方式补给煤储层,是煤储层重力水的补给来源。煤层气开发通过排水降压得以实现,地下水补给强度的大小,直接关系到煤储层压力降低的难易程度。在相同的排采时间下,地下水对煤储层的补给量可由平均日产水量来衡量。

中国石油天然气集团公司对沁南地区 3 号煤层的采气试验结果显示,平均日产气量在 3 000 m³/d 的煤层气井,平均日产水量多小于 2 m³/d(张培河等,2011)。分析 28 口煤层气产水历史,发现沁南地区 15 号煤层单层开采平均日产水量介于 0.89~48.24 m³/d 之间,平均 8.97 m³/d,明显高于 3 号煤层。

由图 4-25(a)可以看出,拥有较高气/水产出比的煤层气井,煤层气井产能往往较高,两者呈现明显的正相关关系。此外,由图 4-25 还可以看出,中、高产能煤层气井的平均日产水量基本小于 6 m³/d;当平均日产水量大于 6 m³/d 时,气井产能极差;部分煤层气井平均日产水量基本小于 2 m³/d[图 4-25(b)虚线框内的煤层气井],但产气量却很低,明显受到其他地质因素的制约。

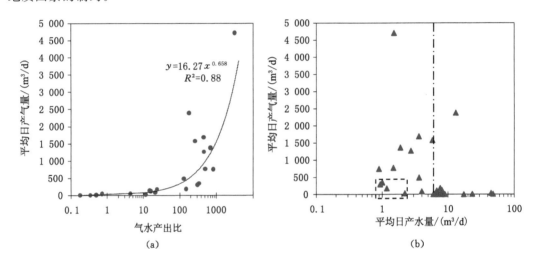

图 4-25　沁水盆地南部煤层气井产能与气/水产出比及平均日产水量之间的关系

柿庄与南庄之间的煤层气井平均日产水量基本都大于 6 m³/d,气井全部为低产甚至不产气井(图 4-23)。另外,郑村地区的 Z-39 井的平均产水量达到了 13 m³/d,其平均产气量却高达 2 381 m³/d,峰值产气量为 4 013 m³/d;胡底北部的 Z-76 井,平均日产水量为 5.8 m³/t,其平均日产气量为 1 578 m³/d,峰值产气量为 2 203 m³/d。这两口煤层气井的产水量也比较高,产能却比较理想。总体来说,沁南地区排采 15 号煤层的煤层气井,产能较好的煤层气井产水量较低,高产水井几乎全部低产,但仍有部分高产水井产能较好,因此有必要对高产水井的排采历史数据进行分析。

分析 Z-76 井[图 4-26(a)]、Z-39 井[图 4-26(b)]以及柿庄地区一口典型煤层气井 T-24 [图 4-26(c)]的排采历史发现,T-24 井与其他两口井的产水历史曲线有明显的区别:Z-76 井在第 107 d 达到产水峰值(15.4 m³/d),之后产水量开始平稳降低,动液面由 253 m 降至 848 m 之后,动液面基本保持稳定;Z-39 井与 Z-76 井产水曲线形态类似,动液面基本稳定在 630 m 左右;T-24 井产水量则逐渐上升,动液面极不稳定,排采到 600 d 时,日产水量为 9 m³/d,仍没有降低的趋势。由此可以看出,地下水对 T-24 井长期保持高强度的补给,而 Z-76 井与 Z-39 井的补给量在逐渐减弱。

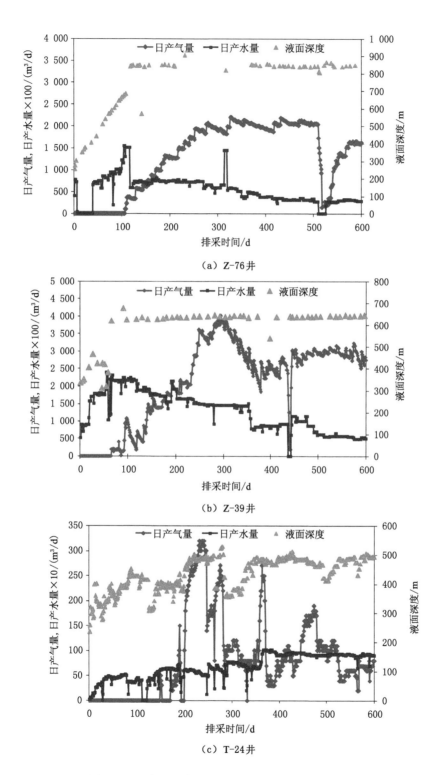

（a）Z-76井

（b）Z-39井

（c）T-24井

图 4-26　沁南地区典型煤层气井的排采历史曲线

由 T-24 井产出水化学分析(表 4-1)可以看出,δD 和矿化度明显偏低,推测其 15 号煤层顶板 K_2 含水层富水性较强,且两者之间有强烈的水力联系,导致该类气井只在近井地带产生储层压降,而储层压降无法向周围扩展,导致解吸面积有限,气井产气量一直较低。而 Z-76 与 Z-39 井,单井控制边界内的地下水在逐渐减少,储层压降在平面上得到扩展,解吸面积较大,产气量较高。因此,产水量高并不是排采 15 号煤层气井产能低的绝对标准,关键在于地下水对煤储层的补给是否存在边界,以及产出水中对储层压降具有贡献作用的有效产水量所占的比例。

4.3　15 号煤层单采有利区预测

4.3.1　模糊层次分析法

本节的目的在于构建定量化的数学模型,对沁水盆地南部不同区域 15 号煤层煤层气开发进行综合定量评价,划分出开发的潜在有利区。

依据上一节的探讨,控制 15 号煤层煤层气产能特征的地质因素包括煤厚、含气量、埋深、渗透率、临储比和水文地质条件等,归纳起来,可以将其概括为 3 个方面:一是煤层气资源潜力,包括含气量和煤厚;二是煤层气开发潜力,包括渗透率、临储比和煤层埋深;三是水文地质条件,包括地下水动力分区、煤层顶板岩性和地下水补给强度。在这些控制因素中,有些因素是定量的,如含气量、煤厚等,而有些因素则是定性的,如顶板岩性、水动力分区等。

层次分析法(AHP)是一种将定量和定性分析方法相结合的多属性的综合分析方法(Satty,1990;郭金玉等,2008)。该方法可以系统地将一个复杂的问题分解为若干层次或若干因素,决策者依据评价层次或因素的重要性程度对其赋值,最后依据综合得分的高低对目标作出定量排序(Yao et al.,2009c)。然而,由于某些评价指标为主观的、定性的,因而,标准的层次分析法不能直接运用于煤层气开发选区的决策评价,为了消除这种限制,本研究采用模糊层次分析法(FAHP)。

模糊层次分析法的基本步骤为(Mikhailov et al.,2004):① 划分层次结构;② 层次属性的优先顺序及权重评估;③ 综合评价系数计算,确定最终排序。依据模糊层次分析原理,本研究建立了 3 个基本层次的评价体系,分别为最高层、中间层和最低层,也被称为目的层、准则层和方案层(姚艳斌等,2005)。其中,准则层由 3 个次准则构成,分别对应煤层气的开发潜力、水文地质条件和资源潜力,依据上节中地质控因的探讨及专家经验打分,对每一个次级准则及方案赋予相应权重,具体情况见图 4-27。

4.3.2　模糊层次评价参数及量化

(1) 渗透率(U_{11})

研究区 15 号煤层试井渗透率为 0.001～22.12 mD,一般小于 1 mD,本次研究中,定义高产井煤层气储层的渗透率大于 1 mD,相应的评价值大于 0.6,而不可采煤层气储层的渗透率小于 0.01 mD(Yao et al.,2008),具体采用的隶属函数如式(4-1)所示。

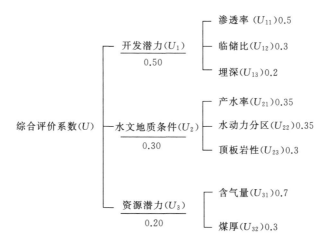

图 4-27 沁水盆地南部太原组 15 号煤层煤层气单采潜在有利区 FAHP 评价模型

$$U_{11} = \begin{cases} 1 & K > 5 \\ 0.1K + 0.5 & 1 < K \leqslant 5 \\ 0.444K + 0.155\,6 & 0.1 < K \leqslant 1 \\ 2.22K - 0.022\,2 & 0.01 < K \leqslant 0.1 \\ 0 & K \leqslant 0.01 \end{cases} \quad (4\text{-}1)$$

（2）临储比（U_{12}）

结合沁水盆地南部 3 号煤层开发经验（陈振宏等，2009b；Tao et al.，2014）及本研究 15 号煤层临储比与煤层气井产能的关系，临储比的上、下限阈值被设定为 0.75 和 0.55，隶属函数如式（4-2）所示。

$$U_{12} = \begin{cases} 1 & p_r > 0.75 \\ 2.25p_r - 0.687\,5 & 0.55 < p_r \leqslant 0.75 \\ p_r & p_r \leqslant 0.55 \end{cases} \quad (4\text{-}2)$$

（3）埋深（U_{13}）

研究区煤层气风氧化带的深度一般在 200 m 左右（秦勇等，2009），因而，将煤层埋深 200 m 设定为埋深评价的下限阈值，相应的评价值为 0。由之前讨论可知，当 15 号煤层埋深大于 1 000 m 时，气井产能极低，因而将埋深 1 000 m 设定为评价的上限阈值。同时，综合沁水盆地南部 3 号煤层及鄂尔多斯盆地煤层气的开发经验，目前煤层气开发的理想埋深为 500～700 m（Yao et al.，2009c；宋岩等，2013；Tao et al.，2014），该深度带煤层含气量高且储层渗透率较高，由图 4-9 可知，沁水盆地南部 15 号煤层在埋深 600 m 左右的产能最好，因而定义煤层埋深 600 m 的评价值为 1，以 600 m 为界，隶属函数呈两段式分布。综上所述，埋深评价的隶属函数如式（4-3）所示。

$$U_{13} = \begin{cases} 0.2 & H > 10 \\ 2.20 - 0.2H & 6 < H \leqslant 10 \\ 0.25H - 0.5 & 2 < H \leqslant 6 \\ 0 & H \leqslant 2 \end{cases} \quad (4\text{-}3)$$

式中，H 单位为 100 m。

（4）产水率（U_{21}）

此处所指的产水率为气井排采 600 d 的平均产水量，由图 4-26（c）可以看出，当产水率大于 6 m³/d 或小于 1 m³/d 时，气井产能整体较差，当产水率为 1～6 m³/d 时，气井产能整体较好，因而将产水率划分为 3 种类型，定义如表 4-4 所列的隶属度。

表 4-4　不同产水率分区隶属度值

产水率/(m³/d)	I (<1)	II (1～6)	III (>6)
隶属度	0.2～0.6	0.6～1.0	0～0.2

（5）水动力分区（U_{22}）

沁水盆地南部排采 15 号煤层的煤层气井在地下水弱径流区的产能最好，因而隶属度最高；而强径流区产能最差，隶属度最低；地下水滞流区产能处于这两者之间。各水动力分区的隶属度如表 4-5 所列。

表 4-5　不同地下水动力分区隶属度值

水动力分区	滞流区（I）	弱径流区（II）	强径流区（III）
隶属度	0.2～0.6	0.6～1.0	0～0.2

（6）顶板岩性（U_{23}）

沁南地区 15 号煤层的顶板岩性主要为泥岩、灰岩、泥灰岩、和粉砂岩四种类型，依据是否有利于煤层气的保存可分为三种类型。其中，第一类为泥岩或泥质灰岩，岩石中裂隙不发育，渗透率极低，有利于煤层气的保存；第二类为粉砂岩，岩石中有部分裂隙发育，较有利于煤层气的保存；第三类为灰岩，尽管沁水盆地南部太原组 K_2 灰岩的裂隙相对不发育，且整体富水性较弱，但考虑到浅部补给区及局部地段仍具有较强的富水性，对煤层气保存及开发不利，因而整体上与前两种类型相比，为较不利类型。各类型的隶属度如表 4-6 所列。

表 4-6　不同煤层顶板类型隶属度值

顶板类型	I	II	III
隶属度	1	0.8	0.6

（7）含气量（U_{31}）

研究区 15 号煤层含气量较高，为 0.49～37.93 m³/t，气井单井产气量整体上随煤层含气量的增高而增高，由图 4-10 可以看出，当煤层含气量小于 15 m³/t 时，气井产能较差；当煤层含气量在 25 m³/t 左右时，气井产气量最高。因而将煤层含气量 15 m³/t 和 25 m³/t 作为含气量评价的上、下限阈值。其评价隶属函数如式（4-4）所示。

$$U_{31} = \begin{cases} 1 & V > 25 \\ 0.08V - 1 & 15 < V \leqslant 25 \\ 0.2 & V \leqslant 15 \end{cases} \qquad (4\text{-}4)$$

（8）煤厚（U_{32}）

研究区 15 号煤层厚度为 1.10～9.87 m，煤层厚度与 15 号煤层的产能整体呈较弱的正相关性，在此将煤厚的上、下限阈值设定为 1 m 和 4 m。其评价隶属函数如式（4-5）所示。

$$U_{32} = \begin{cases} 1 & M \geqslant 4 \\ \dfrac{M-1}{3} & 1 \leqslant M < 4 \\ 0 & M < 1 \end{cases} \quad (4\text{-}5)$$

4.3.3 单采有利区分布及模型验证

利用研究区煤田及煤层气勘探钻孔中 15 号煤层的埋深、含气量、煤厚、试井渗透率等模型评价参数的勘探、分析测试及计算结果（表 4-7），基于本书研究所建立的模糊层次分析法（FAHP），对沁水盆地南部 15 号煤层单层排采的潜力进行了评价。

表 4-7 沁水盆地南部 15 号煤层单层排采 FAHP 模型评价基本参数

编号	井名	试井渗透率/mD	临储比	埋深/m	产水率类型	水动力分区类型	顶板岩性类型	含气量/(m³/t)	煤厚/m	综合评价系数
1	Q-1	21.12	1.478	471.9	Ⅲ	Ⅱ	Ⅰ	25.66	2.90	0.836
2	Q-2	0.586	1.260	341.2	Ⅱ	Ⅱ	Ⅰ	27.93	2.10	0.693
3	Q-3	0.33	1.747	636.5	Ⅱ	Ⅱ	Ⅰ	33.21	2.60	0.727
4	Q-4	0.73	1.604	713.73	Ⅱ	Ⅰ	Ⅲ	30.20	2.90	0.705
5	Q-5	0.48	2.041	773.93	Ⅱ	Ⅱ	Ⅲ	32.12	2.60	0.670
6	Q-6	0.087	0.474	636	Ⅲ	Ⅲ	Ⅲ	16.81	4.72	0.411
7	Q-7	0.08	0.439	665	Ⅱ	Ⅱ	Ⅲ	17.06	5.18	0.493
8	Q-8	1.88	0.504	524	Ⅱ	Ⅱ	Ⅲ	19.55	4.54	0.658
9	Q-9	0.807	0.346	635.7	Ⅲ	Ⅲ	Ⅲ	20.58	2.37	0.498
10	Q-10	0.661	0.355	795.4	Ⅰ	Ⅰ	Ⅰ	13.29	5.55	0.488
11	Q-11	5.707	0.730	430	Ⅲ	Ⅱ	Ⅰ	21.48	2.80	0.782
12	Q-12	0.15	1.439	455.66	Ⅱ	Ⅰ	Ⅰ	26.93	3.39	0.673
13	Q-13	0.01	0.273	1 098.50	Ⅲ	Ⅱ	Ⅲ	18.14	9.63	0.322
14	Q-14	0.05	0.484	1 110.96	Ⅲ	Ⅱ	Ⅲ	22.37	4.32	0.423
15	Q-15	0.03	0.633	663.09	Ⅲ	Ⅲ	Ⅲ	23.09	3.60	0.476
16	Q-16	0.03	0.698	685.37	Ⅲ	Ⅲ	Ⅲ	18.47	3.40	0.437
17	Q-17	0.022	0.168	992.11	Ⅰ	Ⅰ	Ⅲ	16.84	3.18	0.294
18	Q-18	0.75	0.437	731.38	Ⅰ	Ⅰ	Ⅲ	26.43	5.27	0.610
19	Q-19	3.13	0.223	753.04	Ⅰ	Ⅰ	Ⅲ	20.02	2.27	0.564
20	Q-20	0.024	0.003	1 078.2	Ⅰ	Ⅰ	Ⅲ	0.49	3.04	0.246
21	Q-21	0.57	1.005	641.66	Ⅰ	Ⅰ	Ⅲ	25.78	2.45	0.661

表 4-7(续)

编号	井名	试井渗透率/mD	临储比	埋深/m	产水率类型	水动力分区类型	顶板岩性类型	含气量/(m³/t)	煤厚/m	综合评价系数
22	Q-22	0.012	0.352	842.96	I	I	III	32.37	3.29	0.440
23	Q-23	0.552	0.365	631	II	II	II	19.40	5.55	0.565
24	Q-24	0.11	0.388	598.12	II	II	II	16.97	4.35	0.497
25	Q-25	0.26	0.363	620	II	II	II	19.42	4.87	0.534
26	Q-26	0.022	0.363	597.37	II	II	II	16.77	5.40	0.447
27	Q-27	0.26	0.410	585	II	II	III	21.52	3.90	0.554
28	Q-28	0.39	1.751	546.4	II	II	I	28.76	2.80	0.742
29	Q-29	0.003	1.855	742.15	II	II	III	32.21	0.50	0.585
30	Q-30	0.09	1.788	549.55	II	II	I	31.38	2.10	0.691
31	Q-31	0.009	1.731	417.87	II	II	I	31.66	1.92	0.610
32	Q-32	0.001	1.703	490.93	II	II	I	36.80	0.21	0.622
33	Q-33	1.29	1.593	375.63	II	I	I	24.10	1.96	0.716
34	Q-34	10.26	1.733	537.76	II	I	I	22.81	1.43	0.824
35	Q-35	0.02	0.558	855.15	II	II	II	14.82	4.50	0.457
36	Q-36	0.81	0.459	745.78	II	II	II	17.71	2.95	0.606
37	Q-37	0.04	0.555	804.63	II	II	II	16.18	3.25	0.486
38	Q-38	0.9	0.689	769.25	II	I	I	22.87	4.30	0.811
39	Q-39	0.67	1.489	353.15	III	III	III	31.61	3.70	0.581
40	Q-40	2.59	0.281	1 141.9	I	II	III	21.36	5.60	0.581
41	Q-41	0.0168	0.871	959.13	II	I	III	23.68	5.38	0.516
42	Q-42	0.021	1.092	801.6	III	I	III	29.08	3.20	0.527
43	Q-43	0.03	0.691	418.96	II	II	I	17.70	4.05	0.614
44	Q-44	6.95	0.822	529.35	II	II	I	20.36	3.38	0.918
45	Q-45	0.51	0.828	606.6	II	II	II	26.51	3.08	0.808

依据评价结果,研究区被划分成 6 个不同层次的分区,分别对应层次 I 至层次 VI,评价系数依次递减(图 4-28)。其中,分区层次 I 为 15 号煤层单层开发的最有利区域,评价系数大于 0.8,包括了成庄及其西北的部分区域;分区层次 II 为 15 号煤层单层开发的相对有利区,评价系数介于 0.7~0.8 之间,包括了潘庄西部及北部、成庄北部及东部以及胡底西北部地区;分区层次 III 为 15 号煤层单层开发的中度有利区,评价系数介于 0.6~0.7 之间,包括了潘庄西北部、成庄东北部、胡底西北部、固县南部、南庄西部以及郑庄西南部地区。层次分区 IV、V、VI 为 15 号煤层单层开发的不利区域,评价系数小于 0.6,包括了寺头断层以西以及东侧樊庄以北的大部分地区(图 4-28)。

总体上,15 号煤层单层开发由北向南变得越为有利,潘庄及成庄地区煤层埋藏深度适中,含气量高,地下水补给强度适中,煤层渗透率高,煤层顶板以泥岩为主,储层封闭性好,因

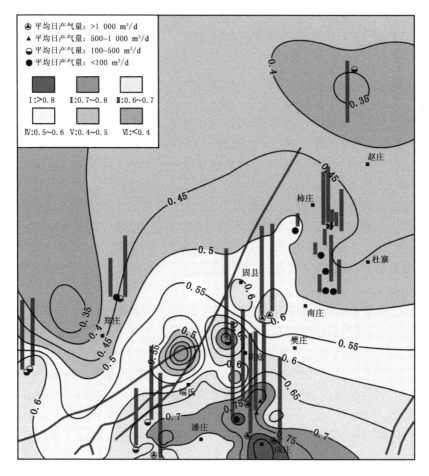

图 4-28   沁水盆地南部太原组 15 号煤层煤层气单层开发潜力层次分区

而对 15 号单层开发评价而言,该区域最为有利。

为了验证所建立模型的正确性,将已知煤层气井产能的 28 口单层排采 15 号煤层的煤层气生产井投点到层次分区图中,见图 4-28。由该图可以发现,中、高产能的煤层气井基本位于评价系数大于 0.6 的层次Ⅲ~Ⅰ分区,而低产井和产水井基本位于评价系数小于 0.6 的层次Ⅳ~Ⅵ分区。同时,不难发现,有部分井并不满足上述的划分标准,如研究区西南部及胡底西北部的部分低产井落于分区Ⅱ和分区Ⅲ中,即开发的相对有利区和中度有利区;另外,个别产水井甚至落于最有利的分区Ⅰ中。

分析造成此种现象的原因主要有三点:一是由于排采时间较短,部分煤层气井可能还没有达到产气高峰,仍处于排采的初期阶段;二是个别煤层气井可能与局部断层导通,或是压裂施工过程中导通了顶板灰岩含水层,导致产水量极高,产能较差;三是可能受到局部构造的影响,如煤层气井位于构造的低点,在获得理想产能前可能需要度过较长的排水降压期。简要而言,局部构造、工程施工及排采阶段可能造成煤层气井实际产能与模型划分层次不一致。煤层气井产能受到工程和地质等多种因素的制约,造成少数井的不一致,但尚在合理的误差范围之内,因而认为本研究建立的模型可用于研究区 15 号煤层煤层气单层开发的潜力评价。

4.4 15 号煤层单采产能数值模拟

4.4.1 煤层气产能井类型划分

通过对煤层气井产能控制因素的探讨可知,煤储层渗透率和水文地质条件是制约沁南地区 15 号煤储层煤层气开发的关键,为此,依据 15 号煤储层渗透率和地下水对煤层重力水的补给情况,结合煤层气井产能特征,可以将沁南地区排采 15 号煤层的 28 口煤层气井总结归纳为 5 种煤层气产能井类型,分别叙述如下。

① 类型 I:煤储层渗透率极高,一般大于 10 mD,甚至达上百毫达西,由于较高的渗透率导致煤层封闭性较差,煤层与相邻的含水层有较好的水力联系,地下水对煤层重力水的补给强度大,一般大于 20 m³/d。这类煤层气井渗透率高,导压系数大,影响半径大,但由于含水层水的无限补给,排采过程中储层压力降低幅度小,气井产水量高,产气量低甚至不产气,代表井为 QN-02 井。

② 类型 II:煤储层渗透率较高,一般为 0.5 mD 至几个毫达西,煤层埋藏较浅,煤层顶板为泥岩或致密灰岩,储层封闭性较好,地下水对煤层重力水的补给强度适中,平均补给量一般在 2 m³/d 左右,个别井初期补给较强,但强度随排采时间推移而逐步减弱。这类煤层气井由于储层渗透性好,导压系数大,单井影响半径大,当储层压力降低到临界解吸压力以下时,产水量相对稳定,单井控制范围内储层压力稳步降低,气井产气量高并长时间保持稳定,代表井为 Z-7 井。

③ 类型 III:煤储层渗透率较低,一般小于 0.5 mD,煤层封闭性较好,煤层本身富水性较差,且地下水对煤层重力水的补给也较差,气井产水量一般在 1 m³/d 左右,这类煤层气井由于渗透率低,煤储层导压系数低,且由于煤层气田含水量小,单井控制范围内自由水排完后,储层压力降低更加困难,因此该类井产气量低且较短时间产气量将逐渐衰弱,曲线形态主要为单峰衰减型,高峰值主要决定于煤层气井的压裂效果与规模,代表井为 Z-46 井。

④ 类型 IV:煤储层渗透率极低,一般为几十分之一个毫达西,煤层直接顶板为富水性较强的灰岩含水层,且煤层与灰岩含水层有较好的水力联系,地下水对煤层重力水的补给强度大,从几方到几十方不等且长期保持高强度,这类煤层气井储层渗透率极低,导压系数小,影响半径小,且由于强含水层的无限补给,储层压力降低困难,气井短暂产气甚至不产气,代表井为 T-23 井。

⑤ 类型 V:储层特性介于类型 III 与类型 IV 之间,一般为几十分之一个毫达西到 0.5 mD,地下水对煤层重力水的补给强度较大,但明显弱于类型 IV,补给量有限,这类煤层气井压降漏斗扩展缓慢,产气量低,但能长时间保持低产气量,代表井为 T-26 井。

4.4.2 单采煤层气井产能数值模拟

选取上述 5 种煤储层类型的代表性煤层气井,运用数值模拟方法,分析了煤层气井产能表现和排采过程中储层压力的动态变化特征。模拟采用双孔单渗模型,运用 ARI 公司研发的 COMET3 煤层气储层模拟软件(Reeves et al.,2001)。该软件是目前运用最为广泛的一款煤层气数模软件。各类型煤层气井历史拟合匹配参数见表 4-8。

表 4-8　5 类典型煤层气井历史拟合匹配参数

煤层气井参数	QN-02	Z-7	Z-46	T-23	T-26
渗透率/mD	21.12(22.72)	5.71(6.71)	0.012(0.1)	0.03	0.04(0.1)
含气量/(m³/t)	22.18	25.05(28.32)	22.67(25.80)	15.19	22.92(24.35)
孔隙度/%	8.12(8.20)	(3.20)	5.13(3.13)	—	5.46(7.42)
储层压力/MPa	4.00	3.66	5.92	3.46	(3.45)
V_L/(m³/t)	38.38	45.38	46.79	37.89	45.89
p_L/MPa	2.44	2.04	2.26	2.44	2.24
厚度/m	2.90	3.03	3.97	3.6	3.60
埋深/m	474	549.7	617	686.2	650.4
吸附时间/d	5.81	10.50	10.32(5.32)	10.32	10.20
裂隙含水饱和度	(1.0)	(0.75)	(0.90)	—	(1.0)
压裂渗透率	(45)	(60)	(30)		(10)

注:表中括号内数据为拟合值,无括号的数据为实测值。

4.4.2.1　QN-02 井(类型 Ⅰ)

(1)排采历史概况

QN-02 井位于沁水盆地南部潘庄区块,井深 535 m,完钻于奥陶系峰峰组,套管完井,射孔,活性水和液氮携砂压裂,生产层为 15 号煤层。该井于 2007 年 9 月 2 日对 15 号煤层进行了压裂,于 2007 年 9 月 11 日开始排采,连续生产了 420 d,于 2008 年 11 月 4 日关井。

依据产气量变化,可以将 QN-02 井的排采历史划分为 3 个阶段(图 4-29):第一阶段,排水降压阶段,历时 89 d,无气产出,水产量从 0 上升至 24.28 m³/d,动液面变化较大,呈跳跃式变化,深度在 128~471 m 之间;第二阶段,稳定产气阶段,共 104 d,有极少的气体产出,产量稳定在 24 m³/d,水产量则快速上升至 48.11 m³/d,动液面变化幅度不大,稳定在 220 m 左右;第三阶段,自第 194 d 至关井,一直无气体产出,产水量极高,后期稳定在 101 m³/d,液面深度变化不大。

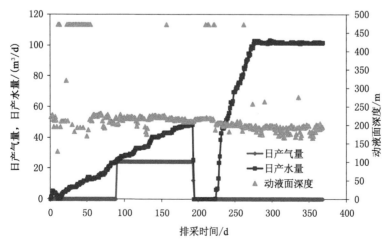

图 4-29　QN-02 井排采历史曲线

QN-02 井为典型的类型 Ⅰ 井,平均产水量高达 48.24 m³/d,此外,动液面深度变化不大,均暗示地下水对煤层重力水有强烈的补给。煤储层渗透率高达 22.72 mD,储层封闭性较差,与含水层水力联系好,使得该井产水量大,而产气量极小。

(2) 历史拟合及产能预测

QN-02 井仅存在短暂的产气期,产水量大,故采用定井底压力的工作制度对产水量进行历史拟合。考虑到排采 200 d 之后重复开关井导致的剧烈变化,仅根据调整参数对排采前 200 d 做历史拟合和 1 000 d 产水量预测(图 4-30)。结果显示,预测该井 1 000 d 排采过程中累计产水量为 3.7×10⁴ m³,平均日产水量为 37 m³/d,最高日产水量为 160 m³/d。

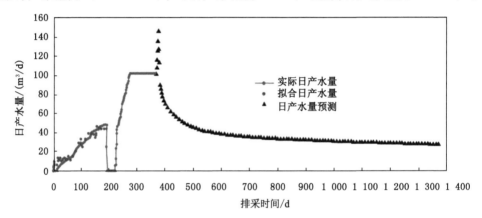

图 4-30　QN-02 井产水量历史拟合及预测曲线

(3) 储层压力动态变化

该井煤储层渗透率较大,压降漏斗传播速度非常快,排采仅 50 d,X(最小主应力)和 Y(最大主应力)均到达了模拟边界(图 4-31)。同时,较高的煤储层渗透率为顶板 K₂ 灰岩含水层提供了渗流通道,造成较长时间段内水的无限补给,储层压力降低困难。排采至 1 000 d,煤储层压力仅从 4 MPa 降至 3.91 MPa,并且井筒处未形成大的压降,水的不断补给使得影响区内各处压降变化幅度基本一致。

总体来看,类型 Ⅰ 煤层气井产水量高且几乎不产气,储层压力横向传播速度快,但压降变化幅度小。排采 1 000 d 后,压力仍未降至临界解吸压力。

4.4.2.2　Z-7 井(类型 Ⅱ)

(1) 排采历史概况

Z-7 井位于沁水盆地南部潘庄东北部郑村地区,排采目的层为 15 号煤层,顶板深 549.7 m,套管完井,射孔,活性水携砂压裂。Z-7 井为沁南地区一口典型的高产井,连续排采近 600 d,累积产气量为 2.59×10⁶ m³,累积产水量为 829.1 m³。平均日产气量高达 4 607 m³/d,且目前仍在稳定高产,平均日产水量为 1.52 m³/d。

依据产气量变化,可将 Z-7 井排采历史划分为 3 个阶段(图 4-32)。第一阶段,排水降压阶段,历时 24 d,产气量为 0,水产量由 1.4 m³/d 上升至 2.1 m³/d,动液面由 324 m 下降至 351 m;第二阶段,产气量稳步上升阶段,产气量由 200 m³/d 逐步上升至 8 869 m³/d,产水量先增大后减小,最高产水量为 3.6 m³/d,动液面基本保持在 550 m 左右;第三阶段,稳定产气阶段,产水量保持稳定,为 0.3 m³/d,气产量保持在 8 000 m³/d 左右,动液面保持在 550 m。

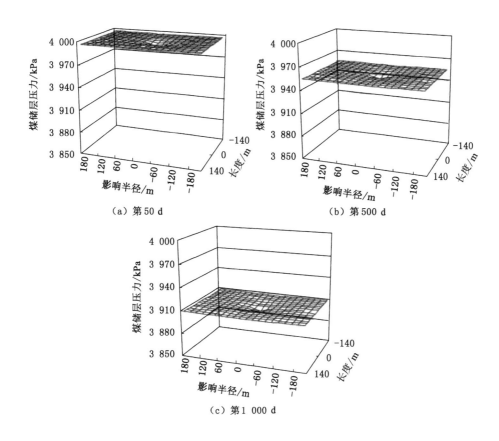

（a）第 50 d

（b）第 500 d

（c）第 1 000 d

图 4-31 QN-02 井不同排采阶段煤储层压降漏斗三维形态图

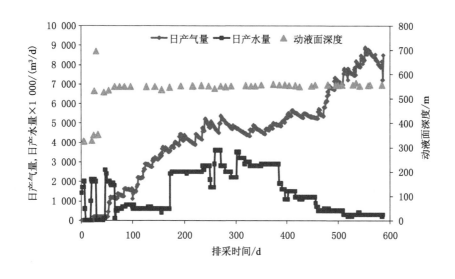

图 4-32 Z-7 井排采历史曲线

Z-7井为典型的类型Ⅱ煤层气井,煤层渗透率较高,为 6.71 mD,地下水补给量适中,最高 3.6 m³/d,平均仅为 1.25 m³/d,气井产气量高,且长时间保持稳定高产。

(2)历史拟合及产能预测

根据排采历史数据及煤储层基础测试数据调整参数(表 4-8),将模拟结果与实际排采曲线进行拟合,历史拟合得到的日产气量与实际曲线较为吻合(图 4-33),表明所建地质模型与实际相符。在此基础上,在保持原有排采工作制度的前提下,对该井进行 1 500 d 产能预测(图 4-33)。结果显示,该井 1 500 d 期间的最高产气量为 8 869 m³/d,产气高峰后,产气量稳步下降,最后基本稳定在 2 500 m³/d 左右。排采 1 500 d,平均产气量为 4 287 m³/d。

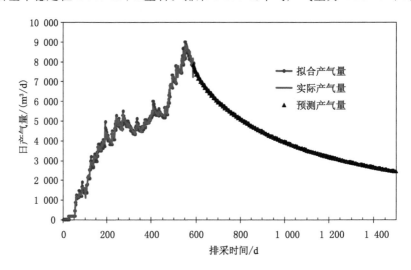

图 4-33　Z-7 井产能历史拟合及预测曲线

(3)储层压力动态变化

总体来看,该井排采 1 500 d 后,影响半径范围内储层压力都得到了大幅降低,但不同排采阶段存在一定的差异(图 4-34)。排采 50 d,井筒处煤储层流体压力从 3 660 kPa 降至 3 550 kPa,降幅较小。至 500 d 时,影响半径范围内的储层压力都得到了明显的下降,均已降至临界解吸压力(3 386 kPa)以下,气产量也在该阶段以最快增速上升。到 1 000 d 时,井筒处储层压力降至 320 kPa,区域上储层压力已降至 1 800 kPa 以下;与 500 d 时相比,压降漏斗形态有所变化,由扁平状向狭长形转变,表明井筒附近的压降明显要快于边界地区。至 1 500 d,区域内储层压力继续降低,已降至 1 300 kPa 以下。

总体来看,类型Ⅱ煤层气井产水量较低,产气量极高。分析其原因,认为该煤层气井储层压力以气压为主,加之储层渗透率高,临界解吸压力高,单井范围内的气体均能得到有效解吸,因而产气量极高。

4.4.2.3　Z-46 井(类型Ⅲ)

(1)排采历史概况

Z-46 井位于沁水盆地南部郑庄区块,排采目的层为 15 号煤层,套管完井,射孔,完钻井深 672 m,活性水携砂压裂,15 号煤层顶板深 615 m。2012 年 8 月 18 日投产,连续排采 661 d,累计产气量为 1.89×10^5 m³,累积产水量为 617.5 m³。平均日产气量为 360 m³/d,平均日产

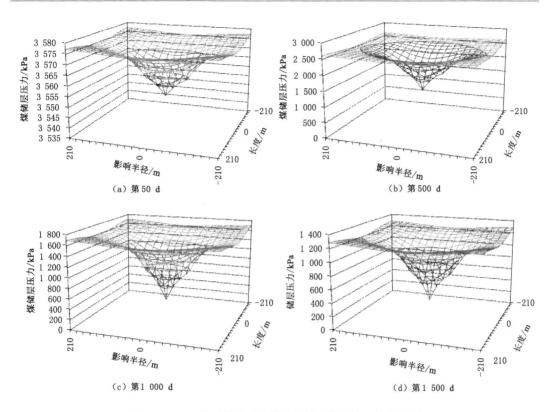

（a）第 50 d

（b）第 500 d

（c）第 1 000 d

（d）第 1 500 d

图 4-34　Z-7 井不同排采阶段煤储层压降漏斗三维形态图

水量为 0.93 m³/d。

依据产气量变化,可将 Z-46 井排采历史划分为 4 个阶段(图 4-35)。第一阶段,排水降压阶段,历时 137 d,产气量为 0,水产量由 1.2 m³/d 上升至 2.8 m³/d,动液面由 25 m 下降至 445 m;第二阶段,产气量迅速上升阶段,历时 50 d,产气量升至峰值 1 440 m³/d,产水量由 2.8 m³/d 逐步下降至 0.9 m³/d,动液面由 445 下降至 620 m;第三阶段,产气量快速下降阶段,历时 115 d,产气量由峰值下降至 25 m³/d,产水量维持在 0.7 m³/d 左右,动液面保持在 615 m 左右;第四阶段,产气量稳定阶段,产气量在 250 m³/d 左右波动变化,动液面维持在 615 m 左右,水产量初期在 0.5 m³/d 左右,后期降至 0.2 m³/d。

（2）历史拟合及产能预测

根据排采历史及煤储层测试数据调整参数(表 4-8),历史拟合得到的日产气量与实际曲线较为吻合(图 4-36),表明所建地质模型与实际相符。在此基础上,对该井进行 1 500 d 产能预测(图 4-36)。在预测过程中,1 000 d 之前维持原有的工作制度,在 1 000 d 时将井底压力进行了适当降低。结果显示,该井 1 500 d 期间最高产气量为 1 440 m³/d,产气高峰后产气量迅速下降,500 d 之后产气量维持在 300 m³/d 左右。

（3）储层压力动态变化

图 4-37 为 Z-46 井排采 50 d、500 d、1 000 d、1 500 d 时的煤储层压力形态图。总体来看,该井排采 1 500 d 后,影响半径范围内煤储层压力得到了不同程度的降低,但不同排采阶段同样存在差异。

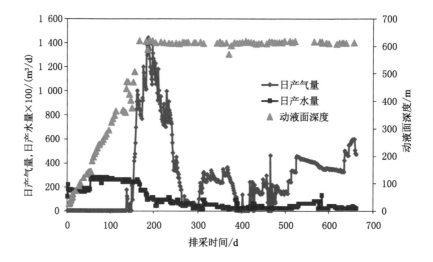

图 4-35　Z-46 井排采历史曲线

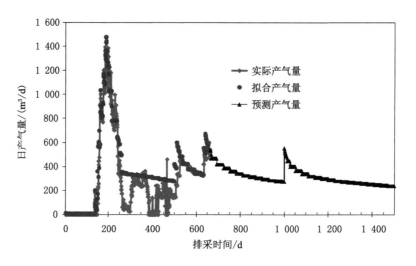

图 4-36　Z-46 井产能历史拟合及预测曲线

　　排采至 50 d 时,井筒处煤储层流体压力从 5 920 kPa 降到 4 412 kPa,到 500 d 时,影响半径范围内的储层压力都得到了明显的下降,到 1 000 d 时,井筒处储层压力降至 1 000 kPa,区域上储层压力降低幅度明显减小,排采 1 500 d 时,井筒处煤储层流体压力降到 923 kPa,但与排采 1 000 d 时相比,区域上压降漏斗形态与 1 000 d 时基本一致(图 4-37),说明 1 000 d 后区域上压降扩展已十分困难。

　　从有效解吸范围上来看(图 4-38),排采到 200 d 时,压裂影响范围内的煤储层均降低到了临界解吸压力(2 778 kPa)以下,X(最小主应力)和 Y(最大主应力)方向上的煤储层压降漏斗有效解吸半径分别为 70 m 和 30 m,从产气曲线上也可以看出,气井在该阶段产气量不断上升,并达到了产气峰值。到 500 d 时,X 和 Y 方向上的煤储层压降漏斗有效解吸半径分别增大到 90 m 和 50 m,到 1 000 d 时,X 和 Y 方向上的煤储层压降漏斗有效解吸半径已接

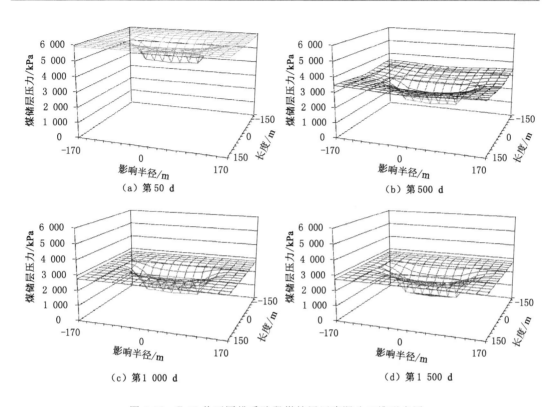

图 4-37 Z-46 井不同排采阶段煤储层压降漏斗三维形态图

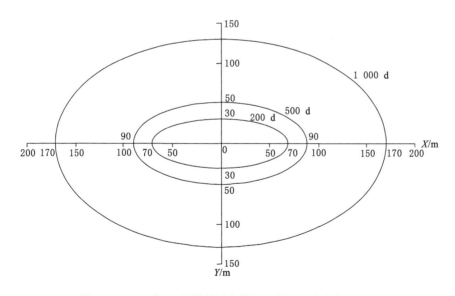

图 4-38 Z-46 井 15 号煤储层有效解吸范围及其动态变化

近模型边界。

对比有效解吸范围与产气曲线可以看出,200 d 后,有效解吸半径在不断扩大,而产气量却在逐渐衰减后基本到达稳定,这是极低的渗透率和储层弱富水性共同影响作用的结果。

煤储层渗透率极低,模拟显示仅为 0.1 mD,即使降低到解吸压力以下,但压裂影响范围外气体的解吸也很困难,渗流极其缓慢,因此产气量在达到峰值后明显降低;同时,储层富水性差,当影响范围内的自由水及游离气产出之后,储层压降将变得异常困难,这也是为什么排采 1 000 d 与 1 500 d 时压降漏斗基本没有任何变化。因此,产气量将会不断衰减。

综上分析可以看出,Z-46 井为典型的类型Ⅲ煤层气井,煤层渗透率极低,仅为 0.1 mD,地下水对煤层重力水补给量极低,总排液量(617.5 m³)略高于压裂液量(531.5 m³),说明地层供液能力低,单井范围内储层水排完后,储层压力降低困难,因而该类气井产气量低,且达到产气高峰后迅速衰减。

4.4.2.4　T-23 井(类型Ⅳ)

T-23 井位于沁水盆地南部柿庄区块,是一口生产试验井。完钻层位是奥陶系峰峰组,套管完井,射孔,活性水加砂压裂,生产煤层为 15 号煤层,15 号煤层顶深 686.2 m。排采 635 d,气井始终没有产气,累积产水量为 5 506.6 m³,平均日产水量为 8.7 m³/d。

依据产水量和动液面的变化,可以将 T-23 井的排采历史划分为三个阶段(图 4-39)。第一个阶段,产水量快速上升期,历时 225 d,产水量由 0.6 m³/d 上升至 16.1 m³/d 的高点,之后出现小幅下降,保持 14 m³/d 以上的产水量,该阶段液面深度由 342 m 下降至 424 m,之后有所回升,维持在 365 m 左右;第二阶段,定水量排采阶段,历时 225 d,产水量稳定在 9 m³/d 左右,初期液面维持在 365 m 左右,之后出现短暂的液面快速下降,降至 442 m,后又恢复到 366～384 m 之间;第三阶段,定降深排采阶段,历时 206 d,液面深度主要维持在 368～388 m 之间,产水量呈现阶梯式上升,由 1.8 m³/d 上升至 15.2 m³/d。

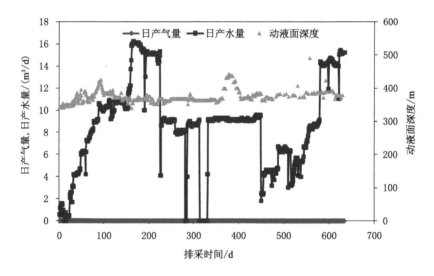

图 4-39　T-23 井排采历史曲线

由于 T-23 井排采 635 d 始终没有气体产出,因而无法进行产能历时拟合,没有进行压降漏斗动态展布的绘制。但由 T-23 井储层特性及井筒内动液面的变化可以预测储层压力的变化,一方面储层渗透率极低,仅为 0.03 mD,平面上压降漏斗传播得非常慢;另一方面,井筒内液面长期降不下去,在高强度的排采下,最深时仍距离 15 号煤层顶板有 224 m,揭示了煤层气田对煤层重力水的补给强度巨大。这两方面均导致该井储层压力降低困难,因而始终没有产气。

T-23 井为典型的类型Ⅳ煤层气井，煤层渗透率较低，仅为 0.03 mD，导压系数小，影响半径小，且由于强含水层的无限补给，储层压力降低困难，因而产气量极低或不产气。

4.4.2.5　T-26 井（类型Ⅴ）

（1）排采历史概况

T-26 井位于沁水盆地南部柿庄区块，是一口生产试验井。完钻层位是奥陶系峰峰组，套管完井，射孔，活性水加砂压裂，生产煤层为 15 号煤层，15 号煤层顶深 650.4 m。排采 656 d，累积产气量 51 770 m³，累积产水量 2 570 m³，平均日产气量为 83.23 m³/d，平均日产水量为 3.92 m³/d。

依据产气量变化，可将 T-26 井的排采历史划分为两个阶段（图 4-40）。第一阶段为排水降压阶段，历时 34 d，没有气体产出，产水量介于 0.3～4.2 m³/d 之间，液面深度由 305 m 降至 370 m；第二阶段，波动式产气阶段，产气量呈波动式变化，最高产气量为 280 m³/d，产水量为 1.7～6.3 m³/d，该阶段液面变化主要分为 3 个阶段：① 液面快速下降阶段，历时 64 d，液面深度由 370 m 降至 600 m；② 定降深排采阶段，液面深度维持在 585 m 左右；③ 液面在 585～645 m 之间波动变化。

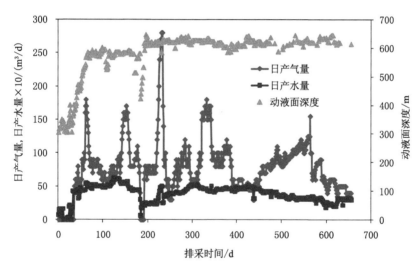

图 4-40　T-26 井排采历史曲线

（2）历史拟合及产能预测

根据 T-26 井排采历史数据及煤储层基础测试数据调整参数（表 4-8），将模拟结果与实际排采曲线进行拟合，历史拟合得到的日产气量与实际曲线较为吻合（图 4-41），表明所建地质模型与实际相符，在此基础上，同样对该井进行 1 500 d 产能预测（图 4-41）。需要指出的是，预测第一天，即第 657 d，将井底压力降至 800 kPa，然后采用定井底流压的方式进行产能预测。可以看出，该井产气量较低，但整体上基本稳定，在 100 m³/d 左右波动。排采 1 500 d，平均产气量为 101 m³/d。

（3）储层压力动态变化

图 4-42 为 T-26 井排采 50 d、500 d、1 000 d、1 500 d 时的煤储层压力形态图。排采

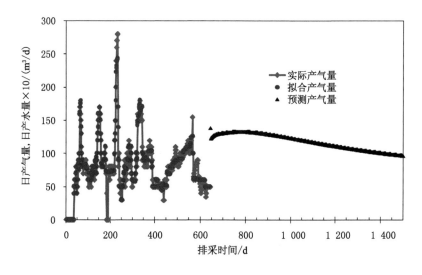

图 4-41 T-26 井产能历史拟合及预测曲线

50 d,井筒处煤储层流体压力从 3 450 kPa 降到 2 451 kPa,平面上,压降主要表现在压裂影响范围内;至 500 d 时,压降漏斗已扩展至模拟边界,边界处储层压力为 3 024 kPa,随着排采继续,储层压力继续降低;排采至 1 000 d 时,边界处储层压力降至 2 617 kPa;至 1 500 d 时,边界处储层压力降至 2 534 kPa。可以发现,1 000 d 后,储层压力降速较之前明显降低。

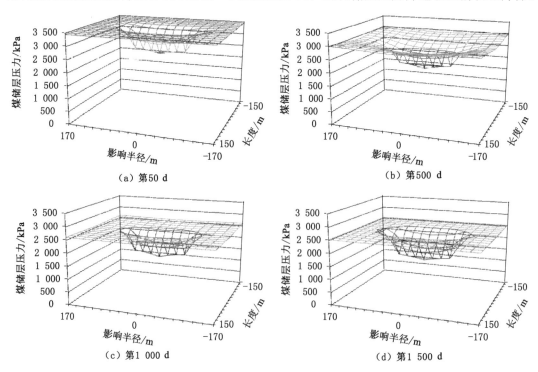

图 4-42 T-26 井不同排采阶段煤储层压降漏斗三维形态图

排采前 500 d,有效解吸范围扩展较快;至 500 d 时,X(最小主应力)和 Y(最大主应力)方向上的煤储层压降漏斗有效解吸半径分别为 90 m 和 50 m;此后,有效解吸半径扩展速度明显降低,基本上 500 d 向外扩展 20 m;至 1 500 d,X 和 Y 方向上的有效解吸半径分别为 130 m 和 90 m(图 4-43)(储层压力小于 2 530 kPa)。

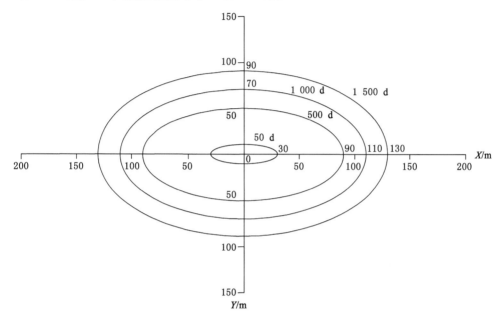

图 4-43　T-26 井 15 号煤储层排采有效解吸半径及其动态变化

T-26 井为典型的类型 V 煤层气井,煤层渗透率较低,为 0.1 mD,地下水对煤层重力水的补给强度适中且平稳,但受渗透率制约,储层导压系数小,因而压降漏斗扩展较慢,产气量低,但能长时间保持低产量。

综上所述,类型 I 煤层气井由于储层渗透率极高,储层封闭性差,顶板灰岩长期保持高强度补给,因而单井排采效果较差,若采取井网排采,将会获得较好产能;类型 II 煤层气井储层渗透率高,储层封闭性好,地下水补给量适中,排采效果最好;类型 III 煤层气井受制于较低的渗透率以及地下水补给强度,因而产能衰减快;类型 V 煤层气井与类型 III 相比,储层渗透率相似,但地下水能长期保持稳定补给,因而该类井能长期保持低产量;类型 IV 煤层气井由于储层渗透率低,且顶板灰岩含水层长期保持高强度补给,因而产能最差,气井短暂产气或不产气。

4.4.3　太原组煤层气开采井网优化设计

针对 15 号煤储层富水的特性,单井排水降压存在一定难度,故设计井网开发方案。本次分别模拟三角形井网(3 口井)、正方形井网(4 口井)及梅花状井网(5 口井),不同模拟方案如图 4-44 所示。

三角形井网:3 口井组成,适用于地层倾角较大(如超过 10~15 度)的情况。其中,地层上倾方向沿地层走向布置 2 口井(产气井),下倾方向 1 口井(抽水井)。模拟结果显示:井网单井平均日产气量为 1 772 m³/d,高于单井平均日产气量(图 4-45);累计产气量 5.32×10⁶ m³(表 4-9),较单井开采累计产气量增长了 22.30%。三角形井网煤储层压降漏斗动态模拟结

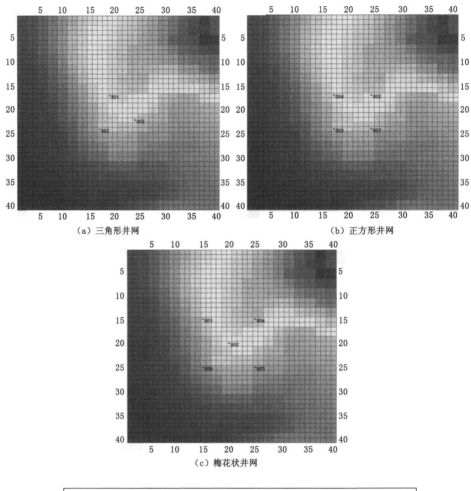

（a）三角形井网　　　　　（b）正方形井网

（c）梅花状井网

气体压力/kPa

| 2000.000 | 3358.0073 | 4716.0146 | 6074.0225 | 7432.0298 |

图 4-44　不同井网模拟方案储层压力初始值

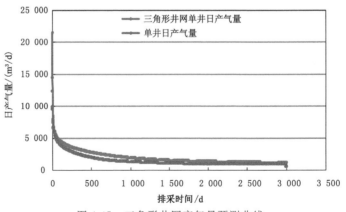

图 4-45　三角形井网产气量预测曲线

果如图 4-46 所示。三角形井网煤储层压力平面动态模拟结果如图 4-47 所示。

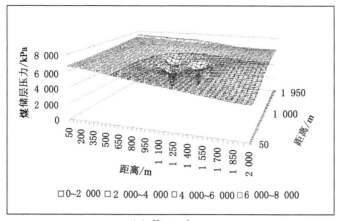

（a）第 500 d

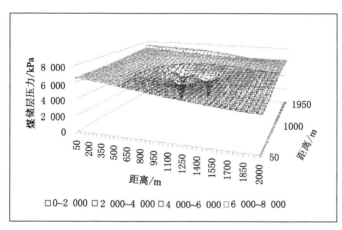

（b）第 1 000 d

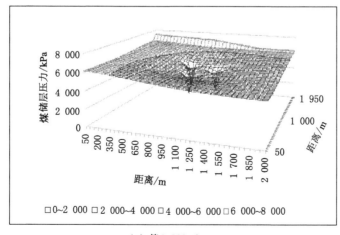

（c）第 3 000 d

图 4-46   三角形井网煤压降漏斗动态模拟结果

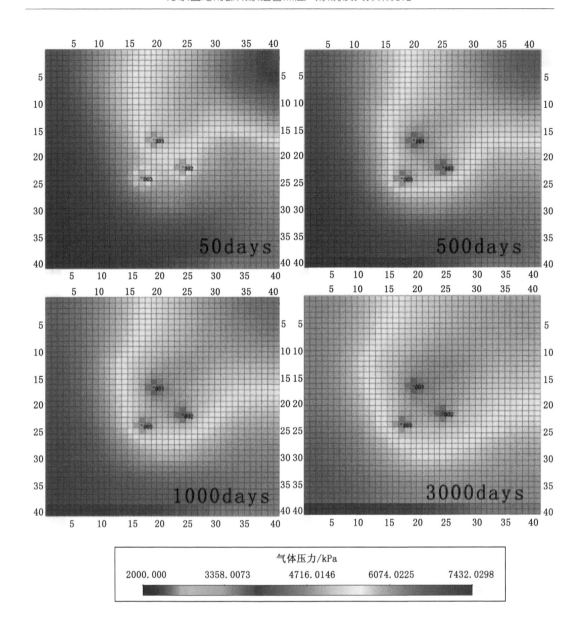

图 4-47　三角形井网煤储层压力平面动态模拟结果

正方形井网:由 4 口井等间距组成,适用于地层水平的情况。模拟结果显示:井网单井平均产气量为 1 770 m³/d,高于单井平均日产气量(图 4-48);单井累计产气量 5.31×10⁶ m³,与三角形井网相比,增加一口井的产气量略有降低,是三种井网中产能效果最差的(表 4-9)。正方形井网煤储层压降漏斗动态模拟结果如图 4-49 所示。正方形井网煤储层压力平面动态模拟结果如图 4-50 所示。

梅花状井网:由 5 口井组成,周边 4 口井呈矩形(产气井),中心井 1 口(排水降压),适用于地层倾角较小的情况。模拟结果显示:井网单井平均产气量为 1 915 m³/d,明显高于单井平均日产气量(图 4-51);单井累计产气量 5.75×10⁶ m³,较单井开采累计产气量增长了

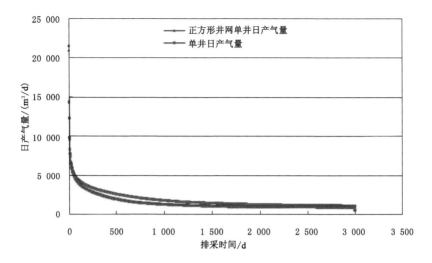

图 4-48 正方形井网产气量预测曲线

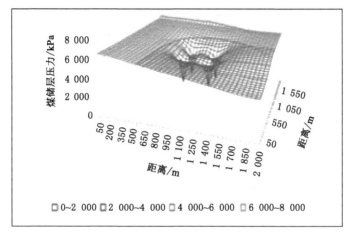

（a）第 500 d

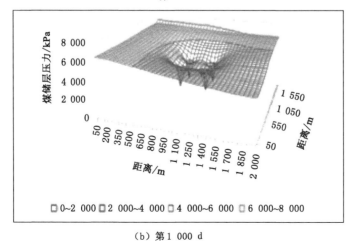

（b）第 1 000 d

图 4-49 正方形井网煤储层压降漏斗动态模拟结果

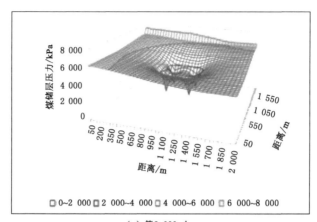

（c）第3 000 d

图 4-49（续）

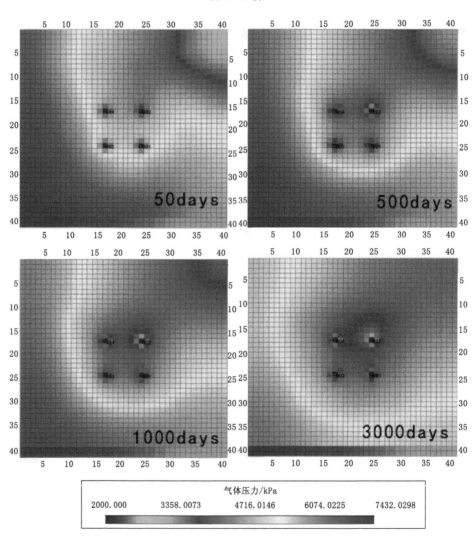

图 4-50　正方形井网煤储层压力平面动态模拟结果

32.18%,是 3 种井网类型中产能效果最好的(表 4-9)。梅花状井网煤储层压降漏斗动态模拟结果如图 4-52 所示。梅花状井网煤储层压力平面动态模拟结果如图 4-53 所示。不同井网类型煤层气产能状况比较如图 4-54 所示。

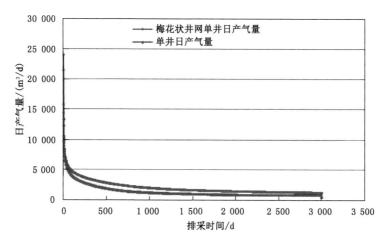

图 4-51 梅花状井网产气量预测曲线

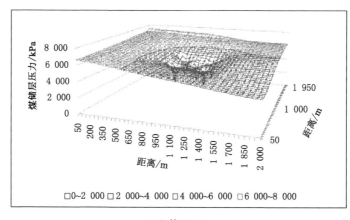

(a) 第 500 d

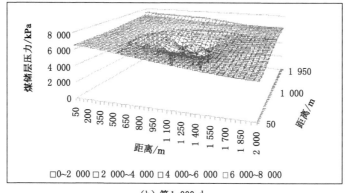

(b) 第 1 000 d

图 4-52 梅花状井网煤储层压降漏斗动态模拟结果

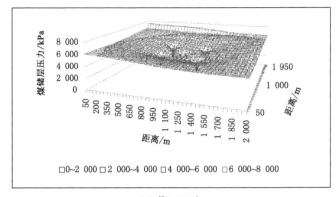

（c）第3 000 d

图 4-52（续）

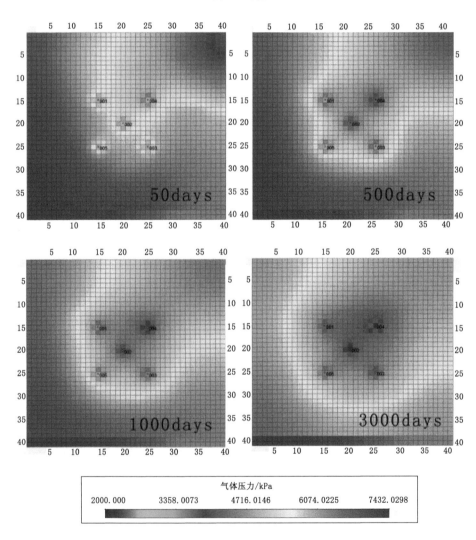

图 4-53　梅花状井网煤储层压力平面动态模拟结果

表 4-9 不同井网类型煤层气产能状况比较

方案	井组描述	单井平均产气量 /(m³/d)	3 000 d 总产量 /(×10⁶ m³)	平均单井累计产量 /(×10⁶ m³)
Ⅰ	1 井	1 451	4.35	4.35
Ⅱ	3 井,正三角形	1 772	15.95	5.32
Ⅲ	4 井,正方形	1 770	21.24	5.31
Ⅳ	5 井,正方形加心	1 915	28.73	5.75

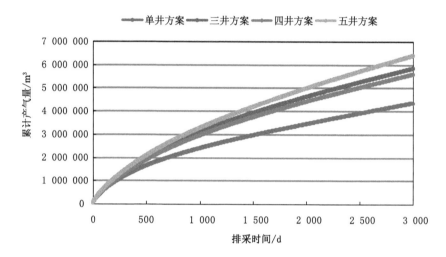

图 4-54 不同井网类型煤层气产能状况比较

　　研究区 15 号煤层厚度不大,一般为 3～6 m,在目前的压裂工艺技术条件下,压裂施工后产生的人工裂缝与顶底板含水层产生水力联系的可能性较大。因此,顶底板及其附近的含水层与煤层能够共同形成一个流体压力系统,可以在排采过程中共同产生压降。导通强富水性含水层对煤层气井排采是相当不利的。然而,井网开采可改变水补给源的性质,使井网中心成为有限补给边界。这样,井网中心井的排水降压难度将会大大降低。为此,可利用井间干扰形成区域压降漏斗,通过井间干扰效应来扩大单井影响半径,有效降低强富水煤储层降压解吸的难度,从而实现区域上煤层气规模性产出。

5　山西组与太原组煤层气合采可行性与工艺优化

粉河盆地煤层气开采实践表明,煤层气合层排采能够降低单井投资,延长煤层气井的服务年限,并使煤层气开采经济效益得到显著提高(美国能源部,2003)。但是,沁水盆地南部太原组与山西组煤层气合层排采面临的四方面问题尚待解决:一是产层来源,需要建立有针对性的方法予以判识;二是合采可行性,包括层间干扰、敏感性因素及合采效果分析;三是选区评价,涉及合采有利区预测;四是解决方案,对采用常规工艺技术难以合采的地区如何实现高效合采。针对这些问题,本章开展进一步的探讨。

5.1　煤层气井产出水源解析及合采可行性判识

5.1.1　煤层气井产出水样采集

地下水中蕴藏着丰富的地球化学信息,来源于不同含水系统的地下水往往具有独特的水化学特征(Christian et al.,2012;Nathalie et al.,2012)。前人大多运用常规离子分析的方法对沁南地区太原组与山西组含水层的水化学特征进行对比研究(王红岩等,2002;李贵红等,2010;李忠诚等,2011);另有部分学者利用稳定氢氧同位素组合特征对煤层气井产出水的来源进行研究(张晓敏等,2012;王善博等,2013)。采用微量元素的方法对煤层气井产出水的水源进行解析,目前鲜有研究。煤层气井产出水微量元素中蕴藏着大量的产出水来源信息,具有重要的化学指示剂作用,可基于水岩作用原理对山西组、太原组单层排采煤层气井产出水中的特征微量元素进行合理提取,进而可对两组煤层合层排采可行性进行初步判识(秦勇等,2014b)。

为此,采集了沁水盆地南部28口煤层气井产出水样品,采样地点分布于潘庄、郑庄、柿庄、成庄、樊庄5个煤层气区块,所有采集煤层气井均连续排采1年以上。其中,15号煤层产出水样品12个,3号煤层产出水样品8个,3+15号煤层合层排采产出水样品8个。直接从煤层气井口采集产出水样,取样前用产出水样反复将采样瓶冲洗3次以上。水样须装满整个聚乙烯瓶,排出瓶中空气,再将瓶盖密封,最后贴标签标注井号、取样层位及取样时间等信息。

采集水样密封保存后尽快送至实验室进行微量元素测定,本次测试在贵阳中科院环境地球化学国家重点实验室完成。测试仪器为美国公司生产的安捷伦7700X型等离子体质谱仪,分析测试了包括Li、Be、V、Cr、Mn、Co、Ni、Cu、Zn、Ga、As、Se、Rb、Sr、Ag、Cd、Cs、Ba、Tl、Pb、U在内的21种微量元素,由于Be、Ni、Tl、Cu、V、Ag、Cd未检出的水样数量较多,予以剔除,选取其他的14种微量元素进行特征微量元素提取,测试结果见表5-1。

表 5-1　沁水盆地南部煤层气井产出水样品微量元素浓度

井号	水样来源	微量元素浓度/ppb												
		Li	Cr	Mn	Co	Zn	Ga	As	Se	Rb	Sr	Cs	Ba	Pb	U
1	3号煤层产出水	118.96	5.24	25.84	0.04	4.44	9.54	0.60	9.98	3.48	415.24	0.46	149.40	0.62	0.06
2		56.44	5.76	1.06	0.04	5.18	3.22	1.38	10.64	2.16	107.32	0.12	44.94	0.30	0.12
3		78.50	6.48	2.64	0.06	28.48	5.78	0.90	9.14	2.30	293.44	0.12	79.40	0.62	0.12
4		73.46	3.42	10.80	0.06	7.52	10.42	0.64	16.26	6.00	528.92	0.42	143.54	0.44	0.04
5		144.18	6.08	19.94	0.04	6.24	7.98	0.46	12.20	3.92	439.98	0.54	109.64	0.36	0.06
6		67.70	2.16	43.64	0.58	28.58	9.52	0.66	9.46	6.4	491.50	0.36	126.68	3.00	0.04
7		52.12	6.08	2.36	0.04	3.12	4.32	1.18	11.90	2.24	104.70	0.12	57.24	0.42	0.06
8		73.72	5.44	79.24	0.12	6.46	5.56	0.78	11.48	1.90	283.80	0.06	72.70	0.42	0.06
9	15号煤层产出水	118.56	3.28	19.44	0.04	5.80	25.70	0.66	0.54	3.66	810.40	0.34	438.60	0.18	0.04
10		345.06	6.80	2.88	0.06	13.26	17.12	1.06	4.16	7.46	1 415.54	0.20	290.64	1.40	0.06
11		435.38	6.92	0.42	0.08	11.96	37.28	0.96	5.98	8.98	3 031.84	0.58	636.82	0.28	0.16
12		465.06	7.68	61.12	0.18	20.20	1.04	4.14	11.80	15.24	42.58	0.14	14.08	2.22	0.04
13		390.10	6.70	41.20	0.04	4.46	3.32	1.26	12.02	14.60	332.76	0.06	53.34	0.12	0.04
14		258.60	5.04	367.3	0.04	5.64	14.76	1.28	9.20	4.92	631.54	0.04	237.78	0.36	0.06
15		304.58	4.74	13.28	0.04	4.22	4.94	0.94	7.64	8.26	573.04	0.06	78.58	0.20	0.04
16		225.42	6.78	64.94	0.04	6.82	15.46	0.42	10.86	7.78	861.84	0.14	243.94	0.82	0.24
17		125.52	3.82	3.40	0.14	34.34	2.78	0.56	9.62	3.96	1 658.18	0.16	41.70	1.52	0.10
18		319.44	6.14	5.52	0.18	13.44	35.90	1.18	7.42	15.56	1 544.88	0.10	553.40	0.50	0.04
19		400.46	14.52	0.54	0.06	4.76	232.08	0.44	16.02	7.50	4 882.72	0.60	2 474.86	0.50	0.08
20		298.76	5.48	53.96	0.18	9.90	2.18	3.50	21.64	14.78	316.32	0.14	24.60	0.58	0.08
21	3+15号煤层合采井产出水	102.92	2.14	10.58	0.04	20.60	15.64	0.62	1.52	4.38	488.64	0.26	265.22	0.16	0.08
22		336.34	4.32	72.36	0.22	9.78	3.48	1.40	11.04	6.72	3 411.38	0.04	54.02	0.26	0.08
23		275.70	4.72	128.66	0.08	4.34	21.50	1.20	12.26	9.96	498.66	0.36	334.28	0.38	0.06
24		138.12	2.74	81.08	0.06	9.40	4.28	0.48	7.46	3.40	637.62	0.20	67.94	0.84	0.06
25		119.78	3.86	131.04	0.08	13.42	4.76	0.72	8.42	3.98	512.58	0.20	73.68	0.26	0.06
26		813.92	6.44	19.34	0.12	3.42	359.9	1.60	16.94	50.04	8 957.44	2.74	3 903.88	0.32	0.04
27		119.04	3.98	51.94	0.10	3.18	15.58	0.62	17.12	6.48	1 286.34	0.52	223.12	0.18	0.04
28		183.08	4.98	1.34	0.12	6.18	8.58	1.00	17.94	4.10	450.72	0.22	119.08	0.16	0.16

注:ppb 表示 10^{-9}。

5.1.2　产出水中的特征微量元素

煤层气井在钻井、完井及压裂施工过程中,会向煤层中注入大量的钻井液和压裂液等污染物,因此尽管采取水样的煤层气井排采时间均在 1 年以上,但仍不能保证注入煤层中的污染物已经全部返排,为此需要对煤层气井返排清污的程度进行有效甄别,从而确保煤层气井产出水样品中所包含地层原位地球化学信息的可靠性。

甄别的基本原则是,合层排采井产出水中某种微量元素的浓度不得超过两个主煤层单层排采产出水相应元素的最大浓度分布范围。分析结果显示,合层排采的第26号煤层气井产出水中多达7种微量元素浓度显著异常,异常元素所占比例为测试元素的50%(表5-1)。与单煤层排采产出水所对应元素的最大浓度相比,26号井产出水中Ga浓度为其1.55倍,Ba浓度为其1.58倍,Sr浓度为其1.84倍,Li浓度为其1.87倍,Rb浓度为其3.39倍,Cs浓度为其4.57倍。显然,26号井两煤层中的污染物尚未返排干净,因而在特征微量元素提取时应予以剔除。

为了增强可甄别性,作为特征微量元素,需要其具有相对较高的浓度值。同时,为了保证足够的特征性,要求两主煤层单排水样中相应微量元素浓度的分布范围要有明显差别。依据上述原则,20口单排井产出水样品中,Cs、As、Pb、U、Co五种微量元素的浓度值极低,可甄别性较差(表5-1)。两主煤层单排水样中Se、Zn、Cr、Mn四种微量元素的平均浓度比值R小于2.5,特征性相对较弱(表5-2)。换言之,以上9种微量元素不满足特征微量元素甄别提取的基本原则,剩余下的Li、Ga、Rb、Sr、Ba五种微量元素浓度值高且特征性显著,浓缩了产出水来源的微量元素信息,可作为合排井产出水源解析的特征微量元素。其中,两主煤层单排产出水样中的Li元素浓度的相交程度最低(图5-1),可将其作为特征微量元素中的刻度性元素。

表5-2 煤层气井产出水样品微量元素浓度统计

微量元素	3号煤层/ppb			15号煤层/ppb			3+15号煤层/ppb			R
	最小	最大	平均	最小	最大	平均	最小	最大	平均	
Li	52.12	144.18	83.14	118.56	465.06	307.24	102.92	336.34	182.14	3.70
Cr	3.42	6.48	5.08	3.28	14.52	6.50	2.14	4.98	3.82	1.28
Mn	1.06	79.24	23.20	0.42	367.30	52.84	1.34	131.04	68.14	2.28
Zn	3.12	28.58	11.26	5.80	34.34	11.24	3.18	20.60	9.56	1.00
Ga	3.22	10.42	7.04	2.18	232.08	32.72	3.48	21.50	10.54	4.65
Se	9.20	16.20	11.40	0.54	21.60	9.74	1.52	17.94	10.82	0.85
Rb	1.90	6.40	3.56	3.66	15.56	9.40	3.40	9.96	5.58	2.64
Sr	104.70	528.92	333.12	42.58	4 882.72	1 341.8	450.72	3 411.38	1 040.84	4.03
Ba	44.94	149.40	97.94	14.08	2 474.86	424.02	54.02	265.22	162.48	4.33

注:R代表15号煤层与3号煤层单排井产出水中某种微量元素平均浓度值之比。

上述五种特征微量元素多为强活跃性的金属元素,它们的单质易与水溶液发生反应而失去电子形成金属阳离子(张遂安等,2013)。通过逐级化学提取实验发现,晋城地区3号和15号煤层样品中碳酸盐结合态Sr含量分别占该元素总量的89.70%和62.98%,极易溶解于水而从矿物中释放出来(吴国庆,2002)。其中,Ga为较活跃的金属,Li、Rb、Sr、Ba是最活泼的金属。

据钻孔岩芯测试资料,潘庄地区3号和15号煤层中Sr的平均含量分别为$94×10^{-6}$和$122×10^{-6}$,Ba的平均含量分别为$84.9×10^{-6}$和$201.5×10^{-6}$,Rb的平均含量分别为$5.53×10^{-6}$和$16.34×10^{-6}$(赵峰华,1997);樊庄地区3号和15号煤层Ga的平均含量分别

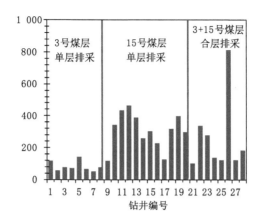

图 5-1　煤层气井产出水中 Li 元素浓度分布直方图

为 5.53×10^{-6} 和 16.34×10^{-6}（王运良，1997）。

　　因此，煤层气井产出水特征微量元素具有相对较高的浓度是地下水流经含煤地层时与岩石发生水岩相互作用所致，一方面溶解了地层中所含的对应金属元素，另一方面也反映出不同地层组微量元素地球化学背景的总体特点。

5.1.3　产出水来源判识标准模板

　　进行水源判识的标准模板有许多种，其中水样化学信息投点法最为直观（Nathalie et al.，2012），在生产实践中也最为方便。本次依据所提取水样的五种特征微量元素信息，采用两种模板建模方法：

　　一是交汇法，利用两两元素浓度之间的相互分布关系，从单因素角度判识不同煤层来源产出水特征微量元素分布范围。具体而言，以 Li 元素为横向刻度性元素，其他四种元素分别为纵向刻度性元素，形成 Li-Ga、Li-Rb、Li-Sr、Li-Ba 四幅交汇图，从而构成了 3 号煤层与15 号煤层产出水来源的判识模板集（图 5-2）。

　　二是蛛网法，集合五种特征微量元素信息，对合层排采井产出水来源进行进一步判识。将两主煤层单层排采井产出水中 5 种特征微量元素的最高浓度点分别投影于蛛网（雷达）图，点间连线所限定的区域即构成两个主煤层产出水特征微量元素的蛛网标准模板（表 5-2）（图 5-3）。由图 5-3 可以明显看出，15 号煤层产出水 5 种特征微量元素最大值均大于 3 号煤层产出水对应元素的最大值，使得 3 号煤层产出水标准蛛网模板被交集于 15 号煤层产出水模板范围之内（图 5-3）。在这种情况下，若 3 号煤层及其围岩水特征微量元素浓度较低，则合层排采井中混合的 15 号煤层及其围岩水不易区分。为此，蛛网标准模板需要与交汇标准模板配合应用。

　　值得提及的是，15 号煤层产出水特征微量元素最高浓度普遍大于 3 号煤层的现象，是研究区石炭-二叠纪含煤地层地下水动力场的客观反映。即使太原组灰岩含水层的富水性总体上要强于山西组砂岩含水层，但水样采集的 5 个煤层气区块均处于地下水汇流带和寺头断裂封堵带，补给条件较差，径流缓慢，水动力条件较弱，导致太原组的富水性总体上依然较弱（秦勇等，2012a）。某些 15 号煤层排采井高产水，是由于断层或压裂缝将产层与富水含水层贯通（山西省 114 煤田勘探地质队，2005）。

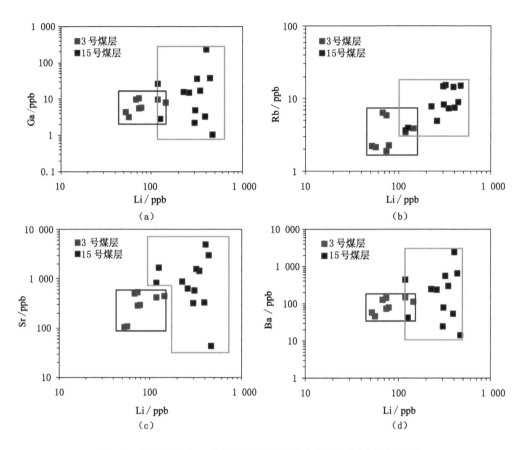

图 5-2　煤层气井产出水特征微量元素分布范围与标准交汇模板

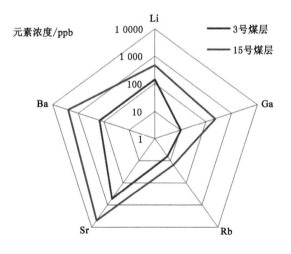

图 5-3　煤层气井产出水特征微量元素分布范围与标准蛛网模板

5.1.4 产出水源解析及其生产意义

依据建立的标准判识模板,可进一步对表 5-1 中 8 口合层排采井产出水的来源进行解析。地下水在井眼中的混合稀释效应,导致合排井产出水特征微量元素浓度在交汇图中会向两主煤层产出水标准模板相邻边界方向迁移,在蛛网图中则会向两煤层产出水特征微量元素最大浓度范围之间迁移。在 5 个采样区块内,太原组的富水性普遍相对强于山西组,同一直井中 15 号煤储层流体压力普遍高于 3 号煤层(Zhang et al.,2014)。同时,本研究采样井中 15 号煤层产出水特征微量元素质量浓度整体上高于 3 号煤层(表 5-1)。上述因素综合作用的结果,将会导致合排井煤层间流体干扰由 15 号煤层向 3 号煤层传递。层间干扰效应越强,产出水中 15 号煤层的贡献率就越大,特征微量元素质量浓度从 3 号煤层分布区向 15 号煤层分布区迁移的趋势就越为明显,合层排采的可行性就会相对降低;反之,两主煤层产出水的贡献可能相对均衡,层间干扰程度相对较低,合层排采的效果可能会相对较好(图 5-4 至图 5-5)。

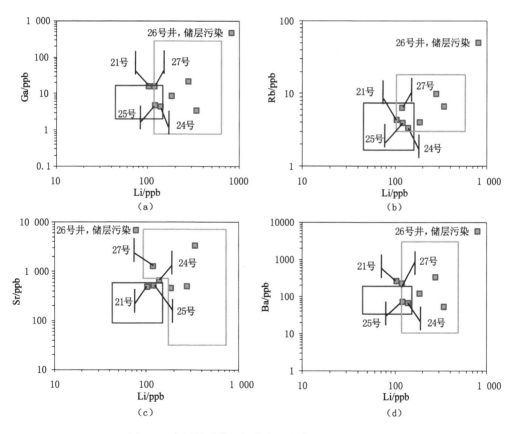

图 5-4 合层排采煤层气井产出水来源交汇判识图

考察特征微量元素交汇分布特点,8 口合排煤层气井中,除 26 号井煤储层尚未返排彻底而存在明显污染现象之外,其他 7 口井产出水特征微量元素质量浓度分布点均远离两主煤层标准模板不相邻边界,存在向两主煤层产出水标准模板相邻边界方向迁移的明显趋势,但不同井迁移程度有所不同,可能在一定程度上反映出合排难度的高低

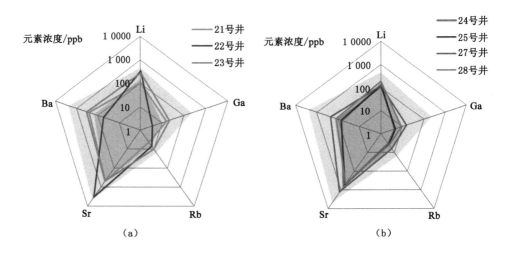

图 5-5　合层排采煤层气井产出水来源蛛网判识图

（图 5-4）。其中，21 号、24 号、25 号和 27 号 4 口井产出水特征微量元素分布在两元素交集区范围内，指示 15 号煤层流体系统对 3 号煤层流体系统的干扰可能相对较弱，相对来说具备合层排采的先决条件；其他 3 口合排井产出水特征微量元素质量浓度更靠近 15 号煤层标准模板区外边界，表明这些井 15 号煤层流体压力系统严重地干扰了 3 号煤层压力系统，其较高流体压力作用下可能发生的地层流体向 3 号煤层的"倒灌"效应，将会导致煤层气井只产水而难产气。

　　合采井产出水特征微量元素在蛛网模板上的分布表现为 3 种情况：一是不同特征微量元素分别跨 3 号煤层模板边界内外，且仅在该煤层模板边界附近波动，包括 21 号、24 号、25 号和 28 号 4 口井；二是尽管不同特征微量元素分别波动在 3 号煤层模板边界内外，但部分特征微量元素更靠近 15 号煤层模板边界，包括 22 号和 27 号 2 口井，其中 27 号井更为明显；三是所有特征微量元素全部分布在 3 号煤层最大分布范围之外，只有 23 号井（图 5-5）。显然，第一种情况表明两煤层对产出水的贡献没有实质性差别，层间干扰程度不很强；第二种情况反映 15 号煤层对产出水的贡献大于 3 号煤层，层间干扰较强烈；第三种情况显示产出水多来源于 15 号煤层，层间干扰强烈。这一判识结果，与根据交汇模板判识的结果基本一致。

5.1.5　合层排采可行性判识结果验证

　　综合两种标准模板判识结果（表 5-3），可以初步判识出 7 口合排井中（26 号井储层污染），21 号、24 号、25 号井两主煤层流体系统间的相互干扰程度相对较弱，应该具备合层排采的先决条件，而 22 号、23 号、27 号、28 号井 15 号煤层流体系统对 3 号煤层流体系统的干扰相对较强，不适合简单的合层排采。那么，上述初步认识是否正确，需要煤层气井实际生产数据进行验证。由于没有获得 23 号井的排采历史数据，在此只对其余 6 口井进行验证。

表 5-3 沁水盆地南部煤层气井合层排采可行性微量元素综合判识结果

判识方法	合层排采煤层气井号					
	21	22	24	25	27	28
交汇判识	适合	不适合	适合	适合	适合	不适合
蛛网判识	适合	不适合	适合	适合	不适合	适合
标准模板综合判识	适合	不适合	适合	适合	不适合	不适合
排采历史验证	不适合	不适合	适合	适合	不适合	适合

（1）21 号煤层气井

该井位于沁水盆地南部柿庄区块。3 号煤层埋深 562.77 m，15 号煤层埋深 668.41 m。排采 610 d，无气产出，累计产水量 4 160.3 m³，平均日产水量 6.8 m³/d，最高日产水量 13.4 m³/d（图 5-6）。产出水采样时间位于排采的第 236 d。

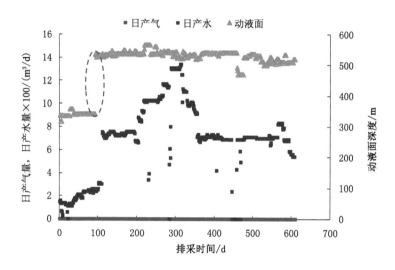

图 5-6　沁水盆地南部 21 号煤层气井排采历史曲线

依据产水量变化，21 号井排采历史大致可分为 4 个阶段（图 5-6）。第一阶段，共 93 d，为缓慢排水期，产水量在 2.5 m³/d 以下，动液面基本稳定在 340 m 左右。第二阶段，共 223 d，为产水量急速上升阶段，产水量在短时间内由 2.5 m³/d 上升至 7.4 m³/d，稳定约 100 d 后，又在短时间内上升至 13.4 m³/d；该阶段动液面由 340 m 降至 521 m，其间最深时降至 565 m，3 号煤层裸露。第三阶段，产水量快速下降阶段，共 49 d，产水量由 13.4 m³/d 降至 7.0 m³/d 左右，动液面基本维持在 521 m。第四阶段，稳定产水阶段，产水量稳定在 7.0 m³/d，动液面有所回升，稳定在 510 m 左右。

显然，21 号井合层排采效果很差，其原因分析如下：首先，该井产水量较高，反映出地层供水能力极强，降压困难，压力漏斗扩展缓慢；其次，试井测试显示，该井 3 号煤层渗透率为 0.023 mD，15 号煤层试井渗透率为 0.026 mD，煤层渗透率极低。在此背景下，排采的第二阶段产水量短时间急速上升（图 5-6），动液面快速下降，如此会导致两方面的不良影响：一是产水速度过快会产生严重的速敏效应，有效应力快速增大，同时煤储层吐砂吐粉严重，在储层渗透率极低的背景下,进一步降低了储层的渗透率和导流能力;二是快速下降动液面,甚至致 3 号煤层裸露,由于排采时间较短,3 号煤层压降漏斗还没有充分展开,有效解吸面积有限,将发生严重的应力敏感,裂缝严重闭合,流体渗流途径严重受阻,供液能力显著降低。由此推测,21 号井合层排采产能差,始终不产气,并不是两煤层流体系统之间干扰造成的,而是不利的地质条件与不合理的工作制度综合作用的结果。

(2)22 号煤层气井

该井位于沁水盆地南部胡底区块。3 号煤层埋深 581.8 m,15 号煤层埋深 670.2 m。排采 1 360 d,累计产气量 2.89×10^6 m³,累计产水量 39 961 m³;平均日产气量 2 500 m³/d,平均日产水量 29.38 m³/d;最高日产气量 5 495 m³/d,最高日产水量 99.5 m³/d(图 5-7)。该井前 763 d 单层排采 15 号煤层,之后 3 号与 15 号煤层合层排采。采样时间位于排采开始后的第 1 041 d。

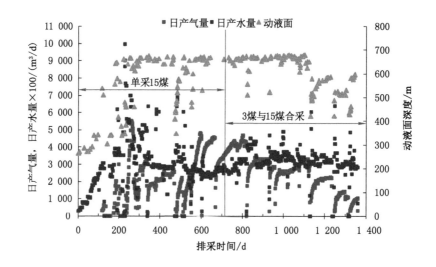

图 5-7 沁水盆地南部 22 号煤层气井排采历史曲线

依据产气量变化,可将该井生产历史划分为 4 个阶段(图 5-7)。第一阶段,排水降压阶段,历时 116 d,产气量为零,水产量由 0 上升至 28.4 m³/d,动液面下降至 539 m。第二阶段,产气量上升阶段,历时 158 d,产气量由 300 m³/d 上升至 5 495 m³/d,产气高峰维持了 14 d;产水量由 28.4 m³/d 上升至 67.1m³/d,最高增至 99.5 m³/d,动液面下降至 665 m。第三阶段,产气量跳跃式增长阶段,历时 327 d,产气量在初期下降至 456 m³/d 后回升,由于气井间歇性地停井,导致产气量曲线呈跳跃式,产气量在该阶段末升至 4 650 m³/d,产水量维持在 30 m³/d 左右,动液面在 660 m 左右波动。第四阶段,产气量跳跃式衰减阶段,产气量缓慢下降至目前的 1 000 m³/d 左右;在此期间,从第 763 d 开始,3 号煤层和 15 号煤层合层排采。

前 762 d 单层排采 15 号煤层,平均日产气量为 2 545.78 m³/d,平均日产水量为 29.26 m³/d。从第 763 d 起,3 号煤层与 15 号煤层合层排采,平均日产气量 2 452.83 m³/d,平均日产水量 32.88 m³/d。可以看出,合层排采后日产气量呈逐渐下降的趋势。理论上,合排期井底压力下降至 3 号煤层临界解吸压力,15 号煤层正处在产气高峰,此时合排,两煤层同时解吸,产气量应逐渐上升,但实际产气量却在逐渐下降,表明 3 号煤层可能并未产气,甚至干扰了 15 号煤层原有的压降空间展布。

为了查明原因,进一步观察位于 22 号井 SE 方向 500 m 左右的 1 号井。该井单层排采 3 号煤层,当井内动液面下降至 253 m 时开始产气,可知 22 号井合采期早已达到 3 号煤层临界解吸压力。1 号井排采至今 2 806 d,平均日产气量 3 500 m³/d,平均日产水量 5.4 m³/d (图 5-8)。可以看出,3 号煤层供液能力明显小于 15 号煤层(29.26 m³/d)。因此,22 号井后期合层排采的产水量主要来自 15 号煤层,3 号煤层井筒附近储层压力虽然已经降至临界解吸压力以下,但由于下部 15 号煤层的强烈干扰,水无法有效排出,储层甚至遭到下部储层水的倒灌,导致压降漏斗无法有效扩展,解吸范围有限,对产气量贡献很少,显然不利于合层排采。

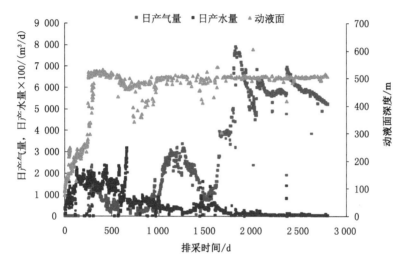

图 5-8 沁水盆地南部 1 号煤层气井排采历史曲线

(3) 24 号煤层气井

该井位于沁水盆地南部樊庄区块郑村地区。3 号煤层埋深 324.52 m,15 号煤层埋深 418.69 m。排采时间 991 d,累计产气量 1.013×10^6 m³,累计产水量 31 845.3 m³。平均日产水量 32.21 m³/d,平均日产气量 1 200 m³/d,最高日产气量 3 483 m³/d。采样时间位于排采开始后的第 671 d。

依据产气量变化,可将 24 号井排采历史划分为五个阶段(图 5-9)。第一个阶段,排水降压阶段,历时 143 d,产气量为 0,水产量由 3.6 m³/d 上升至 25.2 m³/d,动液面由 199 m 下降至 272 m。第二阶段,产气量上升阶段,历时 395 d,产气量由 200 m³/d 上升至产气峰值 3 483 m³/d;此阶段第 263 d,由于更换电池停井一次,产水量整体稳步上升,由 25.2 m³/d 上升至 51.1 m³/d,产气量随之稳步上升,由 200 m³/d 上升至 668 m³/d;之后至第 358 d,降低排采强度,恢复动液面,产气量下降至 73 m³/d,动液面回升至 223 m;之后,提高平均产水量至 45.65 m³/d,产气量开始快速增大,动液面降至 280 m。第三阶段,产气量骤降阶段,第 539 d 至第 543 d,由于卡泵停井,液面回升至 276 m;第 544 d 恢复生产,产水量骤升至 27.2 m³/d,后又升至 43.2 m³/d,动液面 10 d 内骤降至 405 m(虚线框,图 5-9),产气量骤降至 33 m³/d。第四阶段,产气量上升阶段,降低排采强度,产气量开始逐渐上升,由 100 m³/d

上升至 2 667 m³/d。第五阶段,稳定产气阶段,产气量稳定在 2 500 m³/d 左右,产水量逐渐降低,动液面稳定至 420 m 左右。

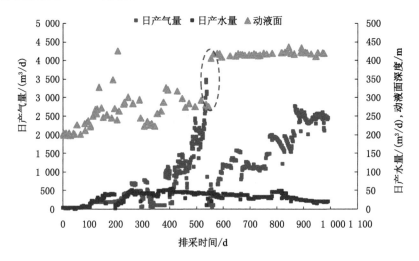

图 5-9 沁水盆地南部 24 号煤层气井排采历史曲线

24 号井平均日产气量为 1 200 m³/d,为一口较高产能井,目前该井处于稳定产气阶段,整体产能效果良好。同时,由于排采第三阶段不合理的工作制度,导致井底压力快速降低,对储层渗透性造成一定伤害。因此,如果工作制度合理,21 号井应可以获得更好的产能效果。鉴于上述分析,24 号井合采可行性符合判识结果。

(4) 25 号煤层气井

该井位于沁水盆地南部樊庄区块郑村地区。3 号煤层埋深 333.45 m,15 号煤层埋深 423.64 m。排采 996 d,累计产气量为 24.36×10⁵ m³,累计产水量为 3 218 m³。平均日产气量为 2 761 m³/d,平均日产水量 3.25 m³/d。目前,最高日产气量 8 379 m³/d,日产气量还存在持续上升趋势。采样时间位于第 676 d。

依据产气量变化,25 号井排采历史大致可划分为四个阶段(图 5-10)。第一阶段,排水降压期,历时 63 d,产气量为 0,平均日产水量 1.4 m³/d。第二阶段,产气量上升期,历时 361 d,水产量逐渐上升至 9.6 m³/d,然后略有下降;动液面下降至 376 m 后逐步恢复至 304 m,产气量由 266 m³/d 上升至 1 856 m³/d,之后稳定持续了 45 d。第三阶段,产气量短暂衰减期,历时 56 d,产水量经历了下降-上升-下降的过程,最终降至 2.2 m³/d,动液面短暂下降后恢复至 243 m,该阶段的平均日产气量 343 m³/d。第四阶段,产气量快速上升期,产水量上升至 4.1 m³/d,然后开始逐渐降低,气产量从 220 m³/d 逐步上升至 8 379 m³/d;该阶段前期曾出现一次产气高峰,峰值产气量 3 882 m³/d,认为是动液面快速下降(从 239 m 快速下降至 315 m)所致,之后动液面基本稳定在 330 m 左右。

从产气量特征上看,25 号井为一口典型的高产井,目前仍处于产气量上升期,3 号与 15 号煤层合层排采效果极好,符合可行性判识结果。

(5) 27 号煤层气井

该井位于沁水盆地柿庄南区块。3 号煤层埋深为 1 085.1 m,15 号煤层埋深为 1 213.70 m。排采 721 d,无气体产出,累计产水量为 7 718.9 m³,平均日产水量 11.0 m³/d,最高日产水量

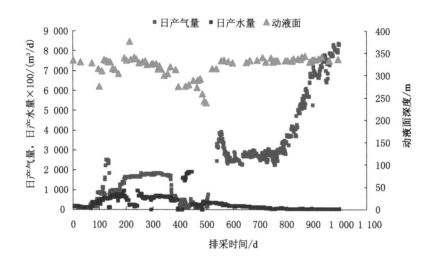

图 5-10　沁水盆地南部 25 号煤层气井排采历史曲线

21.2 m³/d。采样时间位于第 356 d。

　　27 号井产水量大致呈先阶梯式上升、后阶梯式下降的过程,动液面从初期的 329 m 降至 1 040 m,之后恢复至 810 m(图 5-11)。该井自始至终无气产出,原因可能有两个方面:一方面,井筒内动液面最深时已降至 1 040 m,距离 3 煤层顶板 45 m,已降至 3 号煤层临界解吸压力以下,但 3 号煤层并未产气,15 号煤层对 3 号煤层的层间干扰可能是 3 号煤层不产气的一个原因;另一方面,该井目标煤层埋藏较深,两煤层平均埋深均大于 1 150 m,煤层渗透率极低,压降漏斗半径不能有效扩展,煤层气解吸渗透困难,这也是该井无气产出的重要原因。

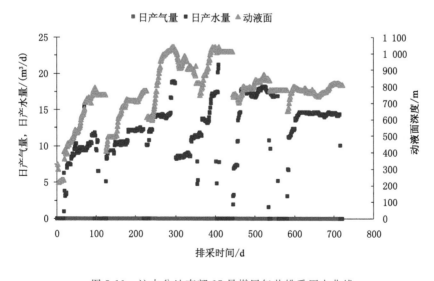

图 5-11　沁水盆地南部 27 号煤层气井排采历史曲线

（6）28 号煤层气井

该井位于沁水盆地南部樊庄区块郑村地区。3 号煤层埋深为 522.73 m,15 号煤层埋深为 611.82 m。排采 962 d,累计产气量 5.075×10^5 m³,累计产水量 974.1 m³;平均日产气量 526.48 m³/d,平均日产水量 1.05 m³/d;动液面从初期的 447 m 降至 509 m,距离 3 号煤层顶板 13 m(图 5-12)。该井前 545 d 单层排采 3 号煤层,之后 3 号与 15 号煤层合层排采。采样时间位于第 642 d。

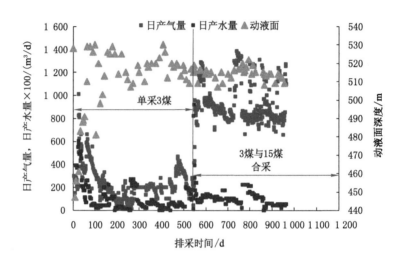

图 5-12　沁水盆地南部 28 号煤层气井排采历史曲线

依据产气量变化,28 号井排采历史大致分为四个阶段(图 5-12)。前两个阶段为 3 煤单采期,平均产气量 227.82 m³/d,平均产水量 1.03 m³/d。第一阶段,产气量快速上升期,历时 25 d,形成第 1 个产气高峰,峰值产气量 1 013 m³/d;没有经历排水降压期,直接进入气水两相流阶段,原因可能是压裂改造效果较好,近井地带压降漏斗快速形成。第二阶段,产气量短暂衰减稳定期,日产气量逐渐下降,最后稳定在 200 m³/d 左右,产水量 1 m³/d 左右。

第三阶段,3 号与 15 号煤层合层排采,产气量快速上升,迎来第二个产气高峰,峰值产气量 1 281 m³/d。第四阶段,产气量进入相对稳定期,在 1 000 m³/d 左右波动,动液面稳定在 515 m 附近。合层排采期平均日产气量为 916.32 m³/d,平均产水量 1.06 m³/d。

由图 5-12 可以明显发现,28 号井合层排采后,气井产气量得到明显提高,产水量略有上升,初步判断较适合合层排采,与标准模板判识结果相悖。原因分析认为,进入合层排采后,单井范围内 3 号煤层的水已大部分排完,压降漏斗已经扩展较好,合层排采后,产出水主要来自 15 号煤层,因而导致判识结果认定不适合合层排采,这也从侧面反映了模型的正确性。由单采 3 煤和合采两个阶段的平均产水量来看,两煤层的供液能力相当,均在 1 m³/d 左右,若初期就合层排采,产气效果会更好。

总体分析来看,6 口井中的 4 口井符合上述可行性判识结果,符合率达到 66.7%(表 5-3)。但是,上述模型仅是在合层排采井产出水来源判识的基础上,对两煤层流体压力系统干扰程度作出的初步判识。煤层气井是否适合合层排采,能否获得理想的产能以及合层排采层间干扰机制及程度如何,还要具体结合两煤层的其他地质条件进行综合分析,这是本章后续将进一步讨论的问题。

5.2 煤层气井合层排采效果影响因素

煤层气合采排采过程中,各煤层间由于渗透率、流体性质、顶板含水层富水性以及层与层间流体压力的差别,导致层间流体流动产生相互干扰的现象,称为层间干扰。层间干扰程度的强弱直接影响煤层气合层排采效果,是评价合层排采可行性的关键(邵先杰等,2013;孟艳军等,2013;秦勇等,2016)。本节以沁南地区合层排采煤层气井排采历史动态数据为基础,对前期不同类型合层排采煤层气井层间干扰情况及产能效果进行简要分析,进而开展煤层气合层排采产能数值模拟工作,通过敏感性因素分析对沁南地区煤层气合层排采效果机制进行研究。

5.2.1 基于生产动态的合层排采层间干扰分析

依据煤层气合层排采过程中层间流体干扰传递方向的不同,可将合采井归纳为3种类型:① 层间流体干扰由15号煤层向3号煤层传递;② 层间流体干扰由3号煤层向15号煤层传递,由于下部流体压力系统能量普遍较强,该类型比较少见;③ 3号与15号煤层层间流体干扰相对较小。现结合煤层气井现场实际生产动态历史数据,对各类合层排采井层间干扰做简要分析。

5.2.1.1 TL007井生产分析(类型Ⅰ)

(1)排采历史

TL007井位于沁水盆地南部晋城矿区潘庄1号井田北部,井深586 m,排采目标煤层为3号和15号煤层。该井采用活性水加砂压裂的方法进行改造。两煤层储层特性参数见表5-4。该井于1998年9月20日投产排采,至1999年7月17日结束,历时301 d,累计产水4 693.6 m³,累计产气389 213.7 m³,其中最高产气量为16 732 m³/d,稳定产气段维持了2个月,产气量为2 000~16 732 m³/d。

表 5-4　TL007井储层特性参数

煤层	渗透率/mD	储层压力/MPa	压力梯度/(MPa/hm)	临界解吸压力/MPa	含气饱和度/%	含气量/(m³/t)
3 号	0.20	2.68	0.626	2.3	43	23.02
15 号	1.88	3.77	0.723	1.9	72	19.55

该井3号煤层埋深428.30~433.6 m,厚5.3 m,15号煤层埋深521.74~526.28 m,厚4.54 m。3煤顶板为碳质泥岩,厚6 m;15煤顶板为泥岩,厚1.89 m,底板为泥岩,厚6.5 m。两煤层其他储层特性参数见表5-4。该井排采分为三个阶段(图5-13)。

第一阶段:前104 d,3煤和15煤合层排采,产水量从6.8 m³/d增至59.6 m³/d,液面从111.94 m下降至210 m,此后,继续降低液面很困难。该阶段产气量维持在30 m³/d以下。

第二阶段:封堵15号煤层,单采3号煤层。经过短暂的排水降压后,产气量快速上升,达到16 731.6 m³/d,产水量逐渐降低,最终维持在12 m³/d左右。该阶段,动液面快速下

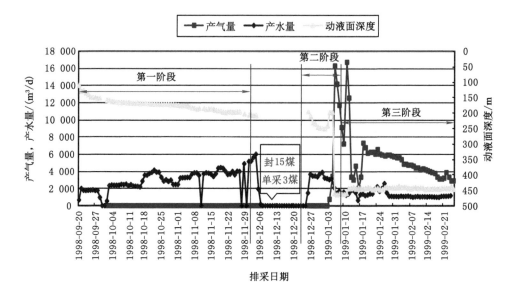

图 5-13　TL007 井排采历史曲线

降,降至 440 m 左右,处于 3 号煤层底部。

第三阶段:维持动液面深度不变,产水量维持在 10 m³/d,产气量开始逐渐下降,至关井前,产气量降至每天几百立方米。

（2）产能分析

TL007 井合层排采时,产气量极低,在 30 m³/d 以下,产水量较高,最高达到 59.6 m³/d,液面下降困难。单采 3 号煤层时,产水量维持在 10 m³/d,液面稳定在 440 m 左右,这说明 3 号煤层的供液量在 10 m³/d 左右。也由此可知,合层排采条件下的产水量主要来自 15 号煤层,下部流体压力系统的强烈干扰,导致 3 号煤层中的水无法有效产出,储层压力无法降低,因而合采条件下没有气体产出;而单采 3 号煤层,缺少了下部流体的干扰,产水量稳定,压降漏斗稳步扩展,因而产气量显著提高。

15 号煤层含气饱和度达 72%,渗透率为 1.88 mD,具有良好的高产条件,由于产水量高,限制了 15 号煤层的生产。此种情况下,因采取有序开采的模式,即先单独开采 3 号煤层,在 3 号煤层中气体枯竭的条件下,采取井网开发的模式对 15 号煤层进行群井排采,必将获得很好的生产能力。此外,生产过程中需要注意,动液面须稳步降低,该井在排采第二阶段时,动液面由 200 m 骤降至 450 m,产气量虽得到快速提高,但之后开始逐渐降低,稳定期短暂。这是由于井底压力降低过快,储层发生了严重的应力敏感,渗透率大幅降低,这种负效应是不可逆的,致使产气量显著降低。

5.2.1.2　TL011 井生产分析（类型 Ⅱ）

（1）排采历史

TL011 井位于沁水盆地南部晋城矿区潘庄一号井田东部边界中部,常店向斜轴上。1999 年 1 月 14 日完成压裂施工,采用活性水携砂压裂工艺,压裂改造 3 号和 15 号煤层。1999 年 1 月 25 日开始排采,历时 268 d,累计产水 19 597.4 m³,日最高产水量 143.7 m³/d,累计产气量 11 794.98 m³/d。

该井 3 号煤层埋深 334.90～341.60 m,厚 6.7 m;15 号煤层埋深 429.00～431.80 m,厚 2.80 m。3 号煤层顶板为泥岩,厚 3.2 m,15 号煤层顶板为灰岩,厚 9.6 m。两煤层其他储层特性参数见表 5-5。该井排采分为三个阶段(图 5-14)。

表 5-5 TL011 井储层特性参数

煤层	渗透率 /mD	储层压力 /MPa	压力梯度 /(MPa/hm)	临界解吸压力 /MPa	含气饱和度 /%	含气量 /(m³/t)
3 号	112.6	2.35	0.696	1.22	64.88	13.26
15 号	5.707	2.67	0.621	1.95	82.79	21.48

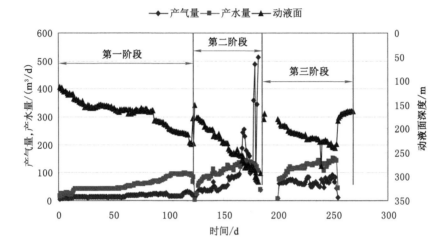

图 5-14 TL011 井排采历史曲线

第一阶段,用 65 mm 整筒泵抽排,基本无气产出。液面从 113.36 m 降至 230.12 m,水产量从 25.5 m³/d 提高到 94.2 m³/d,产气量为 10.45～29.85 m³/d。此阶段,由于泵小,无法通过调整工作制度来降低液面,产水量很大。这里从静液面开始抽水,就有少量气体产出,说明储层有较高能量。

第二阶段,改用 83 mm 整筒泵抽排,当液面降到 254 m 时,产水量由 85.6 m³/d 增加到 143.07 m³/d,液面从 176 m 降到 310 m,产气量从 39 m³/d 上升到 512 m³/d。当液面降到 254.81 m 时,产气量提高了 123 m³/d,此时液面位于 3 号煤层以上 81 m,3 号煤层达到临界解吸压力状态。与此同时,煤层频繁发生吐砂、吐煤粉事故,卡泵,影响抽排正常作业。

第三阶段,经过检泵作业,继续采用 83 mm 整筒泵排水,产水量由 76.5 m³/d 增加到 150.1 m³/d,液面从 149.7 m 降到 240.37 m,但产气量一直维持在 70 m³/d 左右。煤层再次出现吐砂、吐煤粉,因排采作业很难进行而关井。

(2)产能分析

两个原因导致该井产气效果较差:一是频繁发生吐砂、吐粉现象,导致排采作业无法正常进行,发生这种现象的原因可能是液面降低速度过快,储层能量较高,井底压差变化较大;二是产水量过大,煤层本身产水可以排除,3 号煤层和 15 号煤层顶板砂岩和灰岩含水层水可能为主要来源。试井解释 3 号煤层井筒周围有裂隙发育,渗透率高达 112 mD,这是该井产水量极高的原因。

由该井两煤层储层压力参数可知,两煤层临储比较高,渗透率在本区最高,均大于 5 mD,含气量较好,含气饱和度分别为 83% 和 65%,所有条件都显示该井应该具有较好的产气潜力。但由于 3 号煤层能量较高,产水量极大,储层压力梯度高,对下部的 15 号煤层造成强烈的干扰,导致下部 15 号煤层无法有效排水降压,影响其正常排采。鉴于此,该井同样应采取有序开采的模式,即先单独开采下部 15 号煤层,待 15 号煤层中气体枯竭后,再采取井网开发的模式,对 3 号煤层进行群井排采,这样会获得较好的产能。

5.2.1.3　TL003 井生产分析(类型Ⅲ)

(1) 排采历史

TL003 井位于沁水盆地南部沁水县柿庄乡枣园村,井深 645.18 m,目标煤层为 3 号和 15 号煤层。该井采用活性水加砂压裂的方法进行改造。1998 年 3 月 16 日开始排采,连续生产 392 d,至 1999 年 4 月 11 日关井。

该井 3 号煤层埋深 472.37~478.70 m,厚 6.33 m;15 号煤层埋深 583.75~584.65 m,厚 0.90 m。3 号煤层顶板为 9.16 m 厚的泥岩,底板为厚 3.10 m 的粉砂质泥岩,均未见裂隙,封闭性良好;15 号煤层顶板为 9.14 m 厚的灰岩,中下部见 2 m 多长的裂隙,底部厚 0.94 m 的泥灰岩亦有裂隙存在,但均被方解石充填,底板为 2.90 m 厚的泥岩和碳质泥岩,无裂隙发育。两煤层其他储层特性参数见表 5-6。

表 5-6　TL003 井储层特性参数

煤层	渗透率 /mD	储层压力 /MPa	压力梯度 /(MPa/hm)	临界解吸压力 /MPa	含气饱和度 /%	含气量 /(m³/t)
3 号	0.95	3.36	0.703	2.40	83.9	23.09
15 号	0.26	4.37	0.747	1.53	65.0	21.52

该井排采分为三个阶段(图 5-15):

第一阶段,排水降压阶段,历时 56 d,基本无气产出,产气量在 0~17 m³/d 之间,水产量在 6~43 m³/d 之间,液面从 229 m 下降到 313 m。

第二阶段,产气量上升阶段,历时 263 d。产气量从 17 m³/d 攀升至 6 985 m³/d 的高点,然后又急剧下滑,但基本维持在 2 100 m³/d 以上。水产量在 15~67 m³/d 之间,液面从 310 m 下降到 496 m。

第三阶段,封 15 号煤层,单采 3 号煤层。产气量明显低于封层前,维持在 1 000 m³/d 左右,且呈逐渐下降的趋势。水产量不超过 5 m³/d,维持在 2.5 m³/d 左右。液面在 455~495 m 之间,在 3 号煤层上下波动。

(2) 产能分析

从储层特征上看,该井两煤层含气量高,渗透率较高,满足高产井的有利条件。从压力梯度上看,两煤层压力梯度基本一致,排采过程中两煤层之间的流体干扰较弱,满足合层排采的先决条件。

从排采历史来看,该井排采第二阶段前期,146 d 前,液面在 3 号煤层临界解吸压力以

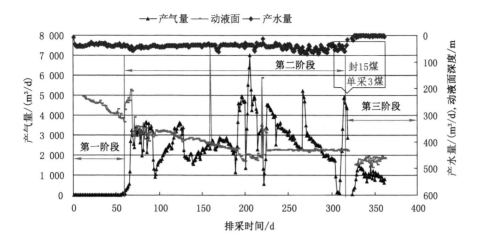

图 5-15 TL003 井排采历史曲线图

下,该阶段主要为 3 号煤层产气期,产气量为 2 000～3 200 m³/d;之后,井底压力达到 15 号煤层临界解吸压力以下,15 号煤层开始产气,进入两煤层共同产气期,产气量开始大幅增加,最高达 6 985.9 m³/d。第三阶段,封 15 煤,单采 3 煤,产气量在 1 000 m³/d 左右,明显低于封层前两层合采的产气量。因此,该井合层排采可以提高煤层产气量,适合合层开采。

综上所述,层间干扰强弱直接影响着合层排采效果,是评价是否适合简单分压合采的先决条件,TL007 井与 TL011 井层间干扰较强,合层排采效果极差,适合采用有序开发模式,而 TL003 井两煤层之间干扰较弱,适合直接合层排采。由以上分析可以看出,不可盲目地进行合层开发,层间干扰较强会导致极差的排采效果。因此,需要加强对合层排采层间干扰机制和程度以及合层排采效果影响的研究。

5.2.2 两组煤层气合采产能数值模拟

首先建立合层排采的地质模型和数学模型,并基于 COMET3 数值模拟软件对典型合层排采煤层气高产水井进行产能历史拟合和预测,进而探讨合层排采条件下两煤层的产能特征及储层流体压力变化。基于所建储层模型,分析两煤储层渗透率、流体压力及 15 号煤层顶部 K_2 灰岩含水层对合层排采产能的影响,即对不同地质条件下的合层排采效果进行分析。

5.2.2.1 合层排采煤层气井生产阶段

假设条件:① 两个合采煤储层均为无限大承压含水层,具有不同的初始水头;② 排水降压前,保持 t_0 时间内的非抽采状态,使井筒内的液面稳定之后,以定流量 q 进行抽水;③ 含水层为均质各向同性介质,即弹性储水系数 S 和导水系数 T 保持恒定不变;④ 两个合采煤层之间为渗透性极差的隔水层,垂向上不存在流体的越流补给;⑤ 由井损效应导致的水头损失忽略不计。

由此,合层排采煤层气的产出过程可大致分为六个阶段:

第一阶段:当 $t \leqslant t_0$ 时,由于两煤层初始水头不相同,在这个时间段内,井筒内流体会发生流动,初始水头较低的煤层在井筒内的水位会相对升高,而初始水头较高的煤层在井筒内的水位会相对降低,直到两者在井筒内的水头相同为止(图 5-16)。该阶段持续的时间一般较短。该阶段并未抽水,因而初始水位较高的煤层内水会向水位较低的煤层内倒灌,总体符合地下水流体势均衡原理。

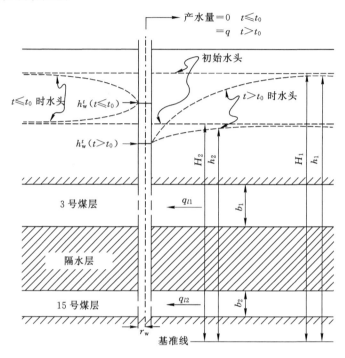

图 5-16　沁水盆地南部煤层气合层排采示意图

第二阶段:当 $t>t_0$ 时,以定流量 q 进行排水,在储层压力降低至某一煤层临界解吸压力之前,两煤层内均只存在单相水流沿着煤层裂隙流向井筒。

第三阶段:煤储层压力进一步降低,当降至某一煤层临界解吸压力时,该煤层内开始有一定数量的煤层气解吸出来,形成孤立的气泡。这些气泡不能流动,会阻碍水的流动。而另一煤层由于未达到临界解吸压力,仍然只存在单相水流动。

第四阶段:随着井筒液面进一步降低,另一煤层内储层压力也降至临界解吸压力以下,该煤层开始有一定数量的煤层气解吸出来,过程与第三阶段相同。而首先降至临界解吸压力的煤层内煤层气已大量解吸,气泡相互连接形成线流,气、水两相同时流向井筒而产出。

第五阶段:两个煤层内的煤层气均大量解吸,整个系统处于气、水两相流动阶段,产气量开始显著上升。

第六阶段:随着压降漏斗在平面上的不断扩展,逐渐延伸至边界,产水量逐渐下降。由于两煤层弹性储水系数(S)、导水系数(T)等水文地质条件不同,压降漏斗平面扩展的距离与速度也不尽相同。扩展速度较快的煤层首先延伸至边界,进入单相气流阶段;另一煤层随着压降漏斗扩展至边界,也逐渐进入单相气流阶段。最终,整个合层排采系统只存在单相气流。

5.2.2.2　合层排采地质模型与数学模型

（1）煤储层单元地质模型

为了简化煤储层数学模型,对地质模型作出以下假设条件:① 煤储层是由基质微孔隙系统和割理裂隙系统组成的双重介质,且均质各向同性(图5-17);② 煤储层中包含气和水两相流体;③ 气相和水相是不能混合的,两种相态之间不存在能量转换;④ 气相组分只有甲烷构成,且均以吸附态存在,不含游离气和水溶气;⑤ 甲烷可压缩,水近似不可压缩;⑥ 煤储层温度保持恒定;⑦ 基质微孔隙中的煤层气解吸可由朗缪尔方程描述;⑧ 基质微孔隙系统中解吸的煤层气通过扩散进入裂隙系统,扩散满足菲克定理;⑨ 煤层气解吸/吸附诱导煤基质收缩/膨胀导致的体积应变满足朗缪尔形式的方程;⑩ 裂隙系统中的气/水渗流遵循达西定律;⑪ 自由气体满足理想气体状态方程。

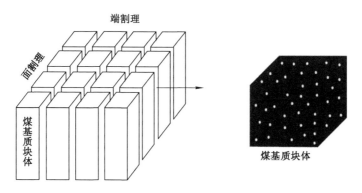

图 5-17　煤储层双重孔裂隙介质模型

(2) 流体产出的运动方程

基于合层排采生产阶段的条件假设,井周围的水头分布可以由以下运动方程和边值条件来描述(Jacob,1950;Istavros,1996;Sushil,2010):

$$\frac{\partial^2 h_1}{\partial r^2} + \frac{1}{r}\frac{\partial h_1}{\partial r} = \frac{S_1}{T_1}\frac{\partial h_1}{\partial t} \quad r > r_w \tag{5-1}$$

$$h_1(r,0) = H_1 \quad r > r_w \tag{5-2}$$

$$h_1(\infty,t) = H_1 \quad r > r_w \tag{5-3}$$

$$\frac{\partial^2 h_2}{\partial r^2} + \frac{1}{r}\frac{\partial h_2}{\partial r} = \frac{S_2}{T_2}\frac{\partial h_2}{\partial t} \quad r > r_w \tag{5-4}$$

$$h_2(r,0) = H_2 \quad r > r_w \tag{5-5}$$

$$h_2(\infty,t) = H_2 \quad r > r_w \tag{5-6}$$

$$h_1(r_w,t) = h_2(r_w,t) = h_w^t \quad t > 0 \tag{5-7}$$

$$2\pi T_1 r_w \frac{\partial h_1}{\partial r}(r_w,t) + 2\pi T_2 r_w \frac{\partial h_2}{\partial r}(r_w,t) = \begin{cases} 0 & 0 < t \leqslant t_0 \\ q_w & t > t_0 \end{cases} \tag{5-8}$$

式(5-1)和式(5-4)表示,每一个煤层的水头分布均满足承压含水层非稳定流径向流微分方程。边界条件式(5-2)和式(5-5)表示,每一个煤层各处在初始时刻的水头是一致的。边界条件式(5-3)和式(5-6)表示,在无穷远处水头始终保持恒定。边界条件式(5-7)表示,煤层射孔一瞬间上部煤层的水位高度等于下部煤层,因为忽略了井损效应,因此每一个煤层井壁处的水头均等于井内水位高度。最后,根据物质平衡原理,总的抽采量应该等于每个煤层抽采量之和,可表示为达西定律的微分形式[式(5-8)],即非抽采状态下每一个煤层抽采量之和等于 0，而抽采状态下等于总抽水量 q_w。

Istavros(1996)对上述偏微分方程组进行了求解，得：

$$
\begin{cases}
q_1(t) = 2\pi T_1(H_1 - H_2)G(\tau/\in^2)/(1+\delta) & t \leqslant t_0 \\
q_1(t) = 2\pi T_1(H_1 - H_2)G(\tau/\in^2)/(1+\delta) + \dfrac{q\delta}{2(1+\delta)} \cdot \\
\quad \left[2e^{-1/4\tau^*} - \dfrac{1}{(1+\delta)}(\ln\alpha^2)G(\tau^*/\in^2) \right] & t > t_0
\end{cases}
\tag{5-9}
$$

$$
\begin{cases}
q_2(t) = -q_1(t) & t \leqslant t_0 \\
q_2(t) = q - q_1(t) & t > t_0
\end{cases}
\tag{5-10}
$$

其中：

$$
G(x) = \frac{4x}{\pi} \int_0^\infty e^{-xu^2} \left[\frac{\pi}{2} + \tan^{-1}\frac{Y_0(u)}{J_0(u)} \right] u\,\mathrm{d}u
\tag{5-11}
$$

$$
\tau = \frac{T_1 t}{S_1 r_w^2}
\tag{5-12}
$$

$$
\in = \alpha^{[\delta/(1+\delta)]}, \alpha = \sqrt{v_1/v_2}, \delta = T_1/T_2
\tag{5-13}
$$

$$
v_1, v_2 = T_1/S_1, T_2/S_2
\tag{5-14}
$$

式中，T_1、T_2 表示上、下煤层的导水系数，其中 $T = Kb$，即渗透系数和储层厚度的乘积；S_1、S_2 表示上、下煤层的弹性储水系数；h_1、h_2 表示上、下煤层在任意时间 t 和任意距离 r 处的水头；h_w^t 表示井筒内液面水头；H_1、H_2 表示上、下煤层的初始水头；r_1、r_2 表示上、下煤层中任一点到井筒中轴线的距离；r_w 表示井筒半径；q_w 表示总产水量；v_1、v_2 表示上、下煤层的水力扩散系数；Y_0 表示第二类零阶贝塞尔方程；J_0 表示第一类零阶贝塞尔方程。

可以看出，上述方程的解仍十分复杂。Christopher 等(2004)在不考虑 t_0 时间的非抽采状态条件下，运用 Modflow 软件模拟多层含水层的产水特征，提出了各分层产水量的配比方程式：

$$
q_{kw} = \frac{2\pi b k_w \rho_w g}{\mu_w(\ln\dfrac{r_e}{r_w} + s)}(H_k - h_w^t)
\tag{5-15}
$$

$$
q_w = \sum_{k=m}^n q_{kw}
\tag{5-16}
$$

$$
q_w = \sum_{k=1}^2 \frac{2\pi b k_w \rho_w g}{\mu_w(\ln\dfrac{r_e}{r_w} + s)}(H_k - h_w^t)
\tag{5-17}
$$

将水头转化为静水压力，则有：

$$
q_{kw} = \frac{2\pi b_k k_k k_{krw}}{\mu_w(\ln\dfrac{r_e}{r_w} + s)}(p_{kw} - p_{bh}^t)
\tag{5-18}
$$

同样，各分层的产气方程为：

$$
q_{kg} = \frac{2\pi b_k k_k k_{krg}}{\mu_g(\ln\dfrac{r_e}{r_w} + s)}(p_{kg} - p_{bh}^t)
\tag{5-19}
$$

式中，q_{kw}、q_{kg}分别表示相应煤层的产水量与产气量；b_k表示煤层厚度；k_k表示相应煤层的绝对渗透率；k_{krw}表示相应煤层的水相相对渗透率；k_{krg}表示相应煤层的气相相对渗透率；p_{kw}表示相应煤层的水压；p_{kg}表示相应煤层的气压；p_{bh}^i表示井底压力；μ_g、μ_w表示流体的黏滞系数；s表示表皮系数；r_e表示有效半径。

有效半径r_e的表达式可表示为(Prickett，1967；Peaceman，1983；Wei et al.，2010)：

$$r_e = \begin{cases} 0.208\Delta x & \Delta x = \Delta y, k_x = k_y \\ 0.28\dfrac{[(k_y/k_x)^{1/2}(\Delta x)^2 + (k_x/k_y)^{1/2}(\Delta y)^2]^{1/2}}{(k_y/k_x)^{1/4} + (k_x/k_y)^{1/4}} & \text{其他} \end{cases} \tag{5-20}$$

（3）煤层气解吸与扩散

根据假设条件，基质微孔隙中煤层气的解吸满足朗缪尔方程：

$$C(p) = \frac{V_L p_g}{p_L + p_g} \tag{5-21}$$

式中，V_L表示朗缪尔体积；p_L表示朗缪尔压力；p_g表示煤储层气相压力；$C(p)$表示平衡吸附气体浓度。

拟稳态非平衡吸附模型被用来描述由基质显微孔隙向裂隙系统的扩散过程，满足菲克第一定律：

$$-\frac{\partial C}{\partial t} = \frac{1}{\tau}[C(t) - C(p_g)] \tag{5-22}$$

式中，$C(t)$表示基质微孔隙中煤层气的平均浓度；τ表示煤层气的吸附时间。

结合初边值条件：

$$C(t) = C_i \quad t = 0 \tag{5-23}$$

$$C(t) = C(p_g) \quad t > 0; C \in \Gamma_1 \tag{5-24}$$

经求解得：

$$C(t) = C(p_g) + [C_i - C(p_g)]e^{-t/\tau} \tag{5-25}$$

则由基质微孔隙系统扩散进入裂隙系统的煤层气量为：

$$q_m = \rho_s(1-\varphi)\frac{1}{\tau}[C(t) - C(p_g)]$$

$$= \rho_s(1-\varphi)\frac{1}{\tau}[C_i - C(p_g)]e^{-t/\tau} \tag{5-26}$$

（4）裂隙系统中气-水两相流

根据质量守恒定律，可得裂隙系统中流体渗流的连续性方程：

$$-\nabla \cdot (\rho_g V_g) + q_m - q_g = \frac{\partial}{\partial t}(\rho_g \varphi S_g) \tag{5-27}$$

$$-\nabla \cdot (\rho_w V_w) - q_w = \frac{\partial}{\partial t}(\rho_w \varphi S_w) \tag{5-28}$$

式中，ρ_g、ρ_w表示流体密度；φ表示有效孔隙度；S_g表示煤层气饱和度；S_w表示水饱和度；V_g、V_w分别表示煤层气和水在煤储层裂隙系统中的渗流速度；q_m表示由基质块微孔隙系统进入裂隙系统的煤层气量；q_g、q_w表示井点所在网格单位体积煤储层的气、水产量。

根据达西定律，裂隙系统中气/水流体的渗流速度可表示为：

$$V_g = -\frac{kk_{rg}}{\mu_g}(\nabla p_g - \rho_g g \nabla h) \qquad (5\text{-}29)$$

$$V_w = -\frac{kk_{rw}}{\mu_w}(\nabla p_w - \rho_w g \nabla h) \qquad (5\text{-}30)$$

式中，p_w 表示煤储层中水相压力；k 表示煤储层的绝对渗透率；k_{rg}、k_{rw} 表示流体的相对渗透率；μ_g、μ_w 表示流体的黏滞系数；h 表示相对水位标高。

将式(5-29)、式(5-30)代入方程式(5-27)、式(5-28)，有：

$$\nabla \cdot \left[\frac{\rho_g kk_{rg}}{\mu_g}(\nabla p_g - \rho_g g \nabla h) \right] + q_m - q_g = \frac{\partial}{\partial t}(\rho_g \varphi S_g) \qquad (5\text{-}31)$$

$$\nabla \cdot \left[\frac{\rho_w kk_{rw}}{\mu_w}(\nabla p_w - \rho_w g \nabla h) \right] - q_w = \frac{\partial}{\partial t}(\rho_w \varphi S_w) \qquad (5\text{-}32)$$

另有毛细管压力及气/水饱和度的辅助方程：

$$p_c = p_g - p_w \qquad (5\text{-}33)$$

$$S_w + S_g = 1 \qquad (5\text{-}34)$$

式中，p_c 表示毛细管压力；S_w 表示水相饱和度；S_g 表示气相饱和度。

联合方程式(5-31)、式(5-32)、式(5-33)、式(5-34)，这样四个方程中就只含有 p_g、p_w、S_g、S_w 四个未知数，与方程的个数一致，因此可以得到方程的唯一解。结合初边值条件就构成了裂隙系统煤层气产出的数学模型。

由于非线性偏微分方程的复杂性，本次采用数值模拟软件对其进行求解。

（5）排采过程中孔隙度、渗透率动态变化模型

渗透率和孔隙度是煤层气产能数值模拟工作中极其重要的两个储层参数，它们的动态变化对煤层气井的排采表现影响极大(Osorio et al.，1999；Guerrero et al.，2000)。因此，在进行煤层气产能模拟时需考虑这两个参数的动态变化。

影响煤储层渗透率和孔隙度排采动态变化的主要因素概括起来主要有有效应力效应、基质收缩效应和克林伯格效应三种效应制约(Harpalani et al.，1997；George et al.，2001；邓泽等，2009；陈振宏等，2010)。

有效应力效应是指由于开发降压过程中，流体的排出，储层压力降低，导致煤体本身承受的有效应力增加，煤基质被压缩。

煤基质收缩效应是指当储层压力低于临界解吸压力后，吸附的煤层气发生解吸导致煤基质收缩。

克林伯格效应是指在渗透率较低，气体分子自由流动的平均展布与通道展布一致时，气体分子会与通道壁发生碰撞，而促进达西流动的效应。

在煤层气井排采初期单相流阶段，随着煤层水的排出，有效应力效应导致煤储层裂缝变窄，渗透率降低；当储层压力降到临界解吸压力之下，煤层气开始解吸，煤基质收缩效应逐渐加强，使得裂缝变宽，渗透率出现反弹；在开发后期，储层压力已降至较低水平，低压条件下气体克林伯格效应更加明显，有利于改善煤储层渗透率。

国外学者曾提出过多个描述煤储层渗透率动态变化的数学模型(Gray，1987；Harpalani et al.，1989；Seidle et al.，1992；Seidle et al.，1995；Palmer et al.，1998；Gilman et al.，2000；Shi et al.，2004；Palmer，2009)。在众多模型中，Palmer 等(1998)提出的 PM 模型参数较易

获取,已被广泛应用于煤储层渗透率变化预测,其表达式为:

$$\begin{cases} \dfrac{\varphi}{\varphi_\circ} = 1 + \dfrac{c_m}{\varphi_\circ}(p - p_\circ) + \dfrac{\varepsilon_{\max}}{\varphi_\circ}\left(\dfrac{G}{M} - 1\right)\left(\dfrac{p}{p_L + p} - \dfrac{p_\circ}{p_L + p_\circ}\right) \\[2mm] c_m = \dfrac{1}{M} - \left(\dfrac{G}{M} + f - 1\right)\beta \\[2mm] \dfrac{k}{k_\circ} = \dfrac{\varphi^3}{\varphi_\circ^3} \\[2mm] M = \dfrac{E(1 - \mu)}{(1 + \mu)(1 - 2\mu)} \\[2mm] G = \dfrac{E}{3(1 - 2\mu)} \end{cases} \tag{5-35}$$

式中,φ 表示有效孔隙度,%;$\varphi_\circ$ 表示初始有效孔隙度;c_m、β 表示煤基质压缩系数,MPa^{-1};$\varepsilon_{\max}$ 表示朗缪尔体积应变;p_L 表示朗缪尔压力,MPa;p 表示煤储层压力,MPa;$p_\circ$ 表示初始压力,MPa;G 表示体积模量,MPa;M 表示轴向模量,MPa;f 表示小数,$0\sim1$,通常为 0.5;E 表示杨氏模量,MPa;μ 表示泊松比;k 表示煤储层渗透率,mD;$k_\circ$ 表示煤储层原始渗透率,mD。

5.2.2.3　合层排采煤层气井产能数值模拟

（1）单井排采历史

QSP01 井位于沁水盆地南部潘庄区块北部,为一口参数井兼生产试验井。完钻于奥陶系峰峰组,井深 729 m。该井采用套管完井,射孔,活性水加砂压裂。3 号与 15 号煤层同时压裂生产,连续生产 431 d 后关井,累计产气量 8.83×10^6 m³,累计产水量 12 544.5 m³,平均日产水量 29.1 m³/d,平均日产气量 2 048 m³/d。排采历史曲线如图 5-18 所示。依据产气量变化,可将其生产历史划分为三个阶段。

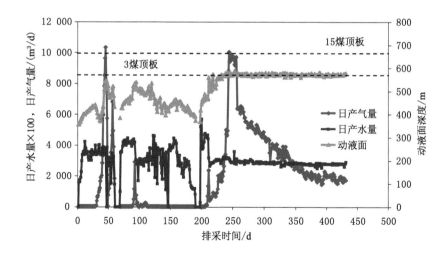

图 5-18　QSP01 井排采历史曲线

第一阶段为排水降压阶段,历时 206 d,该阶段整体无气产出,初期存在一个短暂的产气高峰,但快速降至零,这主要是由于压裂改造在近井地带形成大量有高导流能力的裂缝,储层压降幅度较大,近井地带首先有大量煤层气解吸出来,形成一个产气高峰。该阶段产水量介于 $10 \sim 57.2$ m³/d 之间,前期采用 56 mm 整筒泵抽水,由于泵抽排能力受限,无法通过调整工作制度来降低液面,后改用 GLB194 螺旋泵抽排,整个阶段动液面由 357.70 m 降至 484.43 m。

第二阶段为产气量急速上升阶段,历时 38 d。产气量由 22.32 m³/d 快速上升至 10 042.83 m³/d,产水量由 47.7 m³/d 下降至 31.2 m³/d,动液面由 484.43 m 降至 568.4 m,距离 3 号煤层顶板仅 1.85 m。

第三阶段为产气量衰减阶段,历时 187 d。该阶段采用定产水量和定降深生产的工作制度,水产量保持在 $27 \sim 29$ m³/d,动液面维持在 $568.35 \sim 579.3$ m,基本维持在 3 号煤层上下附近,气产量由 10 042.83 m³/d 持续下降,至关井时降为 1 746.1 m³/d。

(2) 历史拟合及产能预测

依据煤层气井作业现场试井、采集样品室内实验、勘探资料等成果完成基础参数的收集与录入,建立地质模型。网格设计为 $21 \times 21 \times 2$ 的双层模型(图 5-19),网格代表的模拟面积为 410 m × 410 m,模拟煤层气井位于网格系统的中心。

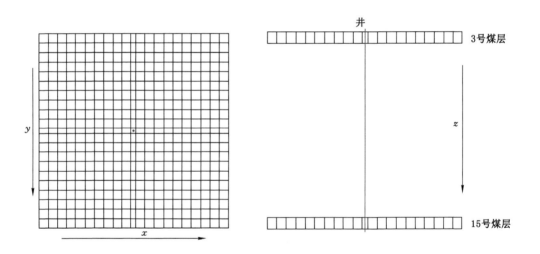

图 5-19 COMET3 合层排采数值模拟网格系统

利用 COMET3 储层数值模拟软件,对 QSP01 井进行产气量历史拟合与产能预测。表 5-7 为数值模拟的基本参数,有些通过煤层气试井获取,如储层压力、表皮系数等,有些则通过实验获取,如朗缪尔常数、含气量、吸附时间等,另有一些由煤田及煤层气勘探资料获取,如埋深、煤厚等,而历史拟合的主要目的是用来获取未知的储层参数,包括裂缝半长、裂隙含水饱和度、原始和压裂后的储层渗透率等。煤储层相渗曲线采用本书第 3 章中相关实测实验数据。

此外,考虑到 15 号煤层顶板 K_2 灰岩含水层对高产水井的影响,本次模拟利用了 COMET3 模拟器中的含水层影响功能,重点考虑其在裂缝半长范围内 K_2 灰岩的影响(图 5-20),其参数值设置见表 5-8。

表 5-7　QSP01 井各参数取值及历史拟合参数调整结果

类型	参数	3 煤	15 煤	数据来源
储层参数	埋深/m	573.3	665.95	资料
	厚度/m	6.08	5.18	资料
	孔隙度	(0.06)	(0.056)	拟合
	渗透率/mD	0.61(2.0)	0.08(0.7)	试井、拟合
	储层压力/kPa	2 450	3 080	试井
	储层温度/℃	24.16	26.92	试井
	含气量/(m³/t)	21.50	26.50	解吸实验
	吸附时间/d	6.86	1.53	解吸实验
	朗缪尔体积/(m³/t)	40.70	46.52	等温吸附实验
	朗缪尔压力/MPa	2.71	2.73	等温吸附实验
	裂隙含水饱和度	(0.90)	(1.0)	拟合
	压裂后渗透率/mD	(55)	(55)	拟合
	裂缝半长/m	(90)	(90)	拟合
	表皮系数	−0.65	−2.94	试井
岩石及流体参数	水密度/(kg/m³)	1 000		资料
	水黏度/(mPa·s)	0.73		
	甲烷黏度/(mPa·s)	0.01		
	孔隙压缩系数/(×10⁻⁴ MPa⁻¹)	52		
	颗粒压缩系数/(×10⁻⁴ MPa⁻¹)	2.6		
	弹性模量/GPa	4.47		
	最大体积应变	0.008		
	泊松比	0.12		

注:表中括号内数据为拟合值,无括号的数据为实测值。

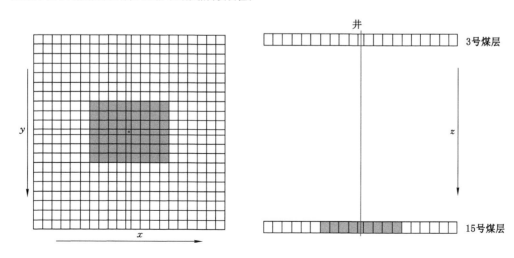

图 5-20　K₂ 灰岩含水层模拟网格系统

表 5-8　K_2 灰岩含水层参数值设置

含水层	厚度/m	渗透率/mD	孔隙度/%	水的黏度/(mPa·s)	压缩系数/MPa^{-1}	水头/m
K_2 灰岩	10	25	8	0.73	0.044 5	291

　　QSP01 井 431 d 产气量历史拟合结果与实际情况较为吻合，表明所建立的地质模型可信，可用于下一步产能预测（图 5-21）。在关井前期，井内动液面始终处于 3 号煤层附近，液面仍可继续降低，因而本次对产能进行预测，采取继续缓慢降低动液面，最后至井底压力为 0.4 MPa，之后采取定压排采的工作制度，对 QSP01 井进行 3 000 d 的产能预测（图 5-22）。可以看出，在经过第二个产气高峰后，产气量快速下降，在 2 000 m^3/d 后转为平稳下降，最后产气量维持在 1 000 m^3/d。在 3 000 d 排采时间内，平均产气量 1 350 m^3/d，累计产气量 4.05×10^6 m^3，显示出较好的产能特征。

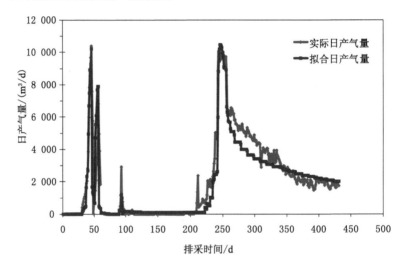

图 5-21　QSP01 井排采历史拟合曲线

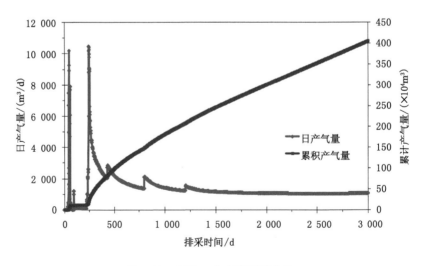

图 5-22　QSP01 井产能预测曲线

图 5-23 为合层排采条件下各分层的产气量变化,可以看出,在经历了第二个产气高峰后,15 号煤层产气量急速下降,衰减极快,至 350 d 左右时,产气量已低于 500 m³/d,至后期产气量仅有几十立方米每天,3 号煤层衰减幅度则较小,降至 2 000 m³/d 左右时,产气量转为平稳衰减,最后产气量稳定在 1 000 m³/d 左右。3 000 d 的排采时间内,3 号煤层平均产气量 1 171 m³/d,平均产水量 3.38 m³/d,15 号煤层平均产气量仅 181 m³/d,平均产水量高达 14.45 m³/d,据此推测,顶板富水灰岩含水层对下部 15 号煤层储层压降的平面扩展具有重要影响。

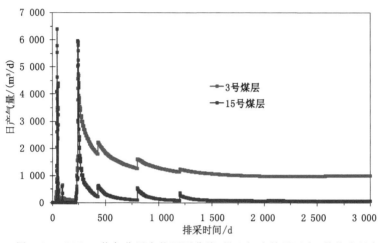

图 5-23　QSP01 井各分层产能预测曲线(纵坐标为储层压力,其他为距离)

为了研究两煤层储层压力的动态变化,绘制了合层排采条件下不同排采时刻 3 号与 15 号煤层储层压降漏斗的动态变化过程(图 5-24),总体来看,3 000 d 的排采时间内,3 号煤层各区域储层压力均得到了不同程度的降低,压降漏斗平面及空间形态变化显著,而 15 号煤层储层压力则只在近井地带有所降低。具体来看,受顶板富水灰岩含水层的影响,15 号煤层排采前期储层压力出现了升高,压降漏斗形态表现为中心地带储层压力高,而四周储层压力低,随着排采时间延续,储层压力开始缓慢降低,但由于顶板富水性强,降幅较小且速度缓慢,压降漏斗形态变化较小,3 000 d 内压降仍未扩展至模拟边界,而 3 号煤层储层压降漏斗则在整个模拟区内不断扩展。因而,该井煤层气产能主要来自 3 号煤层。

可以看出,受顶板 K₂ 灰岩含水层影响,该煤层气井 15 号煤层压降漏斗难以扩展,产气量较低,而 3 号煤层所受影响较小,压降漏斗稳步扩展,说明上、下两组流体间干扰较小,含水层的存在仅对下部 15 号煤层造成较大影响。那么造成这种现象的原因何在? 什么样的地质条件下层间干扰较大且 3 号煤层会受到较大影响? 这些问题需要通过储层敏感性因素分析来回答。

5.2.3　合采储层参数敏感性分析

太原组顶板 K₂ 灰岩的渗透性及富水性对 15 号煤层中煤层气产出的影响显著,那么,在不同的流体压力状态配置条件下,上、下两组流体压力系统流体干扰如何? 对 3 号煤层及两组煤层合排有何影响? 目前研究较少。本节以前文中所建立的地质模型为基础,在考虑不同 K₂ 灰岩含水层背景下,分析储层渗透率及储层压力条件对合层排采效果的影响。

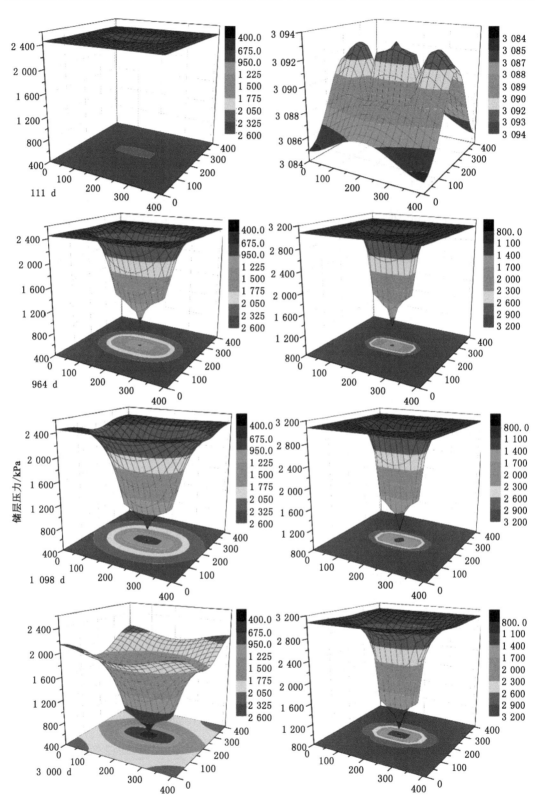

图 5-24　QSP01 井合层排采各分层压降漏斗动态变化（左、右列分别为 3 号、15 号煤层）

5.2.3.1　渗透率敏感性

沁水盆地南部 K_2 灰岩含水层厚度为 $7.43 \sim 12.3$ m(刘焕杰等,1998),本次模拟分析将其厚度统一设定为 10 m。设定不同的含水层渗透率以反映不同的 K_2 灰岩水动力条件,分别设定了 0 mD、5 mD、20 mD 和 50 mD 四种灰岩渗透率方案。压裂渗透率及半径保持不变,设定不同的储层渗透率,分别为原位渗透率的 0.1 位、1 倍、5 倍和 10 倍,与 K_2 灰岩渗透率交叉组合,形成 16 套模拟方案,见表 5-9。模拟期限为 3 000 d,对每种方案进行 3 000 d 的产能预测,计算每种方案下的累计产气量、日均产气量、3 号及 15 号煤层日均产气量,模拟计算结果见表 5-9。

表 5-9　合层排采条件下 K_2 灰岩含水层与储层渗透率参数配置方案

方案编号	K_2 灰岩渗透率 /mD	储层渗透率倍数	累计产气量 /($\times 10^4$ m³)	日均产气量 /(m³/d)	3 煤日均产气量 /(m³/d)	15 煤日均产气量 /(m³/d)
1		0.1	175	586	367	219
2	0	1	492	1 641	1 185	456
3		5	1 191	3 970	2 809	1 161
4		10	1 549	5 165	3 404	1 761
5		0.1	153	511	367	144
6	5	1	440	1 467	1 185	282
7		5	1 071	3 572	2 809	763
8		10	1 386	4 620	3 404	1 216
9		0.1	146	488	367	121
10	20	1	409	1 363	1 185	178
11		5	980	3 266	2 809	457
12		10	1 249	4 163	3 404	759
13		0.1	141	470	367	103
14	50	1	394	1 313	1 185	128
15		5	917	3 057	2 809	248
16		10	1 151	3 837	3 401	436

通过对不同模拟方案的对比分析,主要得到以下认识:

(1)无论在何种 K_2 灰岩渗透率背景条件下,随着储层原位渗透率倍数的增大,合采日均产气量均有显著提高(表 5-9)(图 5-25)。储层渗透率较低的条件下,煤层气解吸半径有限,在压裂半径影响范围内的煤层气有效解吸后,煤层气后续补充不足,使得煤层气日产气量在经历一个短暂的产气高峰后急速衰减,整体产气量低,表明渗透率是制约合层排采煤层气产能的关键。

(2) K_2 灰岩含水层对煤层气合层排采产能具有显著的负效应,可以看出,在相同的储层渗透率背景下,随着 K_2 灰岩渗透率的提高,合采日均产气量呈现逐渐降低的趋势(表 5-9)。进一步分析可以看出,K_2 灰岩渗透率的提高,对 3 号煤层日均产气量的影响不大,主要对下部 15 号煤层的产气量具有重要影响且煤层渗透率越高,影响越显著(表 5-9)

(图 5-26)。初步分析认为,3 号与 15 号煤层储层严重欠压,压力梯度分别为 0.43 和 0.46 MPa/hm,储层能量较低且两煤层压力系数基本一致,即处于统一的流体压力系统,因而下部流体压力系统对上部影响较小,若压力状态改变,影响可能会发生变化,接下来将做详细探讨。

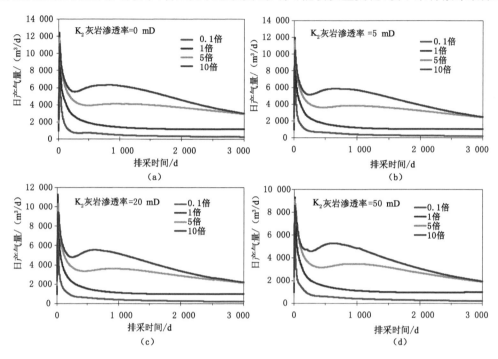

图 5-25　不同 K_2 灰岩渗透率条件下储层渗透率敏感性分析

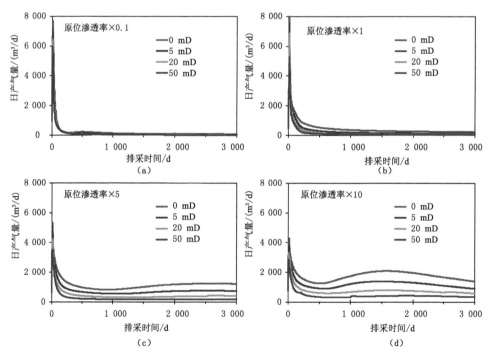

图 5-26　不同储层渗透率条件下 K_2 灰岩对 15 号煤层产能敏感性分析

5.2.3.2　储层压力敏感性

由第 3 章对沁水盆地南部 3 号与 15 号煤层储层压力的探讨可知,沁水盆地南部煤储层总体上处于欠压至正常压力状态,主要以欠压储层为主,极少数煤层气井存于超压环境。整体上,15 号煤层储层压力梯度高于 3 号煤层,部分地区两者压力梯度趋于一致。

因此,基于研究区煤储层压力背景,设定统一流体压力系统(即储层压力梯度一致)以及叠置流体压力系统两种基本压力系统类型。

统一流体压力系统设定 0.45 MPa/hm、0.65 MPa/hm、0.85 MPa/hm 和 1.0 MPa/hm 四种压力梯度;叠置流体压力系统以 3 号煤层压力梯度 0.65 MPa/hm 为基准,15 号煤层对应储层压力梯度差分别为 0.1 MPa/hm、0.2 MPa/hm、0.3 MPa/hm、0.4 MPa/hm,即相应 15 号煤层储层压力梯度分别为 0.75 MPa/hm、0.85 MPa/hm、0.95 MPa/hm 和 1.05 MPa/hm。考虑不同的水动力条件,设定 K_2 灰岩含水层渗透率分别为 0 mD、20 mD 和 50 mD 三种方案。

不同设定方案交叉组合,形成 24 套模拟方案,见表 5-10。模拟期限为 3 000 d,对每种方案进行 3 000 d 的产能预测,计算每种方案下的累计产气量、日均产气量、3 号及 15 号煤层日均产气量,模拟计算结果见表 5-10。

表 5-10　合层排采条件下 K_2 灰岩含水层与储层压力参数配置方案

方案编号	K_2 灰岩渗透率 /mD	流体压力系统	储层压力梯度 /(MPa/hm)		储层压力 /MPa		累计产气量 /(×10⁴ m³)	日均产气量 /(m³/d)	3 煤日均产气量 /(m³/d)	15 煤日均产气量 /(m³/d)
			3 煤	15 煤	3 煤	15 煤				
1	0	统一流体压力系统	0.45	0.45	2.58	3.00	514	1 714	1 276	438
2			0.65	0.65	3.73	4.33	647	2 155	1 597	558
3			0.85	0.85	4.87	5.66	640	2 133	1 591	542
4			1.00	1.00	5.73	6.66	636	2 119	1 587	532
5		叠置流体压力系统	0.65	0.75	3.73	4.99	644	2 146	1 596	550
6			0.65	0.85	3.73	5.66	641	2 138	1 595	543
7			0.65	0.95	3.73	6.33	639	2 130	1 593	537
8			0.65	1.05	3.73	6.99	637	2 122	1 591	531
9	20	统一流体压力系统	0.45	0.45	2.58	3.00	434	1 449	1 276	173
10			0.65	0.65	3.73	4.33	504	1 678	1 546	133
11			0.85	0.85	4.87	5.66	229	763	733	30
12			1.00	1.00	5.73	6.66	71	236	235.93	0.07
13		叠置流体压力系统	0.65	0.75	3.73	4.99	382	1 274	1 196	78
14			0.65	0.85	3.73	5.66	228	760	730	30
15			0.65	0.95	3.73	6.33	106	352	348	4
16			0.65	1.05	3.73	6.99	26	86	86	0

表 5-10(续)

方案编号	K_2 灰岩渗透率 /mD	流体压力系统	储层压力梯度 /(MPa/hm)		储层压力 /MPa		累计产气量 /(×10⁴ m³)	日均产气量 /(m³/d)	3煤日均产气量 /(m³/d)	15煤日均产气量 /(m³/d)
			3煤	15煤	3煤	15煤				
17		统一流体压力系统	0.45	0.45	2.58	3.00	420	1 401	1 276	125
18			0.65	0.65	3.73	4.33	302	1 006	965	41
19			0.85	0.85	4.87	5.66	64	214.03	214	0.03
20	50		1.00	1.00	5.73	6.66	15	49	49	0
21		叠置流体压力系统	0.65	0.75	3.73	4.99	166	553	541	12
22			0.65	0.85	3.73	5.66	58	195	195	0
23			0.65	0.95	3.73	6.33	3.7	12.3	12.3	0
24			0.65	1.05	3.73	6.99	1.3	4.3	4.3	0

对不同模拟方案做了对比分析,主要得到以下认识:

(1) 在两主煤层压力梯度一致时,即两煤层处于统一流体压力系统中,在无 K_2 灰岩含水层影响条件下,合采产气量随着压力梯度的增大,平均日产气量有所提高(表 5-10),但由于临储比的提高,产气高峰期到来较晚,且峰值产气量随压力梯度的增高不断降低[图 5-27(a)],但后期产气量较高。在有 K_2 灰岩含水层影响条件下,随着顶板含水层渗透性的增强,合采产气量均有所降低,但存在两种情况:一是在严重欠压情况下(储层压力梯度<0.5 MPa/hm,方案 1、9、17),K_2 灰岩含水层的存在主要对 15 号煤层的排水降压造成影响,产气量降低,但对 3 号煤层的排水降压影响较小(图 5-28),3 号煤层产气量变化不大;二是随着压力系数继续增大和顶板含水层渗透性增强,下部流体压力系统对 3 号煤层的排水降压影响越来越显著,降压漏斗平面扩展严重受阻(图 5-29),合采产气量显著降低,且压力梯度越高,K_2 灰岩富水性越强,合采产气量越低[图 5-27(b)(c)]。

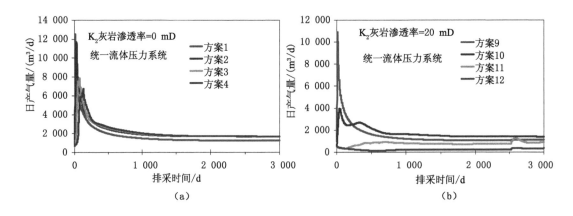

图 5-27　合层排采条件下不同 K_2 灰岩含水层与储层压力参数配置产能模拟结果

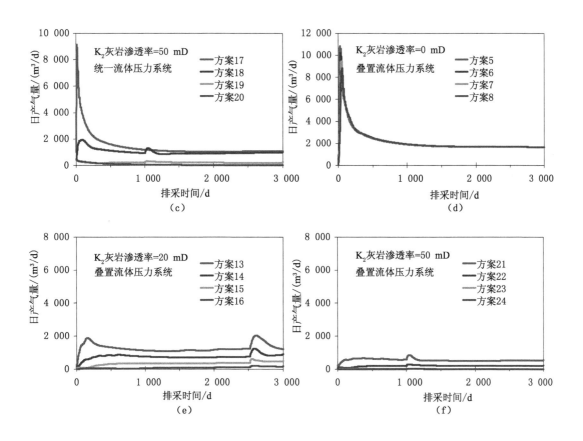

图 5-27（续）

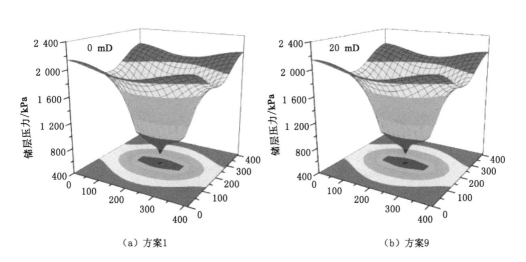

（a）方案1 　　　　　　　　　　　　（b）方案9

图 5-28　储层压力梯度为 0.45 MPa/hm 的统一流体压力系统和
不同 K_2 灰岩含水层下 3 号煤储层压降漏斗

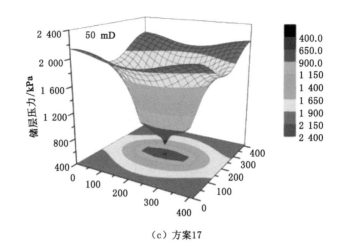

（c）方案17

图 5-28（续）

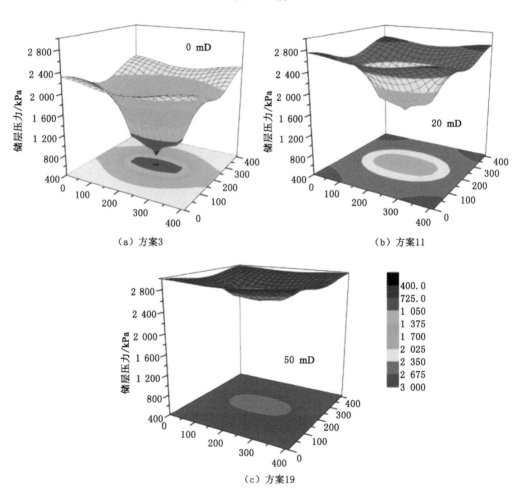

（a）方案3

（b）方案11

（c）方案19

图 5-29　压力梯度为 0.85 MPa/hm 的统一流体压力系统和不同 K_2 灰岩含水层下 3 号煤储层压降漏斗

分析原因认为,在严重欠压的情况下,下部流体压力系统储层能量低,流体运移速度缓慢,对上部流体压力系统影响较小,而随着压力系数增高,储层能量不断增强,流体运移速度明显加快,若 K_2 灰岩含水层富水性较强,则会对 15 号煤层进行强烈补给,造成 15 号煤层储层压力快速上升,因而其压力梯度在短时间内快速上升,高于 3 号煤层,尽管原始压力梯度一致,但维持时间较短,之后会对 3 号煤层的排水降压造成强烈影响。因而对于严重欠压或压力梯度高于 0.5 MPa/hm 但下部 K_2 灰岩渗透性及富水性差的煤储层,当上、下储层压力梯度基本一致时,可直接进行合层排采,产气量高于单层开采 3 号煤层;但对于压力梯度高于 0.5 MPa/hm 的煤储层,当下部灰岩富水性强时,即使压力梯度一致,也不可直接进行合层排采,且压力梯度越高,合采效果越差。

(2) 在叠置流体压力系统中,无 K_2 灰岩含水层影响条件下,随着上、下主煤层压力梯度差的增大,合层排采平均日产气量呈现逐渐降低的趋势,但降幅较小(表 5-10),上、下流体压力系统间的相互干扰主要表现在初期,产气量略有降低[图 5-27(d)],后期基本没有变化。具体到各分层也可以看出,3 号与 15 号煤层平均日产气量随储层压力梯度差的增大平均日产气量略有降低(表 5-10、图 5-30),压降漏斗形态变化较小(图 5-31),因而在此初步推测,引起上、下流体压力系统层间干扰强弱的主要因素可能为下部 K_2 灰岩含水层的富水性的强弱。

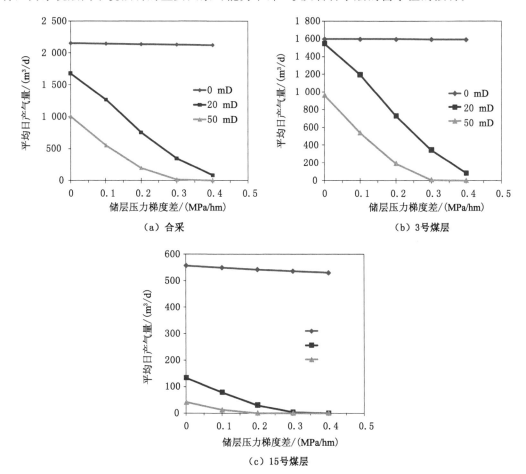

（a）合采　　　　　　　　　　　　　（b）3号煤层

（c）15号煤层

图 5-30　不同储层压力梯度差、不同 K_2 灰岩含水层下合采及各分层的平均日产气量

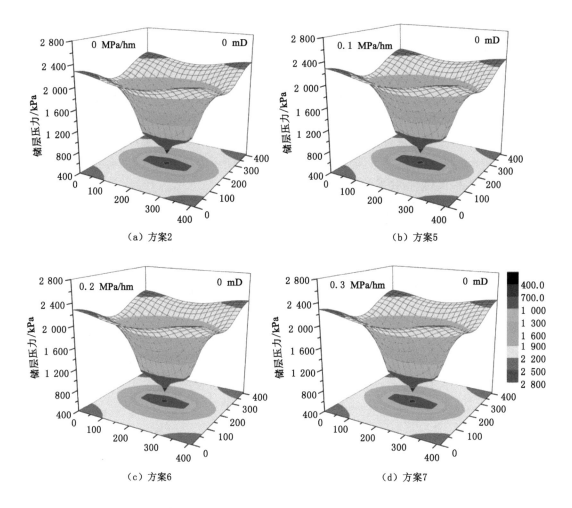

图 5-31　无 K_2 灰岩含水层影响和不同储层压力梯度差下 3 号煤储层压降漏斗

（3）在叠置流体压力系统中，在具有相同 K_2 灰岩含水层影响的背景下，随着上、下流体压力系统储层压力梯度差的增大，合采平均日产气量显著降低［图 5-27（e）（f），图 5-30］，其中 3 号煤层降幅最为明显（图 5-30），这是由于储层压力梯度差越大，下部流体压力系统对上部 3 号煤层的干扰越为严重，影响 3 号煤层降压漏斗的正常扩展，因而产气量显著降低，压差大到一定程度，在抽水量不变的情况下，下部流体压力系统内水会向 3 号煤层内"倒灌"，导致排采初期 3 号煤层整体储层压力上升，例如方案 23，在 K_2 灰岩渗透率 50 mD 的条件下，压力梯度差为 0.3 MPa/hm 时，由于下部流体压力系统向 3 号煤层内"倒灌"，导致 3 号煤层储层压力升高，整体储层压力高于原始储层压力（图 5-32）。

（4）在叠置流体压力系统中，在储层压力梯度差相同的情况下，随着 K_2 灰岩含水层富水性及渗透性的增强，合层排采产能效果越来越差（表 5-10）（图 5-30、图 5-33、图 5-34、图 5-35、图 5-36），且压力梯度差越大，灰岩渗透率越高，3 号煤层储层压力扩展越困难，有效解吸范围越小，合采效果越差（图 5-34、图 5-35、图 5-36），说明在总抽水量不变的前提下，压力梯度差越大，灰岩富水性越强，下部流体压力系统对上部流体压力系统的干扰越强烈。

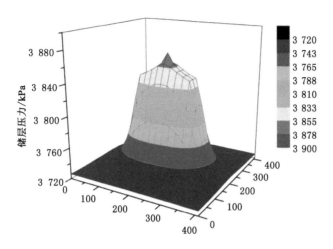

图 5-32   方案 23 排采初期 3 号煤层储层压力空间分布

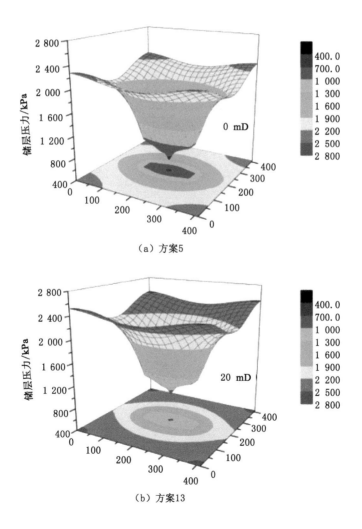

图 5-33   储层压力梯度差 0.1 MPa/hm、不同 K$_2$ 灰岩含水层下 3 号煤层储层压降漏斗

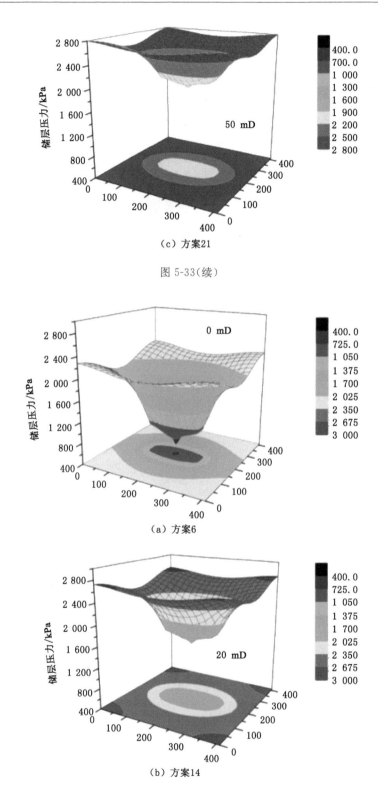

（c）方案21

图 5-33（续）

（a）方案6

（b）方案14

图 5-34　储层压力梯度差 0.2 MPa/hm、不同 K_2 灰岩含水层下 3 号煤层储层压降漏斗

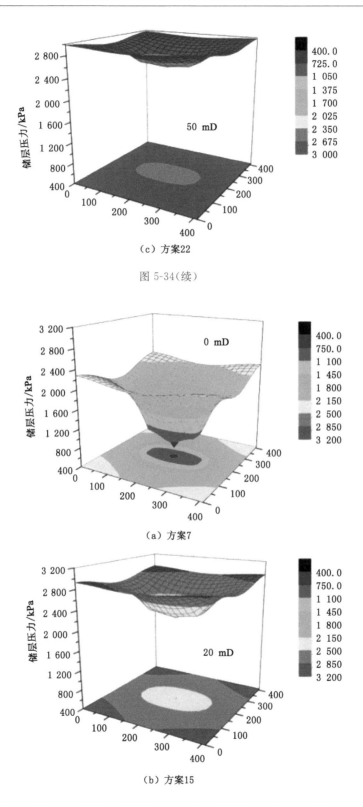

（c）方案22

图 5-34（续）

（a）方案7

（b）方案15

图 5-35　储层压力梯度差 0.3 MPa/hm、不同 K_2 灰岩含水层下 3 号煤层储层压降漏斗

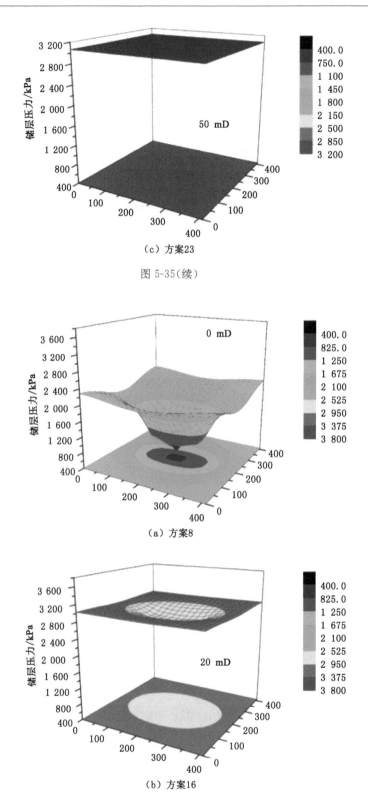

（c）方案23

图 5-35（续）

（a）方案8

（b）方案16

图 5-36　储层压力梯度差 0.4 MPa/hm、不同 K_2 灰岩含水层下 3 号煤层储层压降漏斗

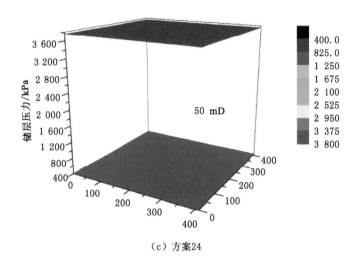

(c) 方案24

图 5-36(续)

综上观点(2)(3)(4)所述,在叠置流体压力系统中,若储层压力梯度差较小(一般小于0.08 MPa/hm),在下部 K_2 灰岩含水层富水性及渗透性较差的情况下,可直接进行合层排采,但若下部 K_2 灰岩含水层富水性及渗透性较强,切不可直接进行合层排采,会导致较差的产能效果,不仅下部 15 号煤层产能极低,上部 3 号煤层的煤层气也无法得到有效抽采。

总结认为,叠置系统发育是共采条件下上、下两套流体压力系统层间干扰产生的地质根源,上、下两套储层压力梯度差越大,层间干扰越明显,共采兼容性越差,同时,K_2 灰岩含水层的存在会增强上、下两组流体层间干扰效应,灰岩富水性越强,储层能量越高,干扰越显著,共采兼容性越差。

5.3　基于模糊物元的煤层气合采有利区评价

不同于单层开发,煤层气井合层排采产能特征受控于两个煤层物性参数及压力系统的耦合关系,物性参数决定了煤层气井的开发潜力,而压力系统的匹配则决定了合层排采过程中两个系统之间相互干扰作用的程度。因而,匹配合采层间压力参数及物性参数,是开展煤层气井合层排采的前提。然而,煤层气合层排采的影响因素复杂,不同影响因素之间的评价结果往往是不相容的。物元可拓法是指以物元为基元建立物元模型,以物元可拓为依据,应用物元变换将矛盾问题转划为相容问题(张俊华等,2010;王勃,2013)。同时,应用熵值法来确定权重系数,可避免权重系数确定的主观性问题。因此,本节结合模糊物元与熵权,构建模糊物元分析模型并对沁南地区合层排采有利区进行评价。

5.3.1　影响煤层气合层排采产能的地质因素

以柿庄、枣园、樊庄、潘庄区块 55 口煤层气井为基础,大多数井在排水采气前对 3 号和

15 号煤层做过试井和相关测试,拥有储层压力、渗透率、含气量、等温吸附等基础数据。本研究仅获得了其中 25 口合采煤层气井 1.5 a 的排采历史数据。结合这 25 口井的数据,分析了合层排采煤层气井产能的控制影响因素,为进一步开展 55 口煤层气井合层排采模糊物元评价提供基础。

分析发现,沁水盆地南部合层排采井的产能整体上较低,25 口井的平均产气量仅为 957.6 m³/d。依据煤层气产能分级方案(Liu et al,2013),产气量大于 1 000 m³/d 的高产气井有 10 口,平均为 2 105 m³/d;产气量为 500~1 000 m³/d 的中产气井有 2 口,平均为 707.7 m³/d;产气量为 100~500 m³/d 的低产气井有 4 口,平均为 312.7 m³/d;产气量低于 100 m³/d 的产水井有 9 口,平均为 24.8 m³/d。区域上,产能差异明显,柿庄地区煤层气井产能最差,平均产气量仅为 437.4 m³/d;樊庄其次,平均产气量为 1 085.7 m³/d;潘庄地区最高,平均产气量为 1 611.9 m³/d。

合采煤层气井的产气量并非等于两煤层产气量之和,部分井甚至远远小于单层排采 3 号煤层的产气量。其根本原因,在于受到两个煤层物性及压力系统等地质参数匹配关系的影响,包括合采煤厚、煤层埋深、煤层含气量、煤储层压力梯度、折算水位、煤储层渗透率和临界解吸压力等。

(1) 合采煤厚

合采煤厚对产气量影响显著,煤层总厚度越大,向井筒渗流汇聚的煤层气就越充足,煤层气井产气量就越高。研究区 3 号煤层厚 2.15~8.86 m,15 号煤层厚 1.10~9.87 m,两煤层合采总煤厚为 5.05~16.81 m。对沁水盆地南部 3 号与 15 号煤层总煤厚与煤层气井产气量进行统计发现,随着总煤厚的增加,煤层气井产量有明显增加的趋势[图 5-37(a)]。

(2) 煤层埋深

煤层埋深与煤层气井产气量关系密切(张培河等,2011;Lü et al,2012;Tao et al,2015)。随着煤层埋深增加,地应力增高,煤层渗透率逐渐降低,导致排水降压难度及煤层气渗流产出的难度加大。统计的 25 口合层排采煤层气井中,3 号煤层埋深 338.25~975.99 m,15 号煤层埋深 430.40~1 093.56 m,两煤层平均埋深 384.33~1 034.78 m。由图 5-37(b)可以看出,平均日产气量与两煤层平均埋深整体上呈现负相关关系。

(3) 煤层含气量

含气量是控制煤层气高产的主要因素(Scott,2002),对气井的产气量影响显著,在相同的地质背景下,高含气量意味着高的含气饱和度,排水降压时需要较短的气体突破时间(Lü et al,2012;Tao et al,2015)。25 口合层排采煤层气井中,其中有 24 口煤层气井对 3 号及 15 号煤层成功取芯,按照《煤层气含气量测试方法》(GB/T 19559—2004),完成了含气量测试。测试结果显示,3 号煤层含气量为 0.41~27.67 m³/t,15 号煤层含气量为 7.11~26.31 m³/t。同一钻孔中两煤层平均含气量为 3.76~26.99 m³/t。可以发现,合层排采产气量与两煤层平均含气量呈正相关关系[图 5-37(c)],两煤层平均含气量越高,气井产气量越高,产气量大于 1 000 m³/d 的煤层气井,两煤层平均含气量一般大于 14 m³/t,当平均含气量小于 14 m³/t 时,合采煤层气井产量极低。

(4) 煤储层压力梯度

不同的含气系统,由于压力状态的不同,合层排采时会产生层间干扰作用(傅雪海等,2013)。沁水盆地南部 47 口煤层气井 76 层次的注入/压降试井结果显示,煤储层压力梯度

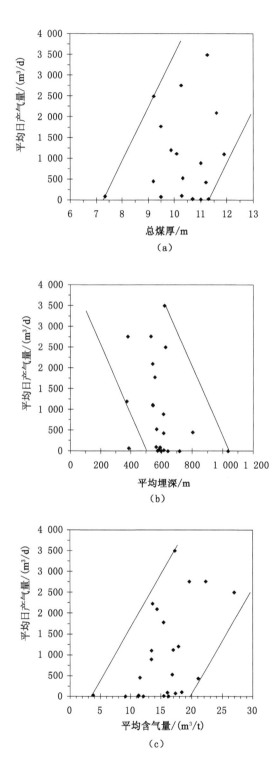

图 5-37 合层排采煤层气井产气量与各参数之间的关系

分布在 0.052~1.18 MPa/hm 之间,总体上处于欠压至正常压力状态,极少数煤层气井存在超压环境。其中,3 号煤储层压力梯度为 0.052~1.08 MPa/hm,平均为 0.52 MPa/hm;15 号煤储层压力梯度为 0.28~1.18 MPa/hm,平均为 0.655 MPa/hm,略高于 3 号煤层。进一步分析同一钻孔中压力梯度的关系可以看出,15 号煤层的储层压力梯度与 3 号煤层在大多数情况下并不一致(图 3-5),整体上要高于 3 号煤层,表明两煤层处于两个不同的流体压力系统,由此必将产生不同程度的干扰。由合层排采气井储层压力梯度差与平均日产气量的关系可以看出(图 5-38),两者呈现明显的负相关关系,即压力梯度差越大,气井产气量越低。这是因为合层排采时,由于井筒的连通作用,储层能量较高的高压层流体会通过井筒阻止低压层流体的产出,如果压差过大,甚至会向低压储层"倒灌",这样一方面会使低压储层无法有效进行排水降压,有效解吸面积较小;另一方面,容易造成高压储层吐砂吐粉(王振云等,2013),降低高压储层的渗透率和导流能力,影响其煤层气的解吸渗流(张芬娜等,2013)。因此,对于储层压力梯度相差较大的储层,可采取分层排采或递进合排的煤层气开发方式。

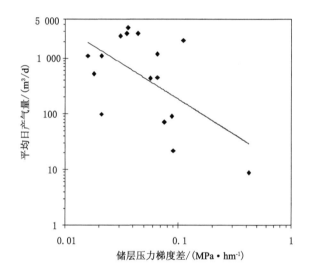

图 5-38 储层压力梯度差(绝对值,下同)与气井产气量的关系

(5)折算水位

水文地质条件对煤层气富集与开发具有重要的影响(Kaiser et al.,1994;Scott,2002;Yao et al.,2014)。对煤层气合层排采而言,地下水对排采井的补给强弱直接影响着压力传递的速度,当 3 号和 15 号煤层供液能力差别较大时,两煤层中压力传递速度差异明显,产气速度差异显著,可能造成某一层煤不能产气或产气很少,最终将失去合层排采的意义。

折算水位反映了储层总能量的大小,影响着压力传递的速度。本研究基于 55 口钻孔地层压力实测数据,计算了两煤储层的折算水位,以此来判断两煤层所处的地下水流动单元及水力流动状态,计算结果见表 5-11。

表 5-11　沁水盆地南部部分钻孔 3 号与 15 号煤层折算水位计算结果

井号	S/m		S_d/m	井号	S/m		S_d/m
	3 号煤层	15 号煤层			3 号煤层	15 号煤层	
PZ-01	524.21	500.34	23.87	PZ-29	695.38	691.51	3.87
PZ-02	589.48	560.63	28.85	PZ-30	613.17	601.01	12.16
PZ-03	518.97	491.26	27.70	PZ-31	563.60	539.47	24.12
PZ-04	434.64	533.84	99.20	PZ-32	747.95	593.14	154.81
PZ-05	545.66	436.06	109.61	PZ-33	633.25	518.73	114.52
PZ-06	681.52	684.42	2.90	PZ-34	679.98	680.67	0.69
PZ-07	664.84	656.35	8.49	PZ-35	617.44	609.49	7.96
PZ-08	520.47	489.99	30.48	PZ-36	608.34	611.06	2.72
PZ-09	532.40	546.97	14.57	PZ-37	500.15	277.19	222.96
PZ-10	674.11	685.02	10.91	PZ-38	588.61	413.94	174.67
PZ-11	467.55	556.97	89.42	PZ-39	427.02	501.71	74.69
PZ-12	670.42	607.90	62.52	PZ-40	501.57	473.81	27.75
PZ-13	638.09	624.23	13.87	PZ-41	526.58	619.73	93.15
PZ-14	757.64	679.38	78.26	PZ-42	514.85	478.01	36.84
PZ-15	647.92	639.90	8.02	PZ-43	490.27	471.25	19.03
PZ-16	732.90	623.70	109.20	PZ-44	474.07	648.34	174.27
PZ-17	696.14	636.14	60.00	PZ-45	513.67	478.48	35.19
PZ-18	364.84	339.55	25.29	PZ-46	506.16	485.66	20.51
PZ-19	813.15	665.78	147.37	PZ-47	532.48	521.92	10.57
PZ-20	620.91	622.42	1.51	PZ-48	605.72	601.60	4.13
PZ-21	560.57	769.83	209.25	PZ-49	664.90	726.23	61.34
PZ-22	683.98	653.30	30.68	PZ-50	672.65	601.69	70.96
PZ-23	654.10	631.88	22.22	PZ-51	556.73	559.48	2.74
PZ-24	653.28	634.05	19.23	PZ-52	598.54	587.85	10.69
PZ-25	766.67	756.53	10.14	PZ-53	583.43	545.76	37.66
PZ-26	632.71	657.14	24.43	PZ-54	620.64	574.85	45.79
PZ-27	672.07	684.00	11.93	PZ-55	644.82	585.63	59.19
PZ-28	764.17	772.58	8.41				

注：S 代表折算水位，m；S_d 代表 3 号与 15 号煤层折算水位差的绝对值。

折算水位的计算过程如下（刘芳槐等，1991；Wang et al.，2015）：

$$P_c = P + \frac{1}{10} \int_{H_1}^{H_2} \rho_{rw}(H) \, dH \tag{5-36}$$

$$S = H_1 + 10 \frac{P_c}{\rho_{rwf}} \tag{5-37}$$

式中，P_c 为地层折算压力，atm；P 为地层压力，atm；H_1 为折算基准面绝对标高，m；H_2 为地层压力测试点绝对标高,m;$\rho_{rw}(H)$ 为地层水的相对密度 ρ_{rw} 随深度变化的函数关系,本研究设其为常数 1;S 为折算水位,m;ρ_{rwf} 为淡水的相对密度,等于 1。

综合式(5-36)和式(5-37),则有:

$$S = 10P + H_1 \tag{5-38}$$

依据计算结果绘制了研究区的折算水位等值线图,见图 5-39。由该图可以看出,3 号煤层与 15 号煤层的折算等值线形态基本一致,在固县—南庄一线存在一个地下水分水岭,南部地下水向潘庄地区汇流,北部向柿庄地区汇流,对比来看,北部的水位线较密,反映出水力坡度较大,径流强度明显大于南部地区。

折算水位反映了煤层储层总能量的大小,当两者相差较大时,两煤层压力传递的速度会产生明显差异,不利于合层排采。由图 5-40 可以看出,除红色虚线框内个别点外,合采煤层气井产气量随两煤层折算水位差的升高呈现明显降低的趋势,当折算水位差高于 60 m 时,合采气井几乎全部不产气。

(6) 煤储层渗透率

煤储层渗透率是决定煤层气单井高产的关键因素之一(Fu et al.,2009;Tao et al.,2014;Durucan et al.,1986;饶孟余等,2004;Xu et al.,2014),渗透率较高的地区,单井产量一般也较高。但对于合层排采井,不仅要考虑储层高渗,还要考虑两煤层间渗透率的匹配关系(李国彪等,2012),渗透率如果相差较大,在相同的排采时间内,流量差异较大,在补给相同时,高低渗储层内压力传递差异大,导致排采过程中高渗透储层内流体流速会明显高于低渗透储层,导致高渗透层井筒附近流体流速将极不稳定,会产生严重的速敏效应(李金海等,2009;倪小明等,2010a)。

分析发现,除 3 口几乎不产气井外,平均日产气量与两主煤层渗透率差值间呈明显的负相关关系(图 5-41)。其中,中高产气井中 3 号与 15 号煤层的渗透率之差一般要小于 1 mD。不产气的 3 口井(虚线框内)的煤层渗透率差值虽然较小,但受到其他地质条件的制约而几乎不产气。如 PZ-21 井,煤储层压力梯度差值达到 0.42 MPa/hm;PZ-14、PZ-16 井则由于煤储层渗透率较低,平均渗透率分别仅为 0.02 mD 和 0.055 mD,且两井中 3 号和 15 号煤层的平均含气量均低于 12 m³/t。

(7) 临界解吸压力

对于单煤层排采,临界解吸压力越高,临储比越大,煤层气越容易较早解吸,有效解吸面积会越大,产气量越高;反之,则需要长时间的排水降压(刘人和等,2008;陈振宏等,2009b)。合层排采时,两煤层共用一个井筒,动液面高度由两个煤层的供液能力、渗透性、储层压力等条件共同决定,反过来,动液面高度的变化会同时引起两煤层与套管连接处压力的变化,当压力达到煤层临界解吸压力时,煤层气开始解吸。

如果上主煤层的临界解吸压力大于下主煤层,且差值较大(大于 0.9 MPa,该压力值为上、下主煤层 90 m 左右层间距之间的液柱压力),随液面降低,上主煤层将首先产气,但为使下主煤层产气,则需要大幅度降低动液面高度,但是,当动液面降低至下主煤层临界解吸压力时,上主煤层段井底压力将非常低,甚至裸露。在此情形下,由于排采时间较短,上主煤层的压降漏斗还没有充分展开,有效解吸面积有限,将发生严重的应力敏感,裂缝严重闭合(李金海等,2009;Li et al.,2007),流体渗流途径严重受阻,供气能力显著降低,不适合合层排采。反之,如果两者差值较小(绝对值小于 0.9 MPa),当上主煤层产气稳定时,只须缓慢

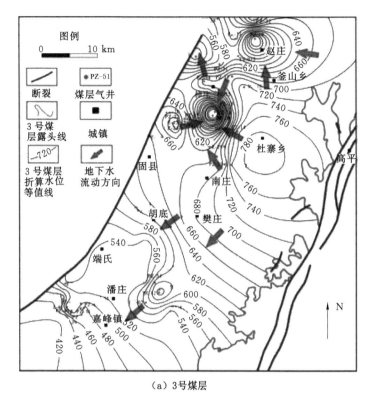

（a）3号煤层

（b）15号煤层

图 5-39 沁水盆地南部山西组 3 号煤层与太原组 15 号煤层折算水位等值线图

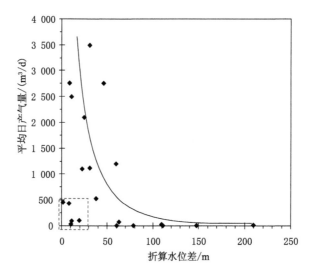

图 5-40　折算水位差与气井产气量的关系

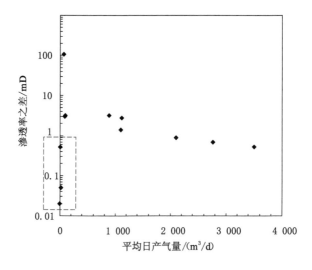

图 5-41　储层渗透率差(绝对值)与气井产气量的关系

降低动液面的高度,便可达到下主煤层的临界解吸压力,两主煤层将共同产气,此情形下两主煤层均不会受到储层伤害,有利于合层排采。例如,高产井 PZ-8 和 PZ-7 井,3 号煤层临界解吸压力均高于 15 号煤层,差值分别为 0.3 MPa 和 0.87 MPa。此外,若下主煤层的产气液面高度大于上主煤层,排采过程中,下主煤层将优先产气,从而将有利于两煤层合层排采。

5.3.2　模糊物元评价模型

　　根据上述讨论,确定了煤储层的煤厚、埋深、含气量、压力梯度差、折算水位、渗透率差、临界解吸压力 7 个因素对合层排采井产能具有主控作用。但由于缺乏平面上两煤层的渗透率和临界解吸压力数据,因而本研究重点将煤厚、埋深、含气量、储层压力梯度差及折算水位差 5 个因素作为模糊评价模型的主要物元,对沁水盆地南部煤层气合层排采有利区进行评价。

（1）模糊物元矩阵

给定合层排采煤层气井的井名 N，控制其产能的地质因素 c_i 的值为 $X_i(i=1,2,\cdots,n)$，由此构成了 n 维物元矩阵 $\boldsymbol{R}$，$\boldsymbol{R}=(N,c,X)$。如果 m 个煤层气井的 n 维物元组合在一起，便构成 n 维复合物元矩阵 $\boldsymbol{R}_{mn}$，$\boldsymbol{R}_{mn}=(N,c_j,X_{ij})$。

根据模糊理论，将矩阵 $\boldsymbol{R}_{mn}$ 的值 X_{ij} 改写为模糊物元值 v_{ij}，由此构成了 n 维复合模糊物元矩阵 $\boldsymbol{R}_{mn}^*$，记作：

$$\boldsymbol{R}_{mn}^* = \begin{bmatrix} & c_1 & c_2 & \cdots & c_n \\ N_1 & v_{11} & v_{12} & \cdots & v_{1n} \\ N_2 & v_{21} & v_{22} & \cdots & v_{2n} \\ \vdots & \vdots & \vdots & & \vdots \\ N_m & v_{m1} & v_{m2} & \cdots & v_{mn} \end{bmatrix} \qquad (5\text{-}39)$$

式中，N_i，第 i 个煤层气井 $(i=1,2,\cdots,m)$；c_j，第 j 个地质因素 $(j=1,2,\cdots,n)$；X_{ij}，第 i 个煤层气井的第 j 项地质因素的值；v_{ij}，第 i 个煤层气井的第 j 项地质因素的模糊量值，即隶属度。

（2）有利区评价的隶属函数

为了建立比较优化的标准，需制定一个原则，这个原则就是以单项地质因素的从优隶属度作为标准来衡量，可称为单因素从优隶属度原则。从优隶属度，是指各单项地质因素相应的模糊量值。在此提供三种类型的隶属函数：

越大越优型函数：

$$v_{ij} = \frac{X_{ij} - \min(X_{ij})}{\max(X_{ij}) - \min(X_{ij})} \qquad (5\text{-}40)$$

越小越优型函数：

$$v_{ij} = \frac{\max(X_{ij}) - X_{ij}}{\max(X_{ij}) - \min(X_{ij})} \qquad (5\text{-}41)$$

中间型：

$$v_{ij} = \frac{\min(X_{ij}, v_0)}{\max(X_{ij}, v_0)} \qquad (5\text{-}42)$$

其中，v_{ij}，第 i 个煤层气井第 j 项地质因素对应的模糊量值 $(i=1,2,\cdots,m;j=1,2,\cdots,n)$；$\max(X_{ij})$，各煤层气井中第 j 项地质因素所对应的所有量值中的最大值；$\min(X_{ij})$，各煤层气井中第 j 项地质因素所对应的所有量值中的最小值；v_0，某些指标的平均值所决定的适度的值，通常为定值。

（3）评价模型

结合前人相关的评价模型（王勃等，2010b；Liu et al.，2012），利用模糊算子中的加权平均型模糊算子来计算各区域煤层气井的综合评价系数（$\rho \mathrm{H}_i$）的大小，将其按从大到小的顺序排列，该值越大，说明越有利于合层排采，即合层排采的有利潜力区。

$$\rho \mathrm{H}_i = 1 - \sqrt{\sum_{j=1}^n w_j \Delta_{ij}} \quad (i=1,2,\cdots,m) \qquad (5\text{-}43)$$

$$\Delta_{ij} = (v_{ij} - v_{0j})^2 \qquad (5\text{-}44)$$

其中，$\boldsymbol{R}_{0n}^* = \begin{bmatrix} & c_1 & c_2 & \cdots & c_n \\ N_0 & v_{01} & v_{02} & \cdots & v_{0n} \end{bmatrix}$，标准模糊物元，本研究以从优隶属度最大值作为最

优，也就是各指标从优隶属度均为 1，即 $\boldsymbol{R}_{0n}^* = \begin{bmatrix} & c_1 & c_2 & \cdots & c_n \\ N_0 & 1 & 1 & \cdots & 1 \end{bmatrix}$；$w_j$，第 j 项指标的权

重；ρH_i，第 i 个物元与标准模糊物元的相互接近程度，其值越大表明两者越接近，反之则相

差越大；Δ_{ij}，标准模糊物元 $\boldsymbol{R}_{0n}^*$ 与复合从优隶属度模糊物元 $\boldsymbol{R}_{mn}^*$ 中各项差的平方。

由此，构成综合评价系数矩阵：

$$\boldsymbol{R}_{\rho H}^* = \begin{bmatrix} & \rho H_i \\ N_1 & \rho H_1 \\ N_2 & \rho H_2 \\ \vdots & \vdots \\ N_m & \rho H_m \end{bmatrix} \tag{5-45}$$

根据各地质因素值的变异程度，可利用信息熵计算出各地质因素的权重（Feng et al.，2010；Zhang et al.，2010），第 j 项地质因素指标的权重为：

$$w_j = \frac{1 - H_j}{n - \sum\limits_{j=1}^{n} H_j}, \sum\limits_{j=1}^{n} w_j = 1 \tag{5-46}$$

$$H_j = \frac{-\sum\limits_{i=1}^{m} f_{ij} \ln f_{ij}}{\ln m} \tag{5-47}$$

$$f_{ij} = \frac{1 + r_{ij}}{\sum\limits_{i=1}^{m} (1 + r_{ij})} \tag{5-48}$$

式中，H_j 为第 j 项地质指标的熵值；f_{ij} 为数据标准化下第 i 个煤层气井第 j 项指标的占比；r_{ij} 为数据归一化后的矩阵元素。

5.3.3 模型应用

分析整理了沁水盆地南部 55 口煤层气勘探开发井 3 号与 15 号煤层的合采煤厚、平均埋深、平均含气量、试井储层压力梯度差、折算水位差数据。其中，极个别含气量数据由于钻孔取芯失败而采用了测井分析数据。另外，少数试井压力数据采用差值法获得。以上数据作为本书模糊物元评价的数据源，参数值及计算结果见表 5-12，由此构成了复合物元矩阵 $\boldsymbol{R}_{mn}$，如式（5-49）所示。

根据之前的讨论，确定各地质因素的从优隶属函数。合采煤厚与日产气量呈正相关关系，隶属关系应采用式（5-40）。合采后平均埋深与日产气量呈负相关关系，隶属关系应采用式（5-41）。平均含气量与日产气量呈正相关关系，隶属关系应采用式（5-40）。合采后储层压差与日产气量呈负相关关系，隶属关系应采用式（5-41）。折算水位差与日产气量呈负相关关系，隶属关系应采用式（5-41）。各地质参数的从优隶属度计算结果见表 5-13，由此，构成复合从优隶属度模糊物元矩阵 $\boldsymbol{R}_{mn}^*$，如式（5-50）所示。

$$\mathbf{R}_{mn} = \begin{array}{c} \\ PZ\text{-}01 \\ PZ\text{-}02 \\ \vdots \\ PZ\text{-}55 \end{array} \begin{bmatrix} c_1 & c_2 & c_3 & c_4 & c_5 \\ 9.30 & 425.55 & 22.94 & 0.072 & 23.87 \\ 7.80 & 295.40 & 25.22 & 0.035 & 28.85 \\ \vdots & \vdots & \vdots & \vdots & \vdots \\ 15.37 & 371.61 & 17.88 & 0.065 & 59.19 \end{bmatrix} \tag{5-49}$$

式中，c_1 为总煤厚，m；c_2 为平均埋深，m；c_3 为平均含气量，m^3/t；c_4 为储层压力梯度差，MPa/hm；c_5 为折算水位差，m。

$$\mathbf{R}_{mn}^* = \begin{array}{c} \\ PZ\text{-}01 \\ PZ\text{-}02 \\ \vdots \\ PZ\text{-}55 \end{array} \begin{bmatrix} c_1 & c_2 & c_3 & c_4 & c_5 \\ 0.44 & 0.87 & 0.68 & 0.85 & 0.90 \\ 0.32 & 1.00 & 0.76 & 0.93 & 0.87 \\ \vdots & \vdots & \vdots & \vdots & \vdots \\ 0.93 & 0.92 & 0.50 & 0.86 & 0.74 \end{bmatrix} \tag{5-50}$$

表 5-12　沁水盆地南部合层排采模糊物元评价基本参数

编号	井名	合采煤厚 /m	平均埋深 /m	平均含气量 /(m³/t)	储层压力梯度差 /(MPa/hm)	折算水位差 /m
1	PZ-01	9.30	425.55	22.94	0.072	23.87
2	PZ-02	7.80	295.40	25.22	0.035	28.85
3	PZ-03	8.50	590.20	28.29	0.044	27.70
4	PZ-04	9.25	673.08	27.06	0.244	99.20
5	PZ-05	9.20	735.20	29.72	0.077	109.61
6	PZ-06	9.79	574.75	16.12	0.090	2.90
7	PZ-07	7.23	529.63	22.31	0.044	8.49
8	PZ-08	11.26	619.63	17.31	0.034	30.48
9	PZ-09	9.84	474.80	21.29	0.097	14.57
10	PZ-10	8.27	588.85	16.06	0.090	10.91
11	PZ-11	12.31	742.90	12.43	0.198	89.42
12	PZ-12	16.30	381.95	17.37	0.080	62.52
13	PZ-13	9.40	610.76	16.90	0.086	13.87
14	PZ-14	8.40	641.31	13.61	0.035	78.26
15	PZ-15	10.60	613.58	25.34	0.056	8.02
16	PZ-16	9.70	615.03	13.80	0.090	109.20
17	PZ-17	5.05	597.02	18.61	0.023	60.00
18	PZ-18	14.80	1 034.78	11.02	0.051	25.29
19	PZ-19	16.27	718.40	14.53	0.139	147.37
20	PZ-20	9.95	804.02	15.14	0.065	1.51
21	PZ-21	12.36	573.50	15.47	0.421	209.25

表 5-12（续）

编号	井名	合采煤厚 /m	平均埋深 /m	平均含气量 /(m³/t)	储层压力梯度差 /(MPa/hm)	折算水位差 /m
22	PZ-22	10.05	541.83	17.02	0.001	30.68
23	PZ-23	11.90	543.00	13.44	0.021	22.22
24	PZ-24	11.13	564.00	18.41	0.021	19.23
25	PZ-25	11.30	580.58	3.76	0.007	10.14
26	PZ-26	11.60	541.00	14.35	0.110	24.43
27	PZ-27	10.55	632.06	12.67	0.130	11.93
28	PZ-28	9.90	496.29	10.25	0.117	8.41
29	PZ-29	10.40	837.82	18.36	0.067	3.87
30	PZ-30	9.80	809.16	14.47	0.057	12.16
31	PZ-31	10.80	755.55	16.97	0.041	24.12
32	PZ-32	14.05	909.66	17.77	0.115	154.81
33	PZ-33	10.60	999.20	10.96	0.060	114.52
34	PZ-34	10.28	615.59	23.12	0.064	0.69
35	PZ-35	10.40	929.13	7.83	0.009	7.96
36	PZ-36	12.50	1 161.17	12.12	0.049	2.72
37	PZ-37	10.40	1 295.34	18.71	0.142	222.96
38	PZ-38	9.50	1 130.71	25.66	0.139	174.67
39	PZ-39	6.21	467.25	20.71	0.325	74.69
40	PZ-40	5.94	498.48	23.23	0.091	27.75
41	PZ-41	4.28	694.97	29.70	0.216	93.15
42	PZ-42	6.10	503.50	25.76	0.055	36.84
43	PZ-43	5.26	370.86	25.87	0.112	19.03
44	PZ-44	5.29	445.82	31.85	0.462	174.27
45	PZ-45	7.36	332.87	24.94	0.082	35.19
46	PZ-46	3.80	492.28	20.25	0.012	20.51
47	PZ-47	9.29	484.59	16.42	0.170	10.57
48	PZ-48	9.19	564.10	27.13	0.030	4.13
49	PZ-49	7.00	564.15	32.02	0.121	61.34
50	PZ-50	7.12	559.15	18.04	0.046	70.96
51	PZ-51	10.62	567.70	29.63	0.075	2.74
52	PZ-52	9.21	626.00	26.99	0.031	10.69
53	PZ-53	10.96	567.28	16.85	0.018	37.66
54	PZ-54	12.80	378.55	19.66	0.035	45.79
55	PZ-55	15.37	371.61	17.88	0.065	59.19

表 5-13 沁水盆地南部合层排采模糊物元评价复合从优隶属度模糊物元值(v_{ij})

编号	井名	N	c_1/m	c_2/m	c_3/(m³/t)	c_4/(MPa/hm)	c_5/m	编号	井名	N	c_1/m	c_2/m	c_3/(m³/t)	c_4/(MPa/hm)	c_5/m
1	PZ-01	N_1	0.44	0.87	0.68	0.85	0.90	29	PZ-29	N_{29}	0.53	0.46	0.52	0.86	0.99
2	PZ-02	N_2	0.32	1.00	0.76	0.93	0.87	30	PZ-30	N_{30}	0.48	0.49	0.38	0.88	0.95
3	PZ-03	N_3	0.38	0.71	0.87	0.91	0.88	31	PZ-31	N_{31}	0.56	0.54	0.47	0.91	0.89
4	PZ-04	N_4	0.44	0.62	0.82	0.47	0.56	32	PZ-32	N_{32}	0.82	0.39	0.50	0.75	0.31
5	PZ-05	N_5	0.43	0.56	0.92	0.84	0.51	33	PZ-33	N_{33}	0.54	0.30	0.25	0.87	0.49
6	PZ-06	N_6	0.48	0.72	0.44	0.81	0.99	34	PZ-34	N_{34}	0.52	0.68	0.69	0.86	1.00
7	PZ-07	N_7	0.27	0.77	0.66	0.91	0.96	35	PZ-35	N_{35}	0.53	0.37	0.14	0.98	0.97
8	PZ-08	N_8	0.60	0.68	0.48	0.93	0.87	36	PZ-36	N_{36}	0.70	0.13	0.30	0.90	0.99
9	PZ-09	N_9	0.48	0.82	0.62	0.79	0.94	37	PZ-37	N_{37}	0.53	0.00	0.53	0.69	0.00
10	PZ-10	N_{10}	0.36	0.71	0.44	0.81	0.95	38	PZ-38	N_{38}	0.46	0.16	0.77	0.70	0.22
11	PZ-11	N_{11}	0.68	0.55	0.31	0.57	0.60	39	PZ-39	N_{39}	0.19	0.83	0.60	0.30	0.67
12	PZ-12	N_{12}	1.00	0.91	0.48	0.83	0.72	40	PZ-40	N_{40}	0.17	0.80	0.69	0.80	0.88
13	PZ-13	N_{13}	0.45	0.68	0.46	0.82	0.94	41	PZ-41	N_{41}	0.04	0.60	0.92	0.53	0.58
14	PZ-14	N_{14}	0.37	0.65	0.35	0.93	0.65	42	PZ-42	N_{42}	0.18	0.79	0.78	0.88	0.84
15	PZ-15	N_{15}	0.54	0.68	0.76	0.88	0.97	43	PZ-43	N_{43}	0.12	0.92	0.78	0.76	0.92
16	PZ-16	N_{16}	0.47	0.68	0.36	0.81	0.51	44	PZ-44	N_{44}	0.12	0.85	0.99	0.00	0.22
17	PZ-17	N_{17}	0.10	0.70	0.53	0.95	0.73	45	PZ-45	N_{45}	0.28	0.96	0.75	0.82	0.84
18	PZ-18	N_{18}	0.88	0.26	0.26	0.89	0.89	46	PZ-46	N_{46}	0.00	0.86	0.75	0.98	0.91
19	PZ-19	N_{19}	1.00	0.58	0.38	0.70	0.34	47	PZ-47	N_{47}	0.44	0.81	0.45	0.63	0.96
20	PZ-20	N_{20}	0.49	0.49	0.40	0.86	1.00	48	PZ-48	N_{48}	0.43	0.73	0.83	0.94	0.98
21	PZ-21	N_{21}	0.68	0.72	0.41	0.09	0.06	49	PZ-49	N_{49}	0.26	0.73	1.00	0.74	0.73
22	PZ-22	N_{22}	0.50	0.75	0.47	1.00	0.87	50	PZ-50	N_{50}	0.27	0.74	0.51	0.90	0.68
23	PZ-23	N_{23}	0.65	0.75	0.34	0.96	0.90	51	PZ-51	N_{51}	0.55	0.73	0.92	0.84	0.99
24	PZ-24	N_{24}	0.59	0.73	0.52	0.96	0.95	52	PZ-52	N_{52}	0.43	0.67	0.82	0.94	0.95
25	PZ-25	N_{25}	0.60	0.71	0.00	0.99	0.96	53	PZ-53	N_{53}	0.57	0.73	0.46	0.96	0.83
26	PZ-26	N_{26}	0.62	0.75	0.37	0.76	0.89	54	PZ-54	N_{54}	0.72	0.92	0.56	0.93	0.80
27	PZ-27	N_{27}	0.54	0.66	0.32	0.72	0.95	55	PZ-55	N_{55}	0.93	0.92	0.50	0.86	0.74
28	PZ-28	N_{28}	0.49	0.80	0.23	0.75	0.97								

注:c_1,合采煤厚;c_2,平均埋深;c_3,平均含气量;c_4,储层压力梯度差;c_5,折算水位差。

标准模糊物元 $\boldsymbol{R}_{0n}^*$ 与从优隶属度模糊物元 $\boldsymbol{R}_{mn}^*$ 中各项差的平方 Δ_{ij} 可由式(5-44)计算,结果见表 5-14,构成的矩阵记作 $\boldsymbol{R}_{\Delta ij}$,结果如式(5-51)所示。

将式(5-47)和式(5-48)代入式(5-46),可计算得出各评价指标的权重系数,计算结果见表 5-15。将表 5-15 计算结果和式(5-51)代入式(5-43),可计算得出各煤层气井的综合评价系数矩阵 $\boldsymbol{R}_{\rho H}$,如式(5-52)所示。

$$\boldsymbol{R}_{\Delta_{ij}} = \begin{bmatrix} & c_1 & c_2 & c_3 & c_4 & c_5 \\ \text{PZ-01} & 0.31 & 0.02 & 0.10 & 0.02 & 0.01 \\ \text{PZ-02} & 0.46 & 0.00 & 0.06 & 0.01 & 0.02 \\ \vdots & \vdots & \vdots & \vdots & \vdots & \vdots \\ \text{PZ-55} & 0.01 & 0.01 & 0.25 & 0.02 & 0.07 \end{bmatrix} \tag{5-51}$$

$$\boldsymbol{R}_{\rho H} = \begin{bmatrix} \text{PZ-01} \\ \text{PZ-02} \\ \vdots \\ \text{PZ-55} \end{bmatrix} \tag{5-52}$$

表 5-14 标准模糊物元与复合从优隶属度模糊物元中各项差的平方值(Δ_{ij})

编号	井名	N	c_1 /m	c_2 /m	c_3 /(m³/t)	c_4 /(MPa/hm)	c_5 /m	编号	井名	N	c_1 /m	c_2 /m	c_3 /(m³/t)	c_4 (MPa/hm)	c_5 /m
1	PZ-01	N_1	0.31	0.02	0.10	0.02	0.01	29	PZ-29	N_{29}	0.22	0.29	0.23	0.02	0
2	PZ-02	N_2	0.46	0	0.06	0.01	0.02	30	PZ-30	N_{30}	0.27	0.26	0.39	0.01	0
3	PZ-03	N_3	0.39	0.09	0.02	0.01	0.01	31	PZ-31	N_{31}	0.19	0.21	0.28	0.01	0.01
4	PZ-04	N_4	0.32	0.14	0.03	0.28	0.20	32	PZ-32	N_{32}	0.03	0.38	0.25	0.06	0.48
5	PZ-05	N_5	0.32	0.19	0.01	0.03	0.24	33	PZ-33	N_{33}	0.21	0.50	0.56	0.02	0.26
6	PZ-06	N_6	0.27	0.08	0.32	0.04	0	34	PZ-34	N_{34}	0.23	0.10	0.10	0.02	0
7	PZ-07	N_7	0.53	0.05	0.12	0.01	0	35	PZ-35	N_{35}	0.22	0.40	0.73	0	0
8	PZ-08	N_8	0.16	0.11	0.27	0.01	0.02	36	PZ-36	N_{36}	0.09	0.75	0.50	0.01	0
9	PZ-09	N_9	0.27	0.03	0.14	0.04	0	37	PZ-37	N_{37}	0.22	1.00	0.22	0.09	1.00
10	PZ-10	N_{10}	0.41	0.09	0.32	0.04	0	38	PZ-38	N_{38}	0.30	0.70	0.05	0.09	0.61
11	PZ-11	N_{11}	0.10	0.20	0.48	0.18	0.16	39	PZ-39	N_{39}	0.65	0.03	0.16	0.49	0.11
12	PZ-12	N_{12}	0	0.01	0.27	0.03	0.08	40	PZ-40	N_{40}	0.69	0.04	0.10	0.04	0.01
13	PZ-13	N_{13}	0.30	0.10	0.29	0.03	0	41	PZ-41	N_{41}	0.92	0.16	0.01	0.22	0.17
14	PZ-14	N_{14}	0.40	0.12	0.42	0.01	0.12	42	PZ-42	N_{42}	0.67	0.04	0.05	0.01	0.03
15	PZ-15	N_{15}	0.21	0.10	0.06	0.01	0	43	PZ-43	N_{43}	0.78	0.01	0.05	0.06	0.01
16	PZ-16	N_{16}	0.28	0.10	0.42	0.04	0.24	44	PZ-44	N_{44}	0.78	0.02	0	1.00	0.61
17	PZ-17	N_{17}	0.81	0.09	0.23	0	0.07	45	PZ-45	N_{45}	0.51	0	0.06	0.03	0.02
18	PZ-18	N_{18}	0.01	0.55	0.55	0.01	0.01	46	PZ-46	N_{46}	1.00	0.04	0.17	0	0.01
19	PZ-19	N_{19}	0	0.18	0.38	0.09	0.44	47	PZ-47	N_{47}	0.31	0.04	0.30	0.13	0
20	PZ-20	N_{20}	0.26	0.26	0.36	0.02	0	48	PZ-48	N_{48}	0.32	0.07	0.03	0	0
21	PZ-21	N_{21}	0.10	0.08	0.34	0.83	0.88	49	PZ-49	N_{49}	0.55	0.07	0	0.07	0.07
22	PZ-22	N_{22}	0.25	0.06	0.28	0	0.02	50	PZ-50	N_{50}	0.54	0.07	0.24	0.01	0.10
23	PZ-23	N_{23}	0.12	0.06	0.43	0	0.01	51	PZ-51	N_{51}	0.21	0.07	0.01	0.03	0
24	PZ-24	N_{24}	0.17	0.07	0.23	0	0.01	52	PZ-52	N_{52}	0.32	0.11	0.03	0	0
25	PZ-25	N_{25}	0.16	0.08	1.00	0	0	53	PZ-53	N_{53}	0.18	0.07	0.29	0	0.03
26	PZ-26	N_{26}	0.14	0.06	0.39	0.06	0.01	54	PZ-54	N_{54}	0.08	0.01	0.19	0.01	0.04
27	PZ-27	N_{27}	0.21	0.11	0.47	0.08	0	55	PZ-55	N_{55}	0.01	0.01	0.25	0.02	0.07
28	PZ-28	N_{28}	0.26	0.04	0.59	0.06	0								

注:c_1,合采煤厚;c_2,平均埋深;c_3,平均含气量;c_4,储层压力梯度差;c_5,折算水位差。

表 5-15　各影响因素的权重系数(w_j)

影响因素	合采煤厚 (c_1)	平均埋深 (c_2)	平均含量 (c_3)	储层压力梯度差 (c_4)	折算水位差 (c_5)
w_j	0.033	0.045	0.032	0.392	0.498

5.3.4　合层排采有利区预测结果

（1）权重因素分析

本次采用信息熵法来计算各地质因素的权重系数,若某项评价指标的值变异程度越大,则信息熵越小,该指标提供的信息量越大,该指标的权重系数也应越大;反之,若某项指标的指标值变异程度越小,则信息熵越大,该指标提供的信息量越小,该指标的权重系数也越小。表 5-15 中列出了各地质因素评价指标的权重系数,可以看出,两煤层总煤厚和平均含气量权重系数极低,分别为 0.033 和 0.032;其次为平均埋深,为 0.045;影响合层排采的关键地质因素为储层压力梯度差和折算水位差,分别为 0.392 和 0.498。分析认为,研究区的总煤厚、平均含气量以及平均埋深存在一定差异,但并没有数量级上的差异,而储层压力梯度差和折算水位差差异可达 1～2 个数量级,因而其权重系数最大。从地质角度分析,当埋深、含气量、煤厚等地质条件相差较小时,如果两个流体压力系统储层压力梯度差小、折算水位差值低,则两煤层内流体在井筒内的干扰强度较弱,同时两个煤层供液能力相当,产气产液速度均衡,将大大有利于两煤层的合层开发。

（2）合层排采潜在有利区分布

根据之前的讨论(图 5-37、图 5-38、图 5-40)可以看出,中、高产合采井的总煤厚一般大于 9.5 m,平均埋深一般小于 640 m,平均含气量大于 14 m^3/t,储层压力梯度差小于 0.05 MPa/hm,折算水位差小于 55 m。因此,将 $c_1 = 9.5$ m、$c_2 = 640$ m、$c_3 = 14$ m^3/t、$c_4 = 0.05$ MPa/hm、$c_5 = 55$ m 作为评价合层排采是否有利的临界值。由此,计算得出的综合评价系数临界值 ρH_0 等于 0.75。按此临界值,划分出了四个合层排采区等级,分别为 $\rho H_i < 0.75$、$0.75 < \rho H_i < 0.80$、$0.80 < \rho H_i < 0.85$ 和 $\rho H_i > 0.85$,依次对应不利区、相对有利区、有利区以及极有利区(图 5-42)。

根据预测平面图(图 5-42)可以看出,研究区的东部不利于合层排采,这是因为东部边界为煤层露头区,一方面,由于煤层埋藏浅,容易造成煤层气逸散;另一方面,该区域地下水流场整体上由盆地边缘向深部运移,浅部的煤层气被地下水运移至深部,两方面都导致东部煤层含气量较低,不利于煤层气开发。同时,柿庄北部地区由于两煤层埋藏深度大,渗透率低,储层压力梯度差较大,折算水位差大,不利于合层排采。而柿庄南部区域、樊庄西部区域、胡底区块、潘庄区块煤层埋藏适中,煤层含气量高,储层压力梯度差小,折算水位差值低,为合层排采的有利区。

5.3.5　合层排采可行性综合判识

本章首节建立并采用单煤层产出水特征微量元素标准模板,对合层排采煤层气井产出水来源与合排可行性进行了初步判识。标准模板判识结果与模糊元预测结果是否相符,造成两者评价结果的原因何在?下面就此进一步对比分析(表 5-16)。

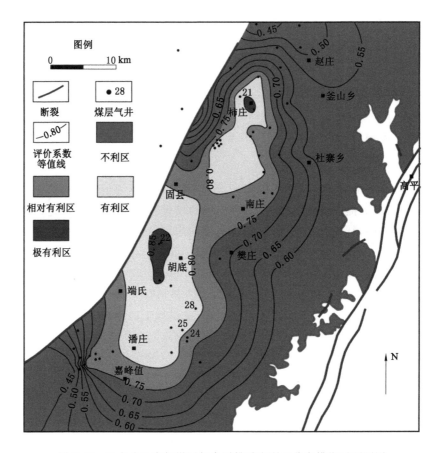

图 5-42　沁水盆地南部煤层气合层排采有利区分布模糊元预测图

表 5-16　基于不同方法的煤层气合层排采可行性评价结果对比

判识方法	合层排采煤层气井编号					
	21	22	24	25	27	28
模糊物元	适合	适合	适合	适合	不适合	适合
标准模板	适合	不适合	适合	适合	不适合	不适合
实际排采	不适合	不适合	适合	适合	不适合	适合

　　对比两种评价方法,6 口井中有 4 口井判识结果相同,2 口井判识结果相反,分别为 22 号井和 28 号井,此外,21 号井两种方法均认为适合合层排采,但实际排采却与此相悖。

　　21 号井位于柿庄区块,实际生产结果显示不适合于合层排采。微量元素标准模板判识适合于合层排采,模糊物元模型判识结果也认定该井适合合层排采,均与实际排采结果相悖。分析认为,极低的渗透率和不合理的工作制度是该井合层排采产能效果差的直接原因,试井测试显示,该井 3 号与 15 号煤层的渗透率分别仅为 0.023 mD 和 0.026 mD,在此背景下,排采初期液面下降速度过快,产生严重的"速敏效应",对储层渗透性造成进一步伤害,因而该井产气效果极差。

　　22 号井位于胡底区块,实际生产结果显示该井不适合于合层排采。模糊物元模型判识认为适合于合层排采,微量元素标准模板判识结果与此相反,但与实际排采情况相符。分析认为,导致该井合层排采效果差的直接原因是产水量过高,特征微量元素显示产出水主要来自 15 号煤层,强烈干扰了 3 号煤层的排水降压,不利于合层排采。而该井周围 15 号煤层产水量高的原因,可能是压裂施工或断层的存在,沟通了顶板灰岩含水层。

28 号井位于郑村地区,实际生产结果显示该井适合于合层排采。微量元素标准模板判识该井不适合合层排采,而模糊物元认为该井满足合层排采的地质条件,与实际排采相符。造成标准模板判识错误的主要原因为:该井前 545 d 单层排采 3 号煤层,影响范围内的水大部分已被排完,压降漏斗已有效扩展,因而进入合层排采期后,产出水主要来自 15 号煤层,微量元素标准模板判识也显示产出水主要来自 15 号煤层,因而判定该井不适合合层排采。而这个判定失误也从侧面反映了标准模板判识方法的正确性。实际结果显示,合层排采后,由于 15 号煤层气体的大量补给,该井产气量得到明显提高。该井满足合层排采的有利地质条件,若初期就直接进行合层排采,会获得更好的产气效果。

综合分析认为,合层排采煤层气井产能效果受到各种地质因素和工程因素的综合作用,由于两种评价模型均未考虑工程因素对合层排采的影响,同时,模糊物元模型缺乏局部构造对合层排采影响的讨论,因而导致两种评价方法均存在一定程度的误判,但误判率均在合理范围内。可以发现,若结合两种评价方法进行综合判识,将大大提高合层排采可行性判识的准确性,即首先建立合层排采有利区评价模糊模型,优选出合层排采的有利靶区,进而建立产出水特征微量元素标准模板并对合层排采层间干扰做进一步判识,最终确定合层排采的可行性,该方法可实现对合层排采有利区的科学预测。

5.4 合层排采工艺优化设计

从本章前述讨论可知,对于 K_2 灰岩含水层富水性较差、合采兼容性好的地区,可直接采用分压合采的传统工艺。而在 K_2 灰岩含水层富水性较强的条件下,仅严重欠压(储层压力梯度<0.5 MPa/hm)的统一流体压力系统适合采用分压合采的技术进行排采,对 3 号煤层的排水降压不会造成太大影响;其他情况均不提倡直接采用分压合层排采的方式,而应优先抽采 3 号煤层,之后进行 15 号煤层抽采的有序开发模式,或采用 3 号与 15 号煤层单压单采的开采技术。

本节在考虑顶板 K_2 灰岩含水层中等富水或弱富水且叠置系统发育的前提下,本着尽可能降低层间干扰的不利影响,在解放 15 号煤层煤层气资源的同时,正常释放 3 号煤层煤层气资源的原则,本节采用递进排采的思想对合层排采进行优化设计。以 QSP01 的储层模型为基础,采用两套储层压力系统组合进行递进排采优化模拟。其中,一套为低异常煤储层压力系统,且压力系数有差异;另外一套为正常至超压的煤储层压力系统,即压力梯度与静水压力梯度接近,压力系数为 0.9~1.2。

5.4.1 低异常煤储层压力系统

在两个煤储层压力系统均处于低异常的情况下,储层参数见表 5-17,四种排采方案的数值模拟结果对比见表 5-18。综合分析模拟结果,初步认为采用首先对 15 号煤层进行排水降压的递进排采方式产能效果最佳。

表 5-17　低异常煤储层压力系统参数

煤层编号	埋深/m	储层压力/kPa	压力系数	枯竭压力/kPa
3 号	570	2 230	0.40	700
15 号	663	3 891	0.60	700

表 5-18　低异常煤储层压力系统情况下不同排采方案产气量模拟结果

方案编号	平均日产气量/(m³/d)	累计产气量/(×10⁶ m³)	稳定生产天数/d	采收率/%
1(3 煤单采)	1 576	4.73	742	—
1(15 煤单采)	149.4	0.45	28	—
2(合排)	1 122	3.37	334	8.03%
3(3 煤/15 煤递进)	686	2.06	772	5.07%
4(15 煤/3 煤递进)	1 689	5.07	973	12.49%

注:稳定生产天数为日产气量大于 1 500 m³ 的天数。

方案 1:单层排采

分别对 3 号与 15 号煤层单层排采。3 号煤层有较好的产气量趋势,而 15 号煤层产气量除前期很快达到一个高峰后便快速衰减,整体产能效果较差(图 5-43)。在 3 000 d 的排采期间,3 号煤层的累计产气量为 4.73×10⁶ m³,而 15 煤层的累计产气量仅有 4.48×10⁵ m³,可见欠压富水煤储层单井对 15 号煤层的排采难以获得较好的效益。

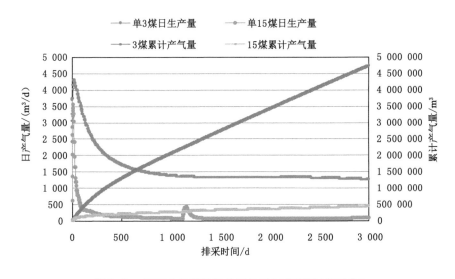

图 5-43　QSP01 井煤层气单层排采产能预测(低异常)

方案 2:合层排采

现场生产采用这种开发方式,稳定产气量在 1 000 m³/d 上,累计产气量为 3.37×10⁶ m³,虽然具有一定的排采价值,但存在 15 号煤层对 3 号煤层的层间干扰带来的排采失败风险,排采工作制度有待进一步优化(图 5-44)。

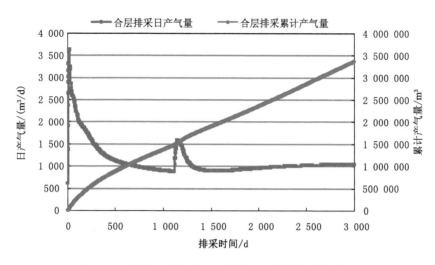

图 5-44　QSP01 井煤层气合层排采产能预测(低异常)

方案 3:递进排采(先排采 3 号煤层,然后与 15 号煤层合排)

先对 3 号煤层进行排水降压有利于先释放 3 号煤储层产能。但是,当进入合层排采时,3 号与 15 号煤储层压力梯度差距进一步扩大,下部流体压力系统内水极大可能"倒灌"进入 3 号煤储层。与方案 2 相比,模拟累计产气量降低 38.87%,低于合层及 3 号煤单采产气量,因此不宜采用此种排采方式(图 5-45)。

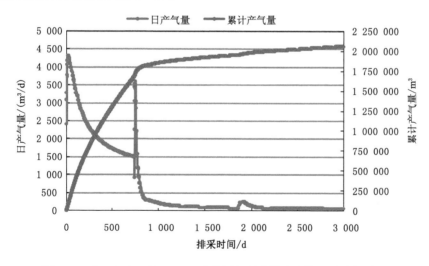

图 5-45　基于方案 3 的 QSP01 井煤层气递进排采产能预测(低异常)

方案 4:递进排采(先排采 15 号煤层,然后与 3 号煤层合排)

先对 15 号煤储层排水降压,待其储层压力降至 3 号煤层临界解吸压力之下,然后与 3 号煤层合层排采(图 5-46)。平均日产气量达 1 689 m³/d,累计产气量达 5.07×10⁶ m³,与方案 2 简单的合排相比,产量增加了 50.4%。这种排采方式有利于防止 15 号煤层流体压力过高时向 3 号煤层的倒灌,避免不利的层间干扰。尽管有此优势,但如果 15 号煤层排水降压依然困难,此种方式的开发成本将会大为增加。

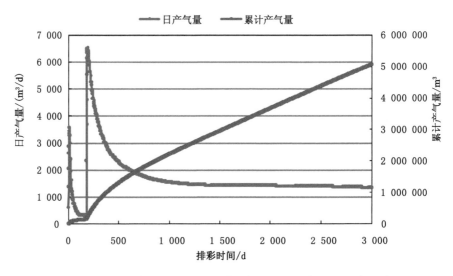

图 5-46　基于方案 4 的 QSP01 井煤层气递进排采产能预测(低异常)

5.4.2　正常至超压煤储层压力系统

当煤储层处于正常至超压系统时,储层参数见表 5-19,四种方案的数值模拟结果对比总结于表 5-20。综合分析模拟结果,当煤储层压力状态为正常至超压时,可以优先释放 3 号煤层的部分煤层气资源,然后合层开发 15 号煤层。

表 5-19　正常至超压煤储层压力系统参数

煤层编号	埋深/m	储层压力/kPa	压力系数	枯竭压力/kPa
3 号	570	5 017	0.9	700
15 号	663	7 781	1.2	700

表 5-20　正常至超压煤储层压力系统情况下不同排采方案产气量模拟结果

方案编号	平均日产气量 /(m³/d)	累计产气量 /(×10⁶ m³)	稳定生产天数 /d	采收率 /%
1(3 煤单采)	3 462	10.39	2 998	—
1(15 煤单采)	746	2.24	171	—
2(合排)	2 520	7.56	2 928	18.6%
3(3 煤/15 煤递进)	3 757	11.27	2 965	27.8%
4(15 煤/3 煤递进)	2 300	6.90	2 813	17.0%

注:稳定生产天数为日产气量大于 1 500 m³ 的天数。

方案 1:分层单采

在煤储层压力状态为正常至超压的情况下,其单层开采的产气量都明显高于储层压力系统低异常状态(图 5-47)。3 号煤层平均日产气量达到 3 462 m³/d,累计产气量为 1.04×10^7 m³;15 号煤层平均日产气量达到 746 m³/d,累计产气量为 2.24×10^6 m³。

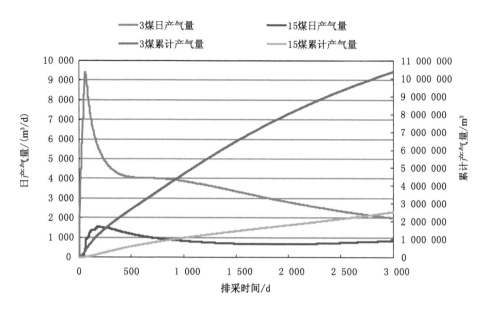

图 5-47　QSP01 井单层排采产气量预测（正常至超压）

方案 2:3 号煤层与 15 号煤层合层排采

合层排采累计产气量 7.56×10^6 m³,稳定期日产气量在 2 000 m³/d 以上,能够产生较好的经济效益(图 5-48)。

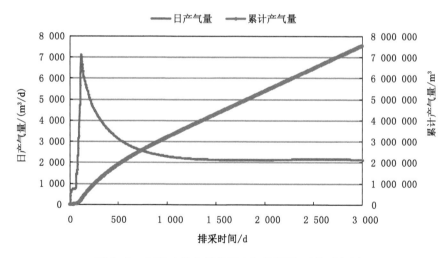

图 5-48　QSP01 井合层排采产气能预测（正常至超压）

方案 3:递进排采(先排采 3 号煤层,然后与 15 号煤层合排)

包括两个阶段,先单排 3 号煤层,当 3 号煤层产气量开始急速衰减时,再与 15 号煤层进行合排(图 5-49)。第一阶段:0～1 373 d,平均日产气量为 4 402 m³/d,累计产气量 6.05×10^6 m³。第二阶段:1 374～3 000 d,平均日产气量 3 213 m³/d,累计产气量为 5.23×10^6 m³。采用此种排采方案优于合层排采,能够最大限度释放 3 号煤层的煤层气资源。累计产气量比合层排采产气量增加了 49.07%,增产效果明显。

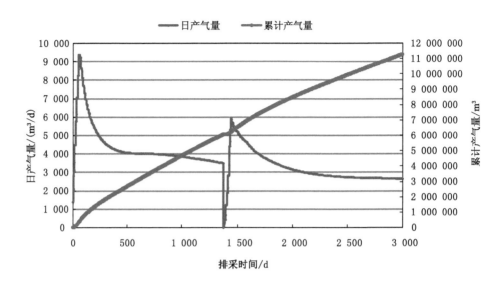

图 5-49 基于方案 3 的 QSP01 井煤层气递进排采产能预测(正常至超压)

方案 4:递进排采(先单排 15 号煤层,然后与 3 号煤层合排)

同样分为前后两个阶段(图 5-50)。第一阶段:0~258 d,15 号煤层排水降压,储层压力在第 259 d 降至 3 号煤层临界解吸压力,累计产气量 269 731 m^3,平均日产气量 1 041 m^3/d。第二阶段:259~3 000 d,两煤层合采,最高日产气量 14 943 m^3/d,累计产气量 6 633 075 m^3,平均日产气量 2 420 m^3/d。与单层排采 3 号煤层相比,累计产气量降低 33.59%。

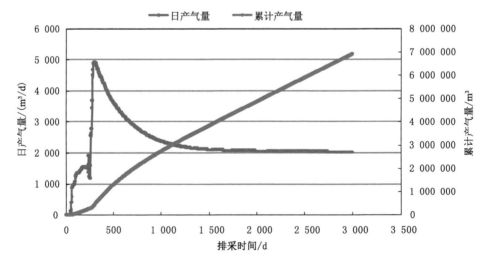

图 5-50 基于方案 4 的 QSP01 井煤层气递进排采产能预测(正常至超压)

综合以上模拟结果,当储层压力处于欠压状态时,太原组 15 号煤层排水降压较为困难,进行递进排采设计时应该优先考虑排采 15 号储层的煤层气资源,而当煤层处于正常至超压储层压力系统时,考虑到下部流体压力系统对 3 号煤层的强烈干扰,应优先释放 3 号煤层的煤层气资源,然后再开发 15 号煤层的,能取得最好的排采效果。

6　结　　论

本研究基于对沁水盆地南部石炭-二叠纪煤系含煤层气系统的探讨,提出了研究区叠置流体压力系统的新观点,初步阐释了该类系统的地质成因,分析了控制沁南地区 15 号煤层单排煤层气井产能特征的地质因素,建立了煤层气合层排采可行性综合评价方法,开展了合层排采煤层气井产能数值模拟,设计了合层排采、递进排采的优化方案。主要有以下结论:

(1)梳理分析前人成果,结合现场考察资料和实验测试分析结果,分析了沁水盆地南部煤层气研究的地质背景。

沁水盆地是在古生界基底上形成的构造盆地,先后经历了海西期、印支期、燕山期和喜马拉雅期 4 期构造运动,控制了盆地构造格局及煤系保存特征。盆地南部位于 NNE 向的大型宽缓复式向斜南段,构造较为简单,发育一系列走向近 SN 和 NNE 向的宽缓次级褶皱,倾角较小,一般为 5°～15°,两翼基本对称;规模较大的断层少见,小断层较为发育,陷落柱分布不均衡。研究区含煤地层主要为石炭-二叠系太原组和山西组,地层厚度为 132.44～166.33 m,平均厚约 150 m,形成了碳酸盐潮坪、障壁砂坝-潟湖、陆表海浅水三角洲 3 种沉积相以及相应的 7 种亚相和 12 种微相类型。其中,3 号和 15 号煤层厚度大,分布稳定,是本区煤层气开采的主要目标层。宏观煤岩类型以光亮煤和半亮煤为主,煤层原生结构保存较为完整,天然裂隙较为发育。绝大多数地区煤层镜质组最大反射率超过 2.0%,整体上由北向南逐渐增大,在盆地南缘最高。

沁水盆地南部煤岩核磁共振测试结果显示,饱和水状态下 T_2 谱图以“单峰型”和“双峰型”为主,测试煤岩中不存在“三峰型”,“双峰型”中两峰之间普遍不连续,束缚水状态下的 T_2 谱图则全部呈现“单峰型”,由此说明煤储层中大孔及裂隙所占比例较小,微小孔占绝对优势,且微小孔段与中大孔段的连通性较差。经分析计算求得,测试煤样束缚水饱和度介于 79.2%～92.1% 之间,平均 85.1%;可动水饱和度介于 7.9%～20.8% 之间,平均为 14.9%,与压汞实验测试结果基本一致。可动孔隙度与煤岩空气渗透率存在极好的相关性。T_{2c} 截值为 1.9～6.1 ms,平均仅为 3.72 ms,显著低于中、低煤级煤储层。

沁水盆地南部测试煤岩的气相渗透率(K_g)变化较大,介于 0.052～1.12 mD 之间,平均为 0.52 mD,水相渗透率(K_w)比气相渗透率整体低一个数量级,介于 0.0013～0.026 mD 之间,平均仅为 0.016 mD。煤岩相对渗透率显示出“一高五低”的特点,即残余水饱和度高、残余水下 CH_4 有效渗透率低、平衡点处含气饱和度低、相对渗透率低、CH_4 有效渗透率低以及两相共流跨度低。

沁水盆地南部自上而下发育第四系松散沉积物孔隙含水层、二叠系碎屑岩孔裂隙含水层、石炭系岩溶裂隙含水层以及奥陶系岩溶裂隙含水层。其中,石炭-二叠系含水层的富水性总体较弱,第四系含水层的富水性中等,奥陶系岩溶裂隙含水层的富水性总体较强。山西组顶部和本溪组底部分布的泥岩、铝质泥岩隔水层,阻断了含煤地层与上覆下伏含水层之间的水力联系,致使含煤地层水文地质系统相对独立。

(2) 发现了沁水盆地南部煤系叠置流体压力系统的客观存在,描述了山西组和太原组叠置流体压力系统的显现特征,初步阐释了该类系统的地质成因。

独立含煤层气系统实质是系统内发育统一的流体压力系统,包括 4 个要素:其一,含气煤岩体,即煤层气储层;其二,地层流体,包括煤层气、煤层水以及与煤储层有水力联系的其他地层水;其三,独立的水动力系统;其四,系统周边的封盖条件,上下往往表现为封盖层,横向上往往为由沉积相变导致的岩性封闭。

沁水盆地南部煤层气化学组分在区域分布上具有分片相似的特点,一般复向斜西翼的煤层气风化带深度要大于东翼,南缘风化带深度明显浅于其他地区。垂向上,由于两个含煤段地下水动力和顶底板条件的差异,导致 15 号煤层含气量整体上高于 3 号煤层,区域上,煤层含气量从盆地边缘向盆地深部逐渐增高,南端煤层含气量总体上高于北部的其他地区,即整体表现出"复向斜东西两翼低、轴部高、南端高"的分布趋势。

沁水盆地南部煤储层流体总体上处于欠压至正常压力状态,极少数煤层气井存在超压环境。同一直井中,3 号与 15 号煤层的压力梯度多数情况下并不一致,多数井中 15 号煤层要高于 3 号煤层,少数井中两个主煤层储层压力梯度相等,极个别井 3 号煤层反而高于 15 号煤层;区域上,煤储层压力受埋深控制,等压线平行复向斜轮廓呈环形分布,总体上由盆地边缘向深部有逐渐增大的趋势,但由于受到其他地质因素如地应力、含气量和构造演化的影响,并非严格遵守"盆地轴部高、周缘低"的规律,在埋深相对较浅的南缘地带也发育相对高的储层压力梯度中心。

确认了沁水盆地南部山西组和太原组叠置流体压力系统的客观存在,具体显现特征表现在:① 主煤层含气量随层位降低呈非单调函数变化,在 9 号煤处发生转折,呈现先降低又增高或先增高又降低的波动式变化;② 试井储层压力梯度 15 号煤层整体上高于 3 号煤层,等效储层压力梯度 P_g 与 3 号煤层储层压力梯度相比,P_g 显著较高,即发生了明显的"跳跃",即储层压力垂向上呈非线性分布;③ 太原组与山西组垂向上多套含水层水力联系微弱,各含水层段水位标高差异明显,自上而下水位基本上呈现出依次降低的变化规律,表明 3 号、9 号和 15 号煤层分属不同的含水系统。

初步阐释了沁水盆地南部叠置流体压力系统发育的地质成因。具体而言,受控于区域层序地层格架特征,沁水盆地南部石炭-二叠系山西组和太原组含煤地层垂向上叠置发育 4 套相互独立的流体压力系统,自上而下关键层分别形成于 SQ8、SQ6、SQ3 三个亚层序的高位体系域。在层序地层格架的控制下,岩性物性在垂向上呈旋回式变化,关键层的孔隙度和渗透率最低,进而限定了不同流体压力系统间地层流体在垂向上的连通性,使得垂向上流体压力系统相对独立。同时,研究区内部断层发育较少,且含煤地层沉积以来构造应力场性质以挤压应力为主,断层多以封闭性为主,即聚煤期后的构造活动未对垂向上的流体压力系统起到导通或破坏作用。

(3) 分析了沁南地区单层排采 15 号煤层煤层气井的产能特征及其影响因素,建立了 15 号煤层单层开发潜在有利区 FAHP 评价体系,将沁南地区单层开发 15 号煤层的煤层气划分为五种类型,对 15 号煤层单采进行了井网优化设计。

耦合分析了沁水盆地南部 15 号煤层单层排采煤层气井产能特征与地质条件的关系,指出影响该地区 15 号煤层产能特征的地质因素包括煤厚、埋深、含气量、临储比、渗透率和水文地质条件等,其中水文地质条件对产能特征的影响从煤层气井产出水的氢氧同位素组成特征、矿化度及地下水动力带、煤层直接顶板岩性、地下水补给强度四个方面进行了探讨。分析认为储层渗透率和水文地质条件是制约沁南地区 15 号煤层煤层气开发的关键地质因素。

基于对产能影响地质因素的分析评价,构建了针对沁南地区 15 号煤层煤层气单层开发潜在有利区评价的模糊层次评价体系(FAHP),评价体系由 3 个次准则层和 8 个方案层构成,具体来说包括:一是煤层气资源潜力,包括含气量和煤厚;二是煤层气开发潜力,包括渗透率、临储比和煤层埋深;三是水文地质条件,包括地下水动力分区、煤层顶板岩性和煤层气田补给水量。对各级模糊层次评价参数进行了隶属函数的构建及量化。依据构建模型计算结果,将研究区划分为 Ⅰ～Ⅵ 6 个不同层次的分区,层次 Ⅰ 为 15 号煤层单层开发的最有利区域,评价系数大于 0.8,层次 Ⅱ 为 15 号煤层单层开发的相对有利区,评价系数介于 0.7～0.8 之间,层次 Ⅲ 为 15 号煤层单层开发的中度有利区,评价系数介于 0.6～0.7,层次分区Ⅳ、Ⅴ、Ⅵ 为 15 号煤层单层开发的不利区域,评价系数小于 0.6,总体上,15 号煤层单层开发由北向南变得越为有利。最后,对模型评价结果进行了验证,结果显示少数煤层气井与评价结果不一致,但误差在合理范围内,针对不一致进行了相关原因分析。

依据 15 号煤储层渗透率和地下水对煤层重力水的补给情况,结合煤层气井产能特征,将沁南地区单层排采 15 号煤层的 28 口煤层气井总结归纳为五种煤层气井产能类型,对各类代表煤层气井进行了产能数值模拟,分析了各类煤层气井流体压力系统的动态变化规律。类型Ⅰ煤层气井储层渗透率极高,储层封闭性差,顶板灰岩长期保持高强度补给,单井排采效果较差;类型Ⅱ煤层气井储层渗透率高,储层封闭性好,地下水补给量适中,排采效果最好;类型Ⅲ煤层气井受制于较低渗透率以及极低地下水补给,因而产能衰减快;类型Ⅴ煤层气井与类型Ⅲ相比,储层渗透率相似,但地下水能长期保持稳定补给,因而该类井能长期保持低产量;类型Ⅳ煤层气井由于储层渗透率低,且顶板灰岩含水层长期保持高强度补给,因而产能最差,气井短暂产气或不产气。

针对 15 号煤储层富水特性,单井排水降压存在一定难度,设计了三角形井网(3 口井)、正方形井网(4 口井)及梅花状井网(5 口井)三种井网开发方案,对比分析发现,梅花状井网在 3 种井网类型中产能效果最好。

(4)建立了基于煤层气井产出水特征微量元素标准模板和基于地质因素分析的模糊物元模型,形成了合层排采可行性综合评价方法。

基于沁水盆地南部 28 口单层及合层排采煤层气井产出水样品的微量元素测试分析结果,提取了 Li、Ga、Rb、Sr、Ba 五种微量元素作为产出水源解析的特征微量元素,进而建立了单煤层产出水特征微量元素标准模板(交汇法和蛛网法),应用该模板,在 7 口合层排采井中识别出产出水来源和层间干扰程度的三种情况,从而对合层排采可行性进行了初步判识。结合煤层气井实际排采资料,对判识结果进行了验证,符合率达到 67%。

基于对沁水盆地南部 25 口合采煤层气井排采 1.5 a 的产能历史数据与相关地质参数的双变量相关性分析,探讨了合采煤厚、合采煤层、平均埋深、平均含气量、储层压力梯度差、折算水位差、渗透率及临界解吸压力对合层排采煤层气井产气量的影响,并基于分析结果,建立了沁南地区合层排采潜在有利区评价的模糊物元模型,以求得的评价系数临界值 0.75 为界,使 $\rho H_i < 0.75$、$0.75 < \rho H_i < 0.80$、$0.80 < \rho H_i < 0.85$、$\rho H_i > 0.85$ 依次对应合层排采不利区、相对有利区、有利区和极有利区。

对比分析基于特征微量元素的标准模板和基于地质因素分析的模糊物元两种合层排采可行性判识方法发现，两种判识方法均存在一定程度的误判，但误判率均在合理范围内。进一步提出，若结合两种评价方法进行综合判识，将大大提高合层排采可行性判识的准确性，即首先建立合层排采有利区评价模糊物元模型，优选出合层排采的有利靶区，进而建立产出水特征微量元素标准模板并对合层排采层间干扰做进一步判识，最终确定合层排采的可行性。

（5）建立了煤层气合层排采的地质模型和数学模型，模拟了不同地质条件下 K_2 灰岩含水层对合层排采效果的影响，设计了煤层气井递进排采的优化方案。

基于假设条件，将合层排采煤层气的产出过程大致划分为六个阶段。通过对煤储层单元地质模型、合层排采流体产出的运动方程、煤层气解吸与扩散方程、裂隙系统气-水两相流方程以及排采过程中孔隙度、渗透率动态变化模型方程的构建，建立了煤层气合层排采的地质模型和数学模型。

借助 COMET3 数值模拟软件平台，以沁南地区、高产水煤层气井 QSP01 井为例，开展了合层排采产能历史拟合和预测的数值模拟工作，在储层建模中考虑了 K_2 灰岩含水层对排采的影响。排采 3 000 d 的预测结果显示，随着排采进行，3 号煤储层压降迅速向外扩展，而受 K_2 灰岩含水层影响，15 号煤层储层压力降幅较小且速度缓慢，压降漏斗形态变化较小，3 000 d 内压降仍未扩展至模拟边界，因而产能衰减极快。

为了对合层排采效果机制进行分析，模拟了在不同 K_2 灰岩含水层背景下，储层渗透率及储层压力条件对合层排采产能的影响，设计了储层敏感性分析数值模拟方案。分析发现：① K_2 灰岩含水层对煤层气合层排采产能具有显著的负效应；② 随着储层原位渗透率倍数的增大，合采日均产气量均显著提高；③ 统一流体压力系统下，无 K_2 灰岩影响，合采产气量随着压力系数增高，产能呈增高趋势；④ 统一流体压力系统下，存在 K_2 灰岩影响，在严重欠压情况下，K_2 灰岩对 3 号煤层产能影响较小，但随着压力系数继续增高，下部流体压力系统对 3 号煤层的排水降压造成的影响越来越强烈；⑤ 叠置流体压力系统下，随着上、下主煤层压力梯度差的增大，合采产能逐渐降低，无 K_2 灰岩影响下，降幅较低，存在 K_2 灰岩影响，随储层压力梯度差增大，合采平均日产气量显著降低，尤其对 3 号煤层造成了强烈影响；⑥ 在叠置流体压力系统下，在储层压力梯度差相同的情况下，随着 K_2 灰岩含水层富水性及渗透率的增强，合层排采产能效果越来越差，且压力梯度差越大，灰岩富水性和渗透率越高，合采效果越差。总结认为，叠置系统发育是共采条件下上、下两套流体压力系统层间干扰产生的地质根源，上、下两套储层压力梯度差越大，层间干扰越明显，共采兼容性越差，同时，K_2 灰岩含水层的存在会增强上、下两组流体层间干扰效应，灰岩富水性越强，储层能量越高，干扰越显著，共采兼容性越差。

模拟结果显示，对于 K_2 灰岩含水层富水性较差、合采兼容性好的地区，可直接采用分压合采的传统工艺。而在 K_2 灰岩含水层富水性较强的条件下，仅严重欠压（储层压力梯度小于 0.5 MPa/hm）的统一流体压力系统下适合采用分压合采的技术进行排采，对 3 号煤层的排水降压不会造成太大影响，其他情况均不提倡直接采用分压合层排采的方式，而应优先抽采 3 号煤层，之后进行 15 号煤层抽采的有序开发模式，或采用 3 号与 15 号煤层单压单采的开采技术。本研究在考虑顶板 K_2 灰岩含水层中等富水或弱富水，且叠置系统发育的前提下,针对低异常及正常至超压叠置流体压力系统,提出了递进排采的优化方案,模拟结果显示,当储层压力处于低异常叠置压力系统、进行递进排采设计时,应该优先考虑排采 15 号储层的煤层气资源,而当煤层处于正常至超压叠置压力系统时,应优先释放 3 号煤层的煤层气资源,然后开发 15 号煤层的,能取得较好的排采效果。

参 考 文 献

薄冬梅,赵永军,姜林.煤储层渗透性研究方法及主要影响因素[J].油气地质与采收率, 2008,15(1):18-21.

蔡东梅,孙立东,赵永军.基于煤演化程度的煤储层渗透率发育机理初探[J].山东科技大学 学报(自然科学版),2009,28(2):22-27.

车长波.新一轮全国煤层气评价[R].北京:国土资源部,2006.

陈金刚,秦勇,傅雪海.高煤级煤储层渗透率在煤层气排采中的动态变化数值模拟[J].中国 矿业大学学报,2006,35(1):49-53.

陈金刚,张景飞.构造对高煤级煤储层渗透率的系统控制效应:以沁水盆地为例[J].天然气 地球科学,2007,18(1):134-136.

陈墨香.华北地热[M].北京:科学出版社,1988:79-84.

陈亚西,杨延辉,刘大锰,等.樊庄区块煤层气排采数据分析与储层渗透率动态预测[J].煤炭 科学技术,2015,43(11):122-128.

陈振宏,宋岩,王勃,等.活跃地下水对煤层气藏的破坏及其物理模拟[J].天然气工业,2007, 27(7):16-18.

陈振宏,王一兵,孙平.煤粉产出对高煤阶煤层气井产能的影响及其控制[J].煤炭学报, 2009a,34(2):229-232.

陈振宏,王一兵,杨焦生,等.影响煤层气井产量的关键因素分析:以沁水盆地南部樊庄区块 为例[J].石油学报,2009b,30(3):409-412.

陈振宏,陈艳鹏,杨焦生,等.高煤阶煤层气储层动态渗透率特征及其对煤层气产量的影响 [J].石油学报,2010,31(6):966-969.

池卫国.沁水盆地煤层气的水文地质控制作用[J].石油勘探与开发,1998,25(3):15-18.

崔凯华,郑洪涛.煤层气开采[M].北京:石油工业出版社,2009.

第 114 煤田地质勘探队编写组.樊庄井田煤炭资源详查地质报告[R].太原:山西省煤田地质 局,2005.

邓泽,康永尚,刘洪林,等.开发过程中煤储层渗透率动态变化特征[J].煤炭学报,2009,34 (7):947-951.

冯其红,张先敏,张纪远,等.煤层气与相邻砂岩气藏合采数值模拟研究[J].煤炭学报,2014, 39(增刊 1):169-173.

樊生利,卢福长,袁政文.华北地区煤层气赋存分布规律及勘探开发的有利区带[J].天然气 工业,1997,17(4):5-10.

傅贵,张英华,邹得志.煤与纯水间平衡接触角的测量与分析[J].煤炭转化,1997,20(4): 60-62.

傅雪海.多相介质煤岩体物性的物理模拟与数值模拟[D].徐州：中国矿业大学，2001a.

傅雪海，秦勇，薛秀谦，等.煤储层孔、裂隙系统分形研究[J].中国矿业大学学报，2001b，30（3）：225-228.

傅雪海，秦勇，李贵中.沁水盆地中—南部煤储层渗透率主控因素分析[J].煤田地质与勘探，2001c，29（3）：16-19.

傅雪海，秦勇，王文峰，等.沁水盆地中—南部水文地质控气特征[J].中国煤田地质，2001d，13（1）：31-34.

傅雪海，秦勇，李贵中，等.山西沁水盆地中、南部煤储层渗透率影响因素[J].地质力学学报，2001e，7（1）：45-52.

傅雪海，姜波，秦勇，等.用测井曲线划分煤体结构和预测煤储层渗透率[J].测井技术，2003a，27（2）：140-143.

傅雪海，秦勇，张万红.高煤级煤基质力学效应与煤储层渗透率耦合关系分析[J].高校地质学报，2003b，9（3）：373-377.

傅雪海，秦勇，姜波，等.山西沁水盆地中南部煤储层渗透率物理模拟与数值模拟[J].地质科学，2003c，38（2）：221-229.

傅雪海，秦勇，姜波，等.高煤级煤储层煤层气产能"瓶颈"问题研究[J].地质论评，2004，50（5）：507-513.

傅雪海，王爱国，陈锁忠，等.寿阳—阳泉煤矿区控气水文地质条件分析[J].天然气工业，2005，25（1）：33-36.

傅雪海，秦勇，韦重韬.煤层气地质学[M].徐州：中国矿业大学出版社，2007.

傅雪海.我国煤层气勘探开发现存问题及发展趋势[J].黑龙江科技学院学报，2012，22（1）：1-5.

傅雪海，葛燕燕，梁文庆，等.多层叠置含煤层气系统递进排采的压力控制及流体效应[J].天然气工业，2013，33（11）：35-39.

高承泰.部分打开的多层油藏中越流的行为及其对不稳定试井的影响[J].石油学报，1985，6（2）：79-90.

高和群，韦重韬，申建，等.沁水盆地南部含气饱和度特征及控制因素分析[J].煤炭科学技术，2011，39（2）：94-97.

郭晨，秦勇，杨兆彪，等.黔西比德-三塘盆地煤储层 NMR T_2 谱及气水相渗特征与控制因素[J].中国矿业大学学报，2014，43（5）：841-852.

郭晨.多层叠置含煤层气系统及其开发模式优化—以黔西比德-三塘盆地上二叠统为例[D].徐州：中国矿业大学，2015a.

郭晨，秦勇，卢玲玲.黔西红梅井田煤层气有序开发的水文地质条件[J].地球科学进展，2015b，30（4）：456-464.

郭晨，卢玲玲.含煤地层流体能量分布与煤层气开发关系研究[J].煤炭科学技术，2016，44（2）：45-49.

郭金玉，张忠彬，孙庆云.层次分析法的研究与应用[J].中国安全科学学报，2008，18（5）：148-153.

郝琦.煤的显微孔隙形态特征及其成因探讨[J].煤炭学报，1987，12（4）：51-56.

贺天才,秦勇.煤层气勘探与开发利用技术[M].徐州:中国矿业大学出版社,2007.

胡国忠,王宏图,范晓刚.邻近层瓦斯越流规律及其卸压保护范围[J].煤炭学报,2010,35(10):1654-1659.

黄华州,桑树勋,苗耀,等.煤层气井合层排采控制方法[J].煤炭学报,2014,39(增刊2):422-431.

黄少华,毛小平,邹婧,等.基于含水层流线模拟预测煤层气富集高产区[J].煤炭科学技术,2014,42(12):102-105.

黄晓明,孙强,闫冰夷,等.山西沁水盆地柿庄北地区煤层气潜力[J].中国煤层气,2010,7(5):3-9.

贾彤,桑树勋,韩思杰.松河井田储层高压形成机制及对煤层气开发的影响[J].煤炭科学技术,2016,44(2):50-54.

贾振兴,臧红飞,郑秀清,等.太原地区大气降雨的氢氧同位素特征研究[J].水资源与水工程学报,2015,26(2):22-25.

姜波,汪吉林,屈争辉,等.大宁—吉县地区地应力特征及其对煤储层渗透性的影响[J].地学前缘,2016,23(3):17-23.

姜伟,管保山,屈世存,等.煤层气压裂返排过程中煤粉产出规律实验研究[J].煤田地质与勘探,2014,42(3):47-49.

金振奎,张响响,赵宽志,等.山西太原地区晚石炭世-早二叠世海平面升降对煤储集层非均质性的控制作用[J].石油勘探与开发,2004,31(5):44-49.

景兴鹏.沁水盆地南部储层压力分布规律和控制因素研究[J].煤炭科学技术,2012,40(2):116-120.

琚宜文,姜波,侯泉林,等.构造煤[13]CNMR谱及其结构成分的应力效应[J].中国科学(D辑:地球科学),2005,35(9):847-861.

李德.沁水煤田南部煤层气赋存及开发[J].山西煤炭,2003,23(3):33-34.

李国彪,李国富.煤层气井单层与合层排采异同点及主控因素[J].煤炭学报,2012,37(8):1354-1358.

李国富,雷崇利.潞安矿区煤储层压力低的原因分析[J].煤田地质与勘探,2002,30(4):30-32.

李国富,侯泉林.沁水盆地南部煤层气井排采动态过程与差异性[J].煤炭学报,2012,37(5):798-803.

李贵红,张泓,张培河,等.晋城煤层气分布和主导因素的再认识[J].煤炭学报,2010,35(10):1680-1684.

李金海,苏现波,林晓英,等.煤层气井排采速率与产能的关系[J].煤炭学报,2009,34(3):376-380.

李松,汤达祯,许浩,等.贵州省织金、纳雍地区煤储层物性特征研究[J].中国矿业大学学报,2012,41(6):951-958.

李晓平.地下油气渗流力学[M].北京:石油工业出版社,2008:15-19.

李忠城,唐书恒,王晓锋,等.沁水盆地煤层气井产出水化学特征与产能关系研究[J].中国矿业大学学报,2011,40(3):424-429.

李仲东,周文,吴永平.我国煤层气储层异常压力的成因分析[J].矿物岩石,2004,24(4):87-92.

刘成林,范柏江,葛岩,等.中国非常规天然气资源前景[J].油气地质与采收率,2009,16(5):26-29.

刘翠玲,朱政江.山西省煤层气产业技术现状及发展重点[J].山西科技,2020,35(6):11-14.

刘方槐,颜婉荪.油气田水文地质学原理[M].北京:石油工业出版社,1991:23-26.

刘焕杰.山西南部煤层气地质[M].徐州:中国矿业大学出版社,1998.

刘洪林,李景明,王红岩,等.水动力对煤层气成藏的差异性研究[J].天然气工业,2006,26(3):35-37.

刘洪林,李景明,王红岩,等.水文地质条件对低煤阶煤层气成藏的控制作用[J].天然气工业,2008,28(7):20-22.

刘洪林,李贵中,王广俊.沁水盆地煤层气地质特征与开发前景[M].北京:石油工业出版社,2009.

刘人和,刘飞,周文,等.沁水盆地煤岩储层单井产能影响因素[J].天然气工业,2008,28(7):30-33.

刘世奇,桑树勋,李梦溪,等.沁水盆地南部煤层气井网排采压降漏斗的控制因素[J].中国矿业大学学报,2012,41(6):943-950.

陆小霞,黄文辉,唐修义,等.沁水盆地南部15号煤层顶板灰岩特征对煤层气开采的影响[J].现代地质,2012,26(3):518-526.

吕玉民,柳迎红,曲英杰,等.煤层气井组产能差异的影响因素评价[J].煤炭科学技术,2015,43(12):80-84.

孟庆春,张永平,郭希波,等.沁水盆地南部高煤阶煤层气评价工作及其成效:以郑庄—樊庄区块为例[J].天然气工业,2011,31(11):14-17.

孟艳军,汤达祯,许浩,等.煤层气开发中的层间矛盾问题:以柳林地区为例[J].煤田地质与勘探,2013,41(3):29-33.

孟艳军,汤达祯,李治平,等.高煤阶煤层气井不同排采阶段渗透率动态变化特征与控制机理[J].油气地质与采收率,2015,22(2):66-71.

孟召平,田永东,李国富.沁水盆地南部煤储层渗透性与地应力之间关系和控制机理[J].自然科学进展,2009,19(10):1142-1148.

孟召平,田永东,李国富.沁水盆地南部地应力场特征及其研究意义[J].煤炭学报,2010,35(6):975-981.

孟召平,蓝强,刘翠丽,等.鄂尔多斯盆地东南缘地应力、储层压力及其耦合关系[J].煤炭学报,2013,38(1):122-128.

穆福元,孙粉锦,王一兵,等.沁水盆地煤层气田试采动态特征与开发技术对策[J].天然气工业,2009,29(9):117-119.

倪小明,苏现波,魏庆喜,等.煤储层渗透率与煤层气垂直井排采曲线关系[J].煤炭学报,2009,34(9):1194-1198.

倪小明,苏现波,李广生.樊庄地区3#和15#煤层合层排采的可行性研究[J].天然气地球科学,2010a,21(1):144-149.

倪小明,苏现波,张小东.煤层气开发地质学[M].北京:化学工业出版社,2010b.

倪小明,陈鹏,朱明阳.煤层气垂直井产能主控地质因素分析[J].煤炭科学技术,2010c,38(7):109-113.

倪小明,胡海洋,曹运兴,等.煤层气直井提产阶段合理压降速率的确定[J].河南理工大学学报(自然科学版),2015a,34(6):759-763.

倪小明,王延斌,张崇崇.煤层气产出过程渗透率变化与排采控制[M].北京:化学工业出版社,2015b.

倪小明,朱阳稳,王延斌,等.不同煤储层渗透率下煤层气直井极限产气量的确定[J].煤炭科学技术,2015c,43(2):72-75.

彭龙仕,乔兰,龚敏,等.煤层气井多层合采产能影响因素[J].煤炭学报,2014,39(10):2060-2067.

彭小龙,王铭伟,杜志敏,等.一种煤层气储层双层合采高温高压排采动态评价系统.中国:CN103148888A[P].2013-6-12.

彭兴平,谢先平,刘晓,等.贵州织金区块多煤层合采煤层气排采制度研究[J].煤炭科学技术,2016,44(2):39-44.

钱会,马致远.水文地球化学[M].北京:地质出版社,2005.

秦胜飞,宋岩,唐修义,等.水动力条件对煤层气含量的影响:煤层气滞留水控气论[J].天然气地球科学,2005a,16(2):149-152.

秦胜飞,宋岩,唐修义,等.流动的地下水对煤层含气性的破坏机理[J].科学通报,2005b,50(增刊1):99-104.

秦胜飞,唐修义,宋岩,等.煤层甲烷碳同位素分布特征及分馏机理[J].中国科学D辑:地球科学,2006,36(12):1092-1097.

秦勇.中国高煤级煤的显微岩石学特征及结构演化[M].徐州:中国矿业大学社,1994.

秦勇,刘焕杰,桑树勋,等.山西南部上古生界煤层含气性研究 I推定区煤层含气性评价[J].煤田地质与勘探,1997,25(4):25-30.

秦勇,宋党育.山西南部煤化作用及其古地热系统:兼论煤化作用的控气地质机理[M].北京:地质出版社,1998.

秦勇,张德民,傅雪海,等.山西沁水盆地中、南部现代构造应力场与煤储层物性关系之探讨[J].地质论评,1999,45(6):576-583.

秦勇,叶建平,林大扬,等.煤储层厚度与其渗透性及含气性关系初步探讨[J].煤田地质与勘探,2000,28(1):24-27.

秦勇,傅雪海,吴财芳,等.高煤级煤储层弹性自调节作用及其成藏效应[J].科学通报,2005a,50(增刊1):82-86.

秦勇,宋全友,傅雪海.煤层气与常规油气共采可行性探讨:深部煤储层平衡水条件下的吸附效应[J].天然气地球科学,2005b,16(4):492-498.

秦勇,熊孟辉,易同生,等.论多层叠置独立含煤层气系统:以贵州织金—纳雍煤田水公河向斜为例[J].地质论评,2008,54(1):65-70.

秦勇,韦重韬,傅雪海,等.基于渗透率排采变化的煤层气井产能数值模拟新技术:国家高技术研究发展计划(863计划)课题研究报告[M].徐州:中国矿业大学,2009.

秦勇,傅雪海,韦重韬.煤层气成藏动力条件及其控藏效应[M].北京:科学出版社,2012a.

秦勇.中国煤层气成藏作用研究进展与述评[J].高校地质学报,2012b,18(3):405-418.

秦勇.煤层气储层工程及动态评价技术:国家科技重大专项项目进展报告[M].徐州:中国矿业大学,2012c.

秦勇,汤达祯,等.黔西—滇东煤层气成藏效应及其地质过程:国家自然科学基金重点项目结题报告[M].徐州:中国矿业大学,2012d.

秦勇,傅雪海,吴财芳,等.多煤层条件下煤层气联合开采储层动态评价技术:国家科技重大专项课题中期进展报告[M].徐州:中国矿业大学,2013.

秦勇,吴财芳,杨兆彪,等.沁水盆地南部重点区块成藏特征研究[M].徐州:中国矿业大学,2014a.

秦勇,张政,白建平,等.沁水盆地南部煤层气井产出水源解析及合层排采可行性判识[J].煤炭学报,2014b,39(9):1892-1898.

秦勇,申建,沈玉林.叠置含气系统共采兼容性:煤系"三气"及深部煤层气开采中的共性地质问题[J].煤炭学报,2016,41(1):14-23.

饶孟余,钟建华,杨陆武,等.无烟煤煤层气成藏与产气机理研究:以沁水盆地无烟煤为例[J].石油学报,2004,25(4):23-28.

任源峰.煤层气排采中的技术管理[J].油气井测试,2003,12(5):66-68.

任战利,赵重远,陈刚,等.沁水盆地中生代晚期构造热事件[J].石油与天然气地质,1999,20(1):46-48.

任战利,肖晖,刘丽,等.沁水盆地中生代构造热事件发生时期的确定[J].石油勘探与开发,2005,32(1):43-47.

邵龙义,董大啸,李明培,等.华北石炭—二叠纪层序-古地理及聚煤规律[J].煤炭学报,2014,39(8):1725-1734.

邵先杰,王彩凤,汤达祯,等.煤层气井产能模式及控制因素:以韩城地区为例[J].煤炭学报,2013,38(2):271-276.

沈玉林,秦勇,郭英海,等."多层叠置独立含煤层气系统"形成的沉积控制因素[J].地球科学,2012,37(3):573-579.

石彪,盛建海.河南省煤层气资源开发前景[J].中国煤田地质,2001(2):33.

石书灿,林晓英,李玉魁.沁水盆地南部煤层气藏特征[J].西南石油大学学报,2007,29(2):54-56.

石书灿,李玉魁,倪小明.煤层气竖直压裂井与多分支水平井生产特征[J].西南石油大学学报(自然科学版),2009,31(1):48-52.

宋岩,张新民,柳少波,等.中国煤层气地质与开发基础理论[M].北京:科学出版社,2012.

宋岩,柳少波,琚宜文,等.含气量和渗透率耦合作用对高丰度煤层气富集区的控制[J].石油学报,2013,34(3):417-426.

宋岩,柳少波,马行陟,等.中高煤阶煤层气富集高产区形成模式与地质评价方法[J].地学前缘,2016,23(3):1-9.

苏复义,宁正伟,郭友.豫西石炭-二叠系煤层气资源前景研究[J].石油勘探与开发,2001,28(2):23-25.

苏现波,张丽萍.煤层气储层异常高压的形成机制[J].天然气工业,2002,22(4):15-18.

孙粉锦,王一兵,王勃.华北中高煤阶煤层气富集规律和有利区预测[M].徐州:中国矿业大学出版社,2012.

孙粉锦,王勃,李梦溪,等.沁水盆地南部煤层气富集高产主控地质因素[J].石油学报,2014,35(6):1070-1079.

孙贺东,王跃社,周芳德,等.具有越流的多层气藏的数值模拟研究[J].应用力学学报,2002,19(4):14-18.

孙立东,赵永军.沁水盆地煤储层渗透性影响因素研究[J].煤炭科学技术,2006,34(10):74-78.

孙茂远,黄盛出.煤层气开发利用手册[M].北京:煤炭工业出版社,1998.

孙茂远.宽容开放、合作共赢:山西煤层气大有可为[N].中国能源报,2015-08-31(4).

孙强,孙建平,张健,等.沁水盆地南部柿庄南区块煤层气地质特征[J].中国煤炭地质,2010,22(6):9-12.

孙培德.煤层气越流的固气耦合理论及其计算机模拟研究[D].重庆:重庆大学,1998.

孙培德,鲜学福.煤层气越流的固气耦合理论及其应用[J].煤炭学报,1999,24(1):60-64.

孙培德.煤层气越流固气耦合数学模型的 SIP 分析[J].煤炭学报,2002,27(5):494-498.

孙培德,万华根.煤层气越流固-气耦合模型及可视化模拟研究[J].岩石力学与工程学报,2004,23(7):1179-1185.

孙占学,张文,胡宝群,等.沁水盆地地温场特征及其与煤层气分布关系[J].科学通报,2005,50(增刊1):93-98.

山西省煤田地质局.晋城煤炭国家规划矿区资源评价[R].太原:山西省煤田地质局,2007.

谭学术,鲜学福,张广洋,等.煤的渗透性研究[J].西安矿业学院学报,1994(1):22-25.

唐书恒.煤储层渗透性影响因素探讨[J].中国煤田地质,2001(1):28-30.

唐书恒,马彩霞,袁焕章.华北地区石炭二叠系煤储层水文地质条件[J].天然气工业,2003,23(1):32-35.

唐巨鹏.煤层气赋存运移的核磁共振成像理论和实验研究[D].阜新:辽宁工程技术大学,2006.

陶树,汤达祯,许浩,等.沁南煤层气井产能影响因素分析及开发建议[J].煤炭学报,2011a,36(2):194-198.

陶树.沁南煤储层渗透率动态变化效应及气井产能响应[D].北京:中国地质大学(北京),2011b.

田炜,王会涛.沁水盆地高阶煤煤层气开发再认识[J].天然气工业,2015,35(6):117-123.

田永东.沁水盆地南部煤储层参数及其对煤层气井产能的控制[D].北京:中国矿业大学(北京),2009.

万玉金,曹雯.煤层气单井产量影响因素分析[J].天然气工业,2005,25(1):124-126.

王勃,李贵中,马京长,等.物理模拟技术在沁水煤层气藏水动力研究中的应用[J].煤田地质与勘探,2010a,38(3):15-19.

王勃,孙粉锦,李贵中,等.基于模糊物元的煤层气高产富集区预测:以沁水盆地为例[J].天然气工业,2010b,30(11):22-25.

王国强,席明扬,吴建光,等.潘河地区煤层气井典型生产特征及分析[J].天然气工业,2007,
　　27(7):83-85.

王红岩,张建博,刘洪林,等.沁水盆地南部煤层气藏水文地质特征[J].煤田地质与勘探,
　　2001,29(5):33-36.

王善博,唐书恒,万毅,等.山西沁水盆地南部太原组煤储层产出水氢氧同位素特征[J].煤炭
　　学报,2013,38(3):448-454.

王生维,陈钟惠,张明.煤基岩块孔裂隙特征及其在煤层气产出中的意义[J].地球科学,
　　1995,20(5):557-561.

王生维,张明,庄小丽.煤储层裂隙形成机理及其研究意义[J].地球科学,1996,21(6):
　　637-640.

王运泉,张汝国,王良平,等.煤中微量元素赋存状态的逐提试验研究[J].中国煤田地质,
　　1997(3):23-25.

王振云,唐书恒,孙鹏杰,等.沁水盆地寿阳区块3号和9号煤层合层排采的可行性研究[J].
　　中国煤炭地质,2013,25(11):21-26.

汪岗,秦勇,申建,等.基于变孔隙压缩系数的深部低阶煤层渗透率实验[J].石油学报,2014,
　　35(3):462-468.

汪吉林,秦勇,傅雪海.多因素叠加作用下煤储层渗透率的动态变化规律[J].煤炭学报,
　　2012,37(8):1348-1353.

汪万红,郑玉柱.煤层气分压合排技术适应条件分析:以陕西吴堡矿区为例[J].煤田地质与
　　勘探,2014,42(4):36-38.

吴财芳,秦勇,韦重韬,等.沁水盆地南部煤层气成藏的有效压力系统研究[J].地质学报,
　　2008,82(10):1372-1375.

吴国庆.无机化学:下册[M].4版.北京:高等教育出版社,2002.

吴俊,金奎励,童有德,等.煤孔隙理论及在瓦斯突出和抽放评价中的应用[J].煤炭学报,
　　1991,16(3):86-95.

吴俊.煤微孔隙特征及其与油气运移储集关系的研究[J].中国科学(B辑),1993(1):77-84.

吴世祥.试论煤层气系统[J].中国海上油气(地质),1998(6):390-393.

吴双,汤达祯,许浩,等.临汾地区煤层气井产层组合方式对产能的影响研究[J].煤炭工程,
　　2015,47(12):93-96.

吴永平,李仲东,王允诚.煤层气储层异常压力的成因机理及受控因素[J].煤炭学报,2006,
　　31(4):475-479.

吴永平,李仲东,王允诚.构造抬升过程中煤储层压力的定量分析[J].煤田地质与勘探,
　　2007,35(2):28-30.

许浩,汤达祯,秦勇,等.黔西地区煤储层压力发育特征及成因[J].中国矿业大学学报,2011,
　　40(4):556-560.

许浩,汤达祯,郭本广,等.柳林地区煤层气井排采过程中产水特征及影响因素[J].煤炭学
　　报,2012,37(9):1581-1585.

徐锐,汤达祯,陶树,等.沁水盆地安泽区块煤层气藏水文地质特征及其控气作用[J].天然气
　　工业,2016,36(2):36-44.

杨起.中国煤变质作用[M].北京:煤炭工业出版社,1996.

杨起,汤达祯.华北煤变质作用对煤含气量和渗透率的影响[J].地球科学,2000,25(3):273-277.

杨兆彪.多煤层叠置条件下的煤层气成藏作用[D].徐州:中国矿业大学,2011.

杨兆彪,秦勇,陈世悦,等.多煤层储层能量垂向分布特征及控制机理[J].地质学报,2013,87(1):139-144.

杨兆彪,秦勇.地应力条件下的多层叠置独立含气系统的调整研究[J].中国矿业大学学报,2015,44(1):70-75.

杨正明,鲜保安,姜汉桥,等.煤层气藏核磁共振技术实验研究[J].中国煤层气,2009,6(4):20-23.

腰世哲,靳文博,刘强.煤层气固井过程中的储层伤害与保护[J].西部探矿工程,2011,23(3):43-46.

姚艳斌,刘大锰,胡宝林,等.地理信息系统在煤层气资源综合评价中的应用[J].煤炭科学技术,2005,33(12):1-4.

姚艳斌,刘大锰,蔡益栋,等.基于NMR和X-CT的煤的孔裂隙精细定量表征[J].中国科学:地球科学,2010,40(11):1598-1607.

叶建平,史保生,张春才.中国煤储层渗透性及其主要影响因素[J].煤炭学报,1999a,24(2):118-122.

叶建平,秦勇,林大扬,等.中国煤层气资源[M].徐州:中国矿业大学出版社,1999b:126-189.

叶建平,武强,王子和.水文地质条件对煤层气赋存的控制作用[J].煤炭学报,2001,26(5):459-462.

叶建平.水文地质条件对煤层气产能的控制机理与预测评价研究[D].北京:中国矿业大学(北京),2002a.

叶建平,武强,叶贵钧,等.沁水盆地南部煤层气成藏动力学机制研究[J].地质论评,2002b,48(3):319-323.

叶建平,彭小妹,张小朋.山西沁水盆地煤层气勘探方向和开发建议[J].中国煤层气,2009,6(3):7-11.

叶建平,吴建光,房超,等.沁南潘河煤层气田区域地质特征与煤储层特征及其对产能的影响[J].天然气工业,2011,31(5):16-20.

叶建平,傅小康,李五忠.中国煤层气勘探开发技术与产业化:2013年煤层气学术研讨会论文集[M].北京:地质出版社,2013.

袁亮.我国煤层气开发与利用战略[R].北京:中国工程院,2012.

袁学旭.多煤层含气系统识别研究:以黔西上二叠统为例[D].徐州:中国矿业大学,2014.

员争荣.试论构造控制煤层气藏储集环境[J].中国煤田地质,2000,12(3):22-24.

张道勇,朱杰,赵先良,等.全国煤层气资源动态评价与可利用性分析[J].煤炭学报,2018,43(6):1598-1604.

张芬娜,綦耀光,徐春成,等.煤粉对煤层气井产气通道的影响分析[J].中国矿业大学学报,2013,42(3):428-435.

张泓,王绳祖,郑玉柱,等.古构造应力场与低渗煤储层的相对高渗区预测[J].煤炭学报,

2004,29(6):708-711.

张慧,李小彦,郝琦,等.中国煤的扫描电子显微镜研究[M].北京:地质出版社,2003.

张建博,王红岩.山西沁水盆地煤层气有利区预测[M].徐州:中国矿业大学出版社,1999.

张继东,盛江庆,刘文旗,等.煤层气井生产特征及影响因素[J].天然气工业,2004,24(12):38-40.

张明山.煤层气排采中套压对产气量的影响[J].中国煤炭,2009,35(12):102-104.

邹明俊.三孔两渗煤层气产出建模及应用研究[D].徐州:中国矿业大学,2014.

张培河.沁水煤田煤储层压力分布特征及影响因素分析[J].煤田地质与勘探,2002,30(6):31-32.

张培河.基于生产数据分析的沁水南部煤层渗透性研究[J].天然气地球科学,2010,21(3):503-507.

张培河,刘钰辉,王正喜,等.基于生产数据分析的沁水盆地南部煤层气井产能控制地质因素研究[J].天然气地球科学,2011,22(5):909-914.

张群,冯三利,杨锡禄.试论我国煤层气的基本储层特点及开发策略[J].煤炭学报,2001,26(3):230-235.

张遂安,唐书恒.高产水/弱含水煤储层特性排采动态预测技术[R].北京:中国石油大学(北京),中国地质大学(北京),2013.

张遂安,曹立虎,杜彩霞.煤层气井产气机理及排采控压控粉研究[J].煤炭学报,2014,39(9):1927-1931.

张晓敏.沁水盆地南部煤层气产出水化学特征及动力场分析[D].焦作:河南理工大学,2012.

张先敏,同登科.沁水盆地产层组合对煤层气井产能的影响[J].煤炭学报,2007,32(3):272-275.

张新民,赵靖舟.中国煤层气技术可采资源潜力[M].北京:科学出版社,2010.

张延庆,唐书恒.华北部分矿区煤储层压力研究[J].地球学报,2001,22(2):165-168.

中联煤层气公司和煤科院西安分院编写组.全国煤层气资源评价[R].内部资料,2000.

张政,秦勇,傅雪海.沁南煤层气合层排采有利开发地质条件[J].中国矿业大学学报,2014,43(6):1019-1024.

赵丽娟,秦勇,林玉成.煤层含气量与埋深关系异常及其地质控制因素[J].煤炭学报,2010,35(7):1165-1169.

赵庆波,孙粉锦,李五忠.煤层气勘探开发地质理论与实践[M].北京:石油工业出版社,2011.

赵阳升.矿山岩石流体力学[M].北京:煤炭工业出版社,1994.

朱志敏,沈冰,朱锋,等.地下水对煤层气系统作用机制:以阜新盆地为例[C]//第六届国际煤层气研讨会,2006a.[S.l.:s.n.]:114-119.

朱志敏,沈冰,闫剑飞,等.煤层气系统:一种非常规含油气系统[J].煤田地质与勘探,2006b,34(4):30-33.

朱志敏,杨春,沈冰,等.煤层气及煤层气系统的概念和特征[J].新疆石油地质,2006c,27(6):763-765.

钟玲文.中国煤储层压力特征[J].天然气工业,2003,23(5):132-134.

左银卿,孟庆春,任严,等.沁水盆地南部高煤阶煤层气富集高产控制因素[J].天然气工业,

2011,31(11):11-13.

AHMED F I,HISHAM A N.A comprehensive model to history match and predict gas/ water production from coal seams[J]. International Journal of Coal Geology, 2015, 146:79-90.

AMINIAN K,AMERI S,BHAVSAR A,et al.Type curves for coalbed methane production prediction[C]//All Days.September 15-17,2004.Charleston,West Virginia.SPE,2004.

AYERS W B Jr.Coalbed gas systems,resources,and production and a review of contrasting cases from the San Juan and Powder River basins[J].AAPG Bulletin,2002,86(11): 1853-1890.

BRONS F,MARTING V E.The effect of restricted fluid entry on well productivity[J]. Journal of Petroleum Technology,1961,13(2):172-174.

BUSTIN R M,CLARKSON C R.Geological controls on coalbed methane reservoir capacity and gas content[J].International Journal of Coal Geology,1998,38(1/2):3-26.

CAI Y D,LIU D M,YAO Y B,et al.Geological controls on prediction of coalbed methane of No.3 coal seam in Southern Qinshui Basin,North China[J].International Journal of Coal Geology,2011,88(2/3):101-112.

CHRISTOPHER J N,MATTHEW J T.Modeling multiaquifer wells with mudflow[J]. Ground water,2004,42(6):910-919.

CLARKSON C R,RAHMANIAN M,KANTZAS A,et al.Relative permeability of CBM reservoirs:controls on curve shape[J].International Journal of Coal Geology,2011,88 (4):204-217.

COLMENARES L B,ZOBACK M D.Hydraulic fracturing and wellbore completion of coalbed methanewells in the Powder River Basin,Wyoming:implications for water and gas production[J].AAPG Bulletin,2007,91(1):51-67.

CONNELL L D,SANDER R,PAN Z,et al. History matching of enhanced coal bed methane laboratory core flood tests[J].International Journal of Coal Geology,2011,87 (2):128-138.

COTES G R,XIAO L Z,PRAMMER M G.NMR logging principles and applications[M]. Houston(Texas):Gulf Publishing Company,1999:76.

DEMAISON G.The generative basin concept[J].AAPG Memoir,1984,35:1131-1139.

DOW W G.Application of oil correlation and source-rock data to exploration in williston basin:abstract[J].AAPG Bulletin,1972,56:615.

DURUCAN S,EDWARDS J S.The effects of stress and fracturing on permeability of coal [J].Mining Science and Technology,1986,3(3):205-216.

ENERGY O O F, LABORATORY N E T.Multi-Seam Well Completion Technology: Implications for Powder River Basin Coalbed Methane Production[R].Office of Scientific and Technical Information(OSTI),2003.

FENG F,XU S G,LIU J W,et al.Comprehensive benefit of flood resources utilization through dynamic successive fuzzy evaluation model:a case study[J].Science China

Technological Sciences,2010,53(2):529-538.

FU X H,QIN Y,WANG G G X,et al.Evaluation of coal structure and permeability with the aid of geophysical logging technology[J].Fuel,2009,88(11):2278-2285.

GAMSON P, BEAMISH B, JOHNSON D. Coal microstructure and secondary mineralization: their effect on methane recovery [J]. Geological Society, London, Special Publications,1996,109(1):165-179.

GAN H,NANDI S P,WALKER P L Jr.Nature of the porosity in American coals[J].Fuel, 1972,51(4):272-277.

GAO C T.Single-phase fluid flow in a stratified porous medium with crossflow[J].Society of Petroleum Engineers Journal,1984,24(1):97-106.

GASH B W.Measurement of "rock properties" in coal for coalbed methane production [C]//SPE Annual Technical Conference and Exhibition. Dallas, Texas. Society of Petroleum Engineers,1991221-230.

GASH B W,VOLZ R,POTTER G,et al.The effects of cleat orientation and confining pressure on cleat porosity, permeability and relative permeability in coal[C]// Proceedings of the 1993 International Coalbed Methane Cymposium, Alabama,1993.

GASSAMA N,KASPER H U,DIA A,et al.Discrimination between different water bodies from a multilayered aquifer (Kaluvelly watershed,India):trace element signature[J]. Applied Geochemistry,2012,27(3):715-728.

GEORGE J D,BARAKAT M A.The change in effective stress associated with shrinkage from gas desorption in coal[J].International Journal of Coal Geology,2001,45(2/3): 105-113.

GILMAN A,BECKIE R.Flow of coal-bed methane to a gallery[J].Transport in Porous Media,2000,41(1):1-16.

GRAY I.Reservoir engineering in coal seams:part 1—the physical process of gas storage and movement in coal seams[J].SPE Reservoir Engineering,1987,2(1):28-34.

GUERRERO H J,OSORIO J G,TEUFEL L W.A parametric study of variables affecting the coupled of fluid-flow/geomechanical processes in stress-sensitive oil and gas reservoirs[C]//All Days.October 16-18,2000.Brisbane,Australia.SPE,2000:6440.

HARPALANI S,SCHRAUFNAGEL R A.Shrinkage of coal matrix with release of gas and its impact on permeability of coal[J].Fuel,1990,69(5):551-556.

HARPALANI S,CHEN G L.Influence of gas production induced volumetric strain on permeability of coal[J].Geotechnical & Geological Engineering,1997,15(4):303-325.

HOLLUB V A,SCHAFER P S.A guide to coalbed methane operations[M].Chicago:US Gas Research Institute,1992.

KAIS W R,沈襄鹏.地质和水文条件对煤层甲烷生产能力的控制[J].国外煤田地质,1995 (3):24-28.

KAISER W R, AYERS W B Jr. Geologic and hydrologie characterization of coalbed-methane reservoirs in the San Juan Basin[J].SPE Formation Evaluation,1994,9(3):

175-184.

KAISER W R,HAMILTON D S,SCOTT A R,et al.Geological and hydrological controls on the producibility of coalbed methane[J].Journal of the Geological Society,1994,151 (3):417-420.

KAZEMI H,SETH M S.Effect of anisotropy and stratification on pressure transient analysis of wells with restricted flow entry[J].Journal of Petroleum Technology, 1969,21(5):639-647.

KENYON W E.Nuclear magnetic resonance as petrophysical measurement[J].Nuclear Geophysics,1992,6(2):153-171.

KHARAKA Y K,CAROTHERS W W.Handbook of environmental isotope geochemistry [M].Amsterdam:Elsevier Scientific Publishing Company,1986.

KING G R.Material-balance techniques for coal-seam and Devonian shale gas reservoirs with limited water influx[J].SPE Reservoir Engineering,1993,8(1):67-72.

KLEINBERG R L.Utility of NMR T2 distributions,connection with capillary pressure, clay effect,and determination of the surface relaxivity parameterρ2 [J]. Magnetic Resonance Imaging,1996,14(7/8):761-767.[LinkOut]

LAI F P,LI Z P,FU Y K,et al.A drainage data-based calculation method for coalbed permeability[J].Journal of Geophysics and Engineering,2013,10(6):65-70.

LEVINE J R.Model study of the influence of matrix shrinkage on absolute permeability of coal bed reservoirs[J].Geological Society,London,Special Publications,1996,109(1): 197-212.

LI J Q,LIU D M,YAO Y B,et al.Evaluation of the reservoir permeability of anthracite coals by geophysical logging data[J].International Journal of Coal Geology,2011,87 (2):121-127.

LIS,TANG D Z,XU H,et al.Porosity and permeability models for coals using low-field nuclear magnetic resonance[J].Energy & Fuels,2012,26(8):5005-5014.

LI M,JIANG B,LIN S F,et al.Structural controls on coalbed methane reservoirs in Faer coal mine,Southwest China[J].Journal of Earth Science,2013,24(3):437-448.

LI Y,TANG D Z,XU H,et al.Geological and hydrological controls on water coproduced with coalbed methane in Liulin,eastern Ordos Basin,China[J].AAPG Bulletin,2015, 99(2):207-229.

LIU H H,SANG S X,WANG G G X,et al.Evaluation of the synergetic gas-enrichment and higher-permeability regions for coalbed methane recovery with a fuzzy model[J]. Energy,2012,39(1):426-439.

LIU H H,SANG S X,FORMOLO M,et al.Production characteristics and drainage optimization of coalbedmethane wells:a case study from low-permeability anthracite hosted reservoirs in southern Qinshui Basin,China [J].Energy for Sustainable Development,2013,17(5):412-423.

LV Y M,TANG D Z,XU H,et al.Production characteristics and the key factors in highrank coalbed methane fields:a case study on the Fanzhuang Block,Southern Qinshui Basin,China[J].International Journal of Coal Geology,2012,96/97:93-108.

MAGOON L B. Petroleum system: a classification scheme for research, resource assessment,and exploration:abstract[J].AAPG Bulletin,1987,71:587.

MAGOON L B,DOW W G.The petroleum system[J].AAPG Memoir,1994,60:3-22.

MAVOR M J, OWEN L B, PRATT T J. Measurement and evaluation of coal sorption isotherm data[C]//All Days. September 23-26, 1990. New Orleans, Louisiana. SPE, 1990:1-14.

MCKEE C R,BUMB A C,KOENIG R A.Stress-dependent permeability and porosity of coal and other geologic formations[J].SPE Formation Evaluation,1988,3(1):81-91.

MIKHAILOV L,TSVETINOV P.Evaluation of services using a fuzzy analytic hierarchy process[J].Applied Soft Computing,2004,5(1):23-33.

OSORIO J G,CHEN H Y,TEUFEL L W.Numerical simulation of the impact of flow-induced geomechanical response on the productivity of stress-sensitive reservoirs [C]//All Days.February 14-17,1999.Houston,Texas.SPE,1999.

PALMER I D,METCALFE R S,YEE D,et al.煤层气储层评价与勘探[M].曾勇,译.徐州:中国矿业大学出版社,1996.

PALMER I,MANSOORI J. How permeability depends on stress and pore pressure in coalbeds:a new model[J]. SPE Reservoir Evaluation & Engineering, 1998, 1(6): 539-544.

PALMER I.Permeability changes in coal:analytical modeling[J].International Journal of Coal Geology,2009,77(1/2):119-126.

PAPADOPULOS I S. Nonsteady flow to multiaquifer wells[J]. Journal of Geophysical Research,1966,71(20):4791-4797.[LinkOut]

PASHIN J C.Productivity of coalbed methane wellsin Alabama[C]//International Coalbed Methane Symposium.University of Alabama,Tuscaloosa,Alabama,1997:65-74.

PASHIN J C, GROSHONG R H. Structural control of coalbed methane production in Alabama[J].International Journal of Coal Geology,1998,38(1/2):89-113.

PEACEMAN D W.Interpretation of well-block pressures in numerical reservoir simulation with nonsquare grid blocks and anisotropic permeability[J]. Society of Petroleum Engineers Journal,1983,23(3):531-543.

PRATT T J,MAVOR M J,DEBRUYN R P.Coal gas resource andproduction potential of subbituminous coal in the powder river basin[C]//All Days.May 15-18,1999.Gillette, Wyoming.SPE,1999:195-204.

PRICKETT T A.Designing pumped well characteristics into electric analog models[J]. Groundwater,1967,5(4):38-46.

REEVES S, PEKOT L. Advanced reservoir modeling in desorption-controlled reservoirs [C]//All Days.May 21-23,2001.Keystone,Colorado.SPE,2001.

RICE C A.Production waters associated with the Ferron coalbed methane fields,central

Utah：chemical and isotopic composition and volumes[J].International Journal of Coal Geology,2003,56(1/2)：141-169.

RUSSELL D G，PRATS M. The practical aspects of interlayer crossflow[J].Journal of Petroleum Technology,1962,14(6)：589-594.

SAATY T L.How to make a decision：the analytic hierarchy process[J].European Journal of Operational Research,1990,48(1)：9-26.

SANG S X，LIU H H，LI Y M，et al.Geological controls over coal-bed methane well production in southern Qinshui Basin[J].Procedia Earth and Planetary Science,2009,1(1)：917-922.

SAWYER W K,PAUL G W,SCHRAUFNAGEL R A.Development and application of A 3D coalbed simulator[C]//Annual Technical Meeting.Calgary,Alberta.Petroleum Society of Canada,1990：90-119.

SCOTT A R，KAISER W R.Hydrogeologic factor affecting dynamic open-hole cavity complections in the San Juan Basin,USA[C]//Proceedings of the 1995 Coalbed Methane Symposium,the University of Alabama/Tuscaloosa,1995：139-147.

SCOTT A R，TYLER R.Geologic and hydrologic controls critical to coalbed methane production and resource Assessment[M].University of Texas atAustin Press,1999.

SCOTT A R.Hydrogeologic factors affecting gas content distribution in coal beds[J].International Journal of Coal Geology,2002,50(1/2/3/4)：363-387.

SEIDLE J P,JEANSONNE M W,ERICKSON D J.Application of matchstick geometry to stress dependent permeability in coals[C]//All Days.May 18-21,1992.Casper,Wyoming.SPE,1992：18-21.

SEIDLE J R,HUITT L G.Experimental measurement of coal matrix shrinkage due to gas desorption and implications for cleat permeability increases[C]//All Days.November 14-17,1995.Beijing,China.SPE,1995：575-582.

SEIDLE J.Fundamentals of coalbed methane reservoir engineering[M]. Tulsa：Pennwell Corp,2011.

SHEN J,QIN Y,WANG G X,et al.Relative permeabilities of gas and water for different rank coals[J].International Journal of Coal Geology,2011,86(2/3)：266-275.

SHI J Q,DURUCAN S.Drawdown induced changes in permeability of coalbeds：a new interpretation of the reservoir response to primary recovery[J].Transport in Porous Media,2004,56(1)：1-16.

SHI J Q,DURUCAN S.A model for changes in coalbed permeability during primary and enhanced methane recovery[J].SPE Reservoir Evaluation & Engineering,2005,8(4)：291-299.

SIEBERT C,ROSENTHAL E，MÖLLER P，et al.The hydrochemical identification of groundwater flowing to the Bet She'an-Harod multiaquifer system (Lower Jordan Valley) by rare earth elements,yttrium,stable isotopes (H,O) and Tritium[J].Applied Geochemistry,2012,27(3)：703-714.

SINGH S K.Modeling the transient pumping from two aquifers using MODFLOW[J]. Journal of Irrigation and Drainage Engineering,2010,136(4):276-281.

SU X B,LIN X Y,SONG Y,et al.The classification and model of coalbed methane reservoirs[J].Acta Geologica Sinica - English Edition,2004,78(3):662-666.

SU X B,LIN X Y,LIU S B,et al.Geology of coalbed methane reservoirs in the southeast Qinshui Basin of China[J].International Journal of Coal Geology,2005,62(4): 197-210.

TAO S,WANG Y B,TANG D Z,et al.Coal permeability damage caused by production pressure difference[J].Energy Sources,Part A: Recovery,Utilization,and Environmental Effects,2012,34(19):1801-1807.

TAO S,TANG D Z,XU H,et al.Factors controlling high-yield coalbed methane vertical wells in the Fanzhuang Block,Southern Qinshui Basin[J].International Journal of Coal Geology,2014,134/135:38-45.

TSIAO C,BOTTO R E.Xenon-129 NMR investigation of coal micropores[J].Energy & Fuels,1991,5(1):87-92.

WALSH J B.Effect of pore pressure and confining pressure on fracture permeability[J]. International Journal of Rock Mechanics and Mining Sciences & Geomechanics Abstracts,1981,18(5):429-435.

WANGB,SUN F J,TANG D Z,et al.Hydrological control rule on coalbed methane enrichment and high yield in FZ Block of Qinshui Basin[J].Fuel,2015,140:568-577.

WEI C T,QIN Y,WANG G G X,et al.Simulation study on evolution of coalbed methane reservoir in Qinshui Basin,China[J].International Journal of Coal Geology,2007,72 (1):53-69.

WEI Z J,ZHANG D X.Coupled fluid-flow and geomechanics for triple-porosity/dual-permeability modeling of coalbed methane recovery[J].International Journal of Rock Mechanics and Mining Sciences,2010,47(8):1242-1253.

WERNETT P C,LARSEN J W,YAMADA O,et al.Determination of the average micropore diameter of an Illinois No.6 coal by xenon-129 NMR[J].Energy & Fuels, 1990,4(4):412-413.

YAN T T,YAO Y B,LIU D M,et al.Evaluation of the coal reservoir permeability using well logging data and its application in the Weibei coalbed methane field,southeast Ordos Basin,China[J].Arabian Journal of Geosciences,2015,8(8):5449-5458.

YAO Y B,LIU D M,TANG D Z,et al.A comprehensive model for evaluating coalbed methane reservoirs in China[J].Acta Geologica Sinica - English Edition,2008,82(6): 1253-1270.

YAO Y B,LIU D M,CHE Y,et al.Non-destructive characterization of coal samples from China using microfocus X-ray computed tomography[J].International Journal of Coal Geology,2009a,80(2):113-123.

YAO Y B,LIU D M,TANG D Z,et al.Fractal characterization of seepage-pores of coals from China: an investigation on permeability of coals[J]. Computers & Geosciences, 2009b,35(6):1159-1166.

YAO Y B, LIU D M, TANG D Z, et al. Preliminary evaluation of the coalbed methane production potential and its geological controls in the Weibei Coalfield, Southeastern Ordos Basin, China[J]. International Journal of Coal Geology, 2009c,78(1):1-15.

YAO Y B, LIU D M, CHE Y, et al. Petrophysical characterization of coals by low-field nuclear magnetic resonance (NMR)[J]. Fuel,2010,89(7):1371-1380.

YAO Y B, LIU D M. Comparison of low-field NMR and mercury intrusion porosimetry in characterizing pore size distributions of coals[J]. Fuel,2012,95:152-158.

YAO Y B, LIU D M, YAN TT. Geological and hydrogeological controls on the accumulation of coalbed methane in the Weibei field, southeastern Ordos Basin[J]. International Journal of Coal Geology,2014,121:148-159.

ZHANG X M, TONG D K, XUE L L. Numerical simulation of gas-water leakage flow in A two layered coalbed system[J]. Journal of Hydrodynamics, Ser B, 2009, 21(5): 692-698.

ZHANG G B, PANG J H, CHEN G H, et al. An evaluation method based on multiple quality characteristics for CNC machining center using fuzzy matter element[C]// Proceedings of the 36th International MATADOR Conference,2010,New York.

ZHANG Z, QIN Y, WANG G X, et al. Numerical description of coalbed methane desorption stages based on isothermal adsorption experiment[J]. Science China Earth Sciences, 2013,56(6):1029-1036.

ZHANG Z, QIN Y, FU X H, et al. Multi-layer superposed coalbed methane system in southern Qinshui Basin, Shanxi Province, China[J]. Journal of Earth Science,2015,26 (3):391-398.

ZHOU F D. History matching and production prediction of a horizontal coalbed methane well[J]. Journal of Petroleum Science and Engineering,2012,96/97:22-36.

ZOU M J, WEI C T, PAN H Y, et al. Productivity of coalbed methane wells in southern of Qinshui Basin[J]. Mining Science and Technology (China),2010,20(5):765-777.

ZOU M J, WEI C T, ZHANG M, et al. Classifying coal pores and estimating reservoir parameters by nuclear magnetic resonance and mercury intrusion porosimetry[J]. Energy & Fuels,2013a,27(7):3699-3708.

ZOU M J, WEI C T, FU X H, et al. Investigating reservoir pressure transmission for three types of coalbed methane reservoirs in the Qinshui Basin in Shan'xi Province, China [J]. Petroleum Geoscience,2013b,19(4):375-383.